Expo 2019
BEIJING

百虹初晖

2019 北京世园会
大众参与创意展园方案征集大赛
获 奖 作 品 集

北京世界园艺博览会事务协调局　　中国风景园林学会
北京园林学会　　北京林业大学园林学院
编

中国建筑工业出版社

Expo 2019

BEIJING

序

园艺是绿色的文化，也是生命的延展与升华。人类的生存依赖于绿色生态环境，没有绿色生态就没有人类。作为人类与大自然沟通的纽带，园艺已成为演绎绿色生活和与高质量生活紧密联系的方式，在带给人类丰盛物质生活的同时也带给人类愉悦的精神享受。人类只有一个地球，倡导绿色生活是时代的潮流，建设美丽家园是人类共同追求的目标。

2019年中国北京世界园艺博览会（以下简称“2019北京世园会”）是由中国政府主办、北京市人民政府承办的最高级别专业类世界博览会。通过对“绿色生活 美丽家园”主题的演绎，162天的会期将吸引不少于100个国家和国际组织、全国各省区市和港澳台地区前来参展。2019年正值中华人民共和国成立70周年，又是我国决胜全面建成小康社会前夕，举办北京世园会，展示生态文明建设新成果、促进国际交流合作、弘扬绿色发展理念、推动经济发展和居民生活方式转变，意义重大，影响深远。党的十九大报告提出，建设生态文明是中华民族永续发展的千年大计。我们要实现的现代化是人与自然和谐共生的现代化，既要创造更多物质财富和精神财富以满足人民日益增长的美好生活需要，也要提供更多优质生态产品以满足人民日益增长的优美生态环境需要。举办2019北京世园会是要让尊重自然、顺应自然、保护自然成为人们的行动自觉，让更多人成为生态文明建设的参与者和生态文明成果的受益者，也是满足人民日益增长的美好生活需要的一次有益尝试。

为了举办一届独具特色、精彩纷呈、令人难忘的世园会，建设展示我国生态文明建设新成果的重要窗口，打造展示中国优秀传统文化和讲好中国故事的国际平台，我们坚持开放办会，集众家所长，汇各方之智，让大众参与2019北京世园会的筹办。为此，北京世界园艺博览会事务协调局、中国风景园林学会在2016年举办了“2019北京世园会大众参与创意展园方案征集大赛”，国内专业设计团体、个人设计师、园艺爱好者及达人和国内园林、风景园林及相关专业在校学生等参与了本次方案征集大赛，许多充满想象力和创造力的作品脱颖而出。围绕办会主题，结合植物景观的延续性，作品创意独特、理念新颖，遵循生态、节约、可持续的原则，注重使用新材料、新技术、新工艺。本次方案征集大赛，提升和激发了广大民众对于园艺的认知和兴趣，传递了“让园艺融入自然、让自然感动心灵”的办会理念，拓宽了园艺展览展示思路与形式，扩大了2019北京世园会的影响力。

感谢为此次方案征集大赛付出辛苦劳作的各位同仁！希望社会各界继续为2019北京世园会献计献策，共同在北京，在长城脚下，打造一场荟萃世界园艺精华的视觉盛宴，奏响一曲人与自然和谐的华彩乐章！

北京世界园艺博览会事务协调局

常务副局长

2018年3月

前言

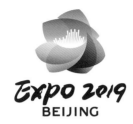

2019年中国北京世界园艺博览会（以下简称“2019北京世园会”）是经国际园艺生产者协会批准并由国际展览局认可的，由中国政府主办、北京市人民政府承办的最高级别专业类世界博览会。2019北京世园会园区设在北京市延庆区，紧邻举世闻名的八达岭长城，规划总面积960公顷，展期162天。

为了让大众参与2019北京世园会的筹办，充分体现开放办会的理念，提升和激发广大民众对园艺的认知和兴趣，拓展园艺展览展示思路和理念，扩大2019北京世园会的影响力，由北京世界园艺博览会事务协调局、中国风景园林学会主办，北京园林学会、北京林业大学园林学院承办，共同策划组织了“2019北京世园会大众参与创意展园方案征集大赛”。大赛紧紧围绕2019北京世园会“绿色生活　美丽家园”的主题，体现“让园艺融入自然、让自然感动心灵”的办会理念。以园艺为媒介，引领人们尊重自然、保护自然、融入自然。充分发挥创造力和想象力，探索人类和谐的生活方式，打造世界园艺新境界、生态文明新典范。

大赛公告于2016年8月15日在相关网站上发布，公开征集具有原创性的各类园艺展园创意方案。要求以花园设计为依托，以植物材料（含果、菜等）为主要展示对象，考虑植物景观的延续性，并且创意独特、设计理念明确，遵循生态、节约、可持续的原则，提倡使用新材料、新技术、新工艺，场地面积为100平方米左右，形状自定。大赛共分成两组进行，在前期充分宣传、动员的基础上，国内专业设计团体和个人设计师、园艺爱好者及达人组共收到来自北京、上海、苏州、广州等14个省市的177项作品，参赛人员包括政府机构、企事业单位专业技术人员、高校教师、园艺爱好者和达人等。国内园林、风景园林及相关专业在校学生组共收到全国45所高校的321项作品。经初评，入围作品进入为期15天的网络投票阶段，数百万观众参与其中，热闹非凡。最后经终评，国内专业设计团体和个人设计师、园艺爱好者及达人组共有71项作品获奖，其中一等奖2项、二等奖6项、三等奖14项、优秀奖49项。国内园林、风景园林及相关专业在校学生组共有52项作品获奖，其中一等奖3项、二等奖5项、三等奖14项、优秀奖30项。

在2017年新春佳节到来之际，2019北京世园会大众参与创意展园方案征集大赛获奖作品展分别在中国园林博物馆和北京林业大学拉开帷幕。展览期间，大量专业人士、获奖者、学生以及市民群众到场参观。展览让人们在欣赏作品的同时，进一步激发了他们对园艺的认知和兴趣，关注2019北京世园会的动态并参与其中。

2017年4月至6月，在2019北京世园局等单位组织的“2017走近世园花卉”系列活动中，大赛获奖作品“爱丽丝花园”“到我碗里来——Bowl Garden”“圆趣·趣园——儿童的后花园”“布艺花园——布艺改造家，园艺温暖情”“花野蝶踪——流淌的色彩花园”“空心居”“移动的空中花园”“盒·聚·变”8个作品已尝试落地实施展示，反响很好。

本作品集将国内专业设计团体和个人设计师、园艺爱好者及达人组和国内园林、风景园林及相关专业在校学生组两个组别的全部获奖作品汇集成册，目的既是展示“2019北京世园会大众参与创意展园方案征集大赛”的丰硕成果，同时也希望通过搭建探讨、交流的平台，供专业或业余爱好者们学习参考，并对今后园艺展览展示活动的举办有所启发和促进。

让我们共同期待2019北京世园会的到来，并通过努力，不断提升我国的园林园艺发展水平，助力生态文明建设。

编者

2018年3月

目录

国内专业设计团队和个人设计师、园艺爱好者及达人组

国内园林、风景园林及相关专业在校学生组

优秀奖
（排序不分先后）

获奖作品

国内专业设计团队和个人设计师、园艺爱好者及达人组

一等奖

Tree House——长在森林里的儿童乐园

Touch & Seek 触碰 · 探寻

Tree House
——长在森林里的儿童乐园

中国建筑设计院有限公司　设计者：冯然

设计构思

读题——从场地出发

100m²面积限制VS其他条件任意，如何利用空间造景手法打破面积的壁垒？

破题——问题与破题

- 问题1：有限的面积VS无限的功能空间需求
- 破题1：平面变立体，打造多维乐园

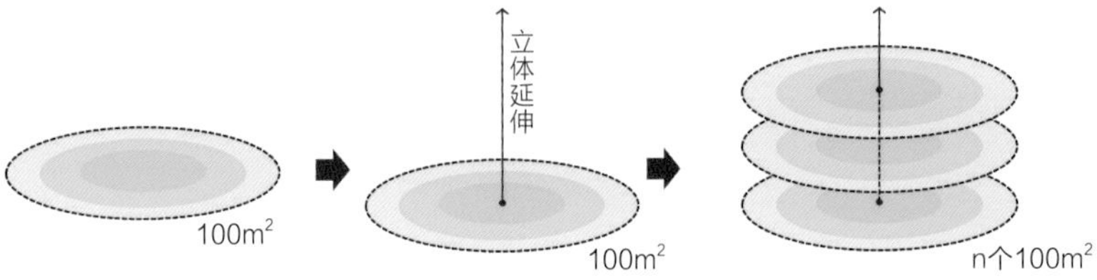

- 问题2：儿童乐园的硬质要求VS景观植物造景要求
- 破题2：活动功能上移，地面留足绿量

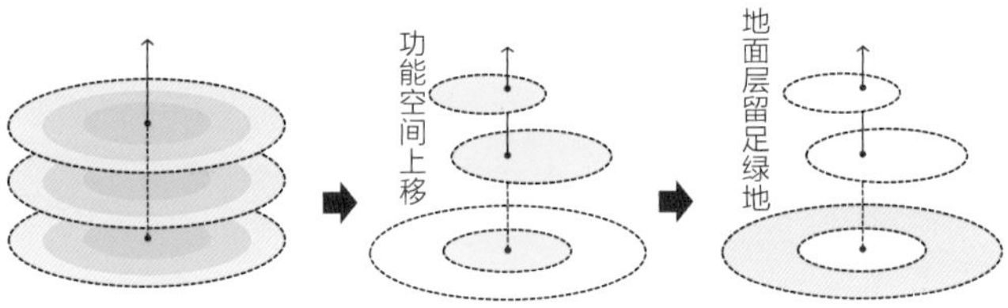

- 问题3：立体串联VS生态亲人要求
- 破题3：选择树屋形式，以一棵大树统领全区

立题——交通与安全

交通：单方向引流，避免流线交叉

安全：选择软质安全生态材料，亲人耐受力高物种种植，注重儿童活动安全防护

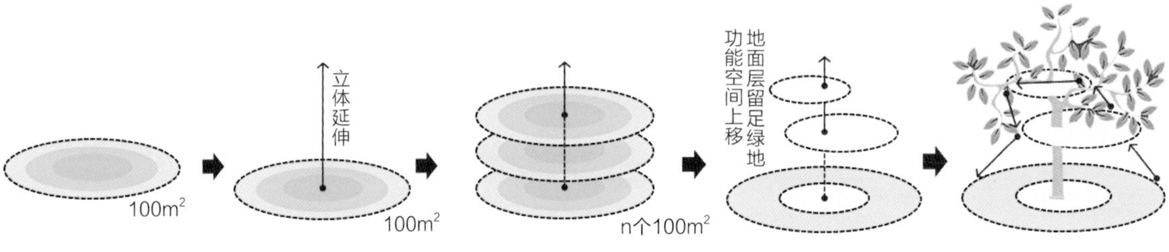

TREE HOUSE
园艺与儿童——长在森林里的儿童乐园
1. 不同年龄段儿童活动需要分析
CHILDREN'S ACTIVITY NEEDS
0-2 YEARS OLD
3-5 YEARS OLD
6-7 YEARS OLD
8-12 YEARS OLD
需要成人辅助下活动，感知自然力量
在成人看护下活动，喜欢模仿和体验
成人视线范围内活动，个体表达强烈
可独立活动，积累文化知识信息
2. 设计主题分析
生态 ECOLOGY
乐趣 FUN
刺激 STIMULATION
感恩 GRATITUDE
科技 TECHNOLOGY
教育 EDUCATION
文化 CULTURE
冒险 ADVENTURE
3. 场地必要元素分析
种植
地形
设施
防护
4. 植物搭配设计
7. 平面图 1:30
5. 设施材料设计
地面铺装设计
PVC板材
安全绳索
橡胶表面
彩色塑胶
软垫
树屋顶面 6.0m
二层平台 2.8m
一层平台 1.5m
6. 立面图 1:30
8. 灌溉方式
微喷技术
9. 功能分析
叶脉装饰格栅
快乐蹦床
游线出口
游线入口
家长休憩区（花朵坐凳）
10. 夜景照明

Touch & Seek
触碰 · 探寻

中国城市规划设计研究院　设计者：张婧　王心怡　王鑫

设计构思

作品以园艺与儿童为主题，意在为儿童营造一个远离繁重课业、各类电子产品及负能量城市生活的绿色乐园，让儿童在独立探求、合作互助、自主交往的氛围中学习玩耍。展园中划分有不同的栽植区域，通过栽植可满足儿童视觉、听觉、嗅觉、触觉需求的各类植物，让儿童在触碰感受中，认知植物，探寻自然，培养合作学习能力。并通过设置滑梯入口、乐高望远镜、哈哈镜玻璃墙、花丛小火车等各类富有创意的游乐设施，让儿童在此尽情玩耍、释放天性。

儿童心理分析 Children's psychological analysis

空间类型偏好 Spatial type preference

神秘感
活动类型丰富
色彩鲜艳

感知自然途径Perceptual natural approach

方案分析 Program analysis

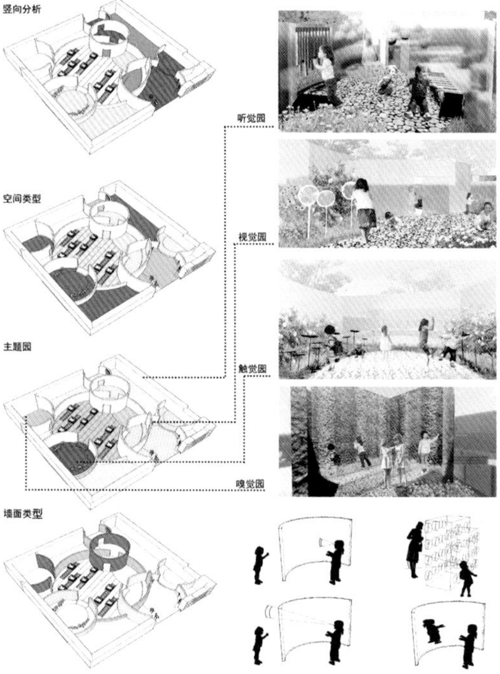
竖向分析
空间类型
主题园
墙面类型
听觉园
视觉园
触觉园
嗅觉园

平面图

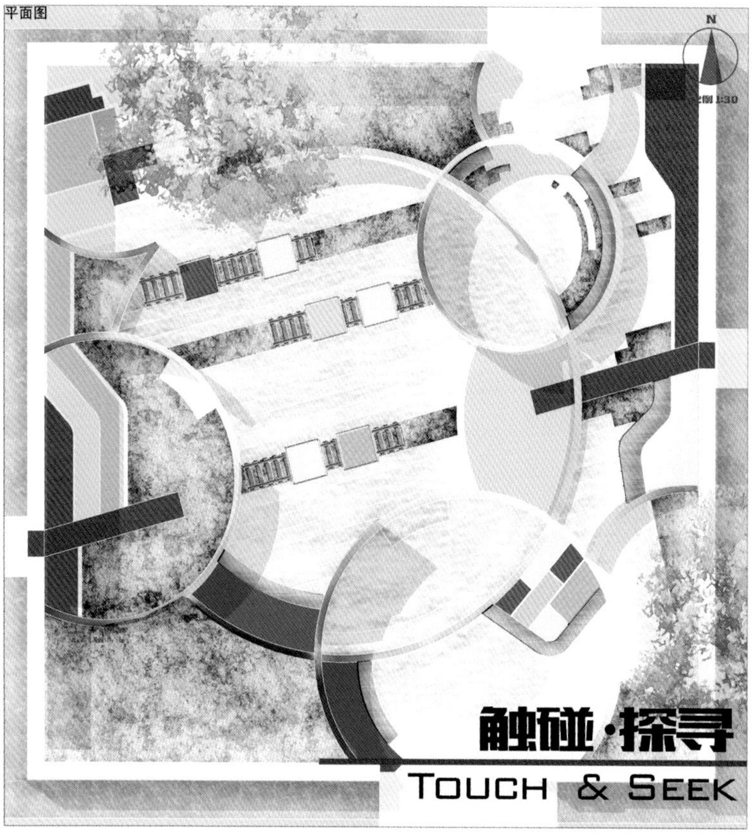
N
触碰·探寻
TOUCH & SEEK

植物 Plant analysis

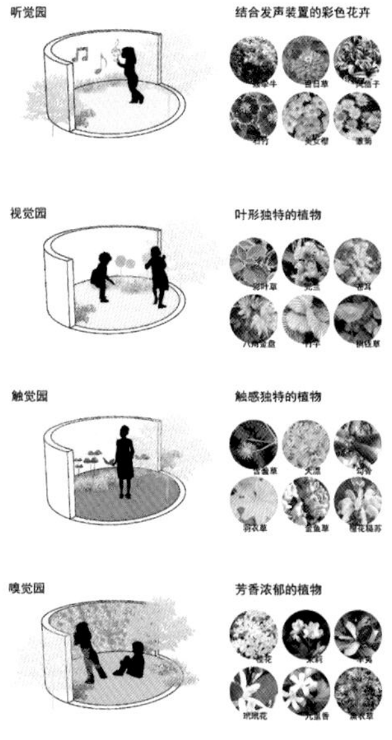
听觉园
结合发声装置的彩色花卉
视觉园
叶形独特的植物
触觉园
触感独特的植物
嗅觉园
芳香浓郁的植物

技术材料 Technology materials

1. 互动式景观墙

花卉景墙结合发声装置，孩子触碰花卉的同时，会发出悦耳的音乐声。

2. 耐践踏草坪

排水系统

园内草地采用耐践踏草坪，可以让儿童自由活动，更好地接触植物，感受自然氛围。

3. 地砖发电系统

儿童踩在地砖上之后，其转换成的电能将被收集起来用于地砖中的led灯，以此增加景观的趣味性。

4. 生态绿屏

生态绿屏由覆盖植物的金属钢架组成，植物在位于钢架的底部的可分解槽里生长，绿屏一旦被装置好后槽就会被泥土完全分解掉。

效果图 Design sketch

立面图 Elevation

获奖作品

国内专业设计团队
和个人设计师、
园艺爱好者
及达人组

二等奖

猫的世界

栖居与花园

土蕴园

荷而不同

马里奥的春天

萌园

猫的世界

北京市海淀园林工程设计所
设计者：曾子然　周宣辰

设计构思

随着城市的发展，人们的生活节奏愈发紧凑，生活压力增加，宠物猫的陪伴成为很多都市人的寄托。猫的世界大多只局限在主人的家中，是完全由主人创造的一方天地，疼爱猫咪的主人们会尽自己所能为它着想、为它设计，希望独自在家的猫咪们不会孤单；而设计出这一切的主人也会想看看自己的心意是否得到了表达，以自家宝贝的视角来看看这一方小世界，这便是所设计的初衷。在这个作品中，人们以猫咪的体型行走在屋内、院中，身边有体型一样的猫剪影穿梭其中，似是同伴在玩耍，令人感同身受。

Cats' WORLD
设计构思：
猫，已经成为越来越多的家庭中的一份子。人们开始关心猫，探索猫的世界究竟是什么样子的。本设计让人们以园艺的方式，深入了解身边的伙伴“猫”眼中的世界。
猫眼中的世界和人完全不一样，猫永远仰望着人类。本设计模拟出一所家庭庭院，在这个院落中，人化身为猫，以猫的视角观察我们身边的实物，以猫的身份玩耍各种猫所喜爱的玩具。
猫与人的正常比例
当人与猫一样
设计手法：
对立的镜面可以延伸空间。本项目利用此种原理来表现猫咪在人住房屋中的视感，使人感觉自己处于一栋无限大的房屋之中。
利用透明的台阶以及滑梯来模拟猫咪的跳跃技能，以此来到达高处人腿所不能到达的地方。
利用大号的座椅、盆景等来模拟猫咪的视角。
猫咪在室外所见到的植物同样被放大。本设计庭院中利用及腰高的观赏草来模拟猫咪在草坪中的感觉。
小品构思：
猫通道：
吊球：
逗猫棍：
房屋外墙使用红色的金属，跑动的镜面猫影映照出游客的身影。
从绿地走出，回头看，可以看到一只猫咪从院外钻出半个头，茂密的草丛中层叠的猫影逗猫棒，似是身处一个猫的世界。
院内放置着一个大型座凳，人可以以猫的角度爬上座凳。
小路从高高的观赏草中穿过，人走在其中似是猫咪穿过草丛，两侧有大型逗猫棒小品设置，成人伸伸手，儿童蹦一蹦既可够到玩耍，体验猫咪的乐趣。
小路由猫爪印形状的彩色橡胶垫以及鹅卵石组成，两边由金属沟边，宽0.5米，极其狭窄，似是绿地中猫咪踩出的痕迹。
窗台下有一处半室内空间，为室内外的衔接点，调皮的猫咪躲在下面慢悠悠的玩球，富有趣味感。
逗猫棒小品
庭院草坪
猫爪印
花盆
透明玻璃滑梯
窗台
6.5m
3.2m
3.3m
1.3m
3.2m
4.8m
走下滑梯是碎石以及猫爪形状的石头形成的汀步，似是一片草丛中猫咪走过留下的爪印。
窗台下是一个透明滑梯，玩耍其中似是漂浮在半空，一边跳跃而下的猫咪剪影与人随行。正对滑梯有一只只剩一半身子的猫咪剪影，似是一半身体钻出院外，趣味可爱。
屋顶设置横梁悬挂着猫草球（原名拟荆芥），使人感觉自己身处草球林中。房梁上有猫咪闲适漫步，有一种异样的悠闲。

本设计为“2019北京世园会大众参与创意展园方案征集大赛”参赛作品，紧扣“生活中的园艺”的园区副主题，围绕“园艺与儿童”的主题，形成一处集互动玩乐以及景观相结合的场地。

空间布局：

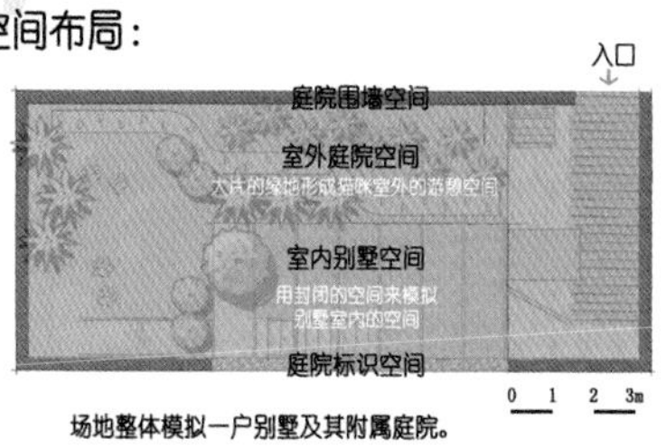

入口
庭院围墙空间
室外庭院空间
大片的草坪形成室外的游憩空间
室内别墅空间
用封闭的空间来模拟别墅室内的空间
庭院标识空间
0 1 2 3m

场地整体模拟一户别墅及其附属庭院。

咪玩耍。本

玩耍。本场地中
荆芥)，令人体会

方案鸟瞰图：

红色的金属小屋，绿色的草地，反色的结合使得小院更加醒目。

逗猫棒小品，可

种植设计：

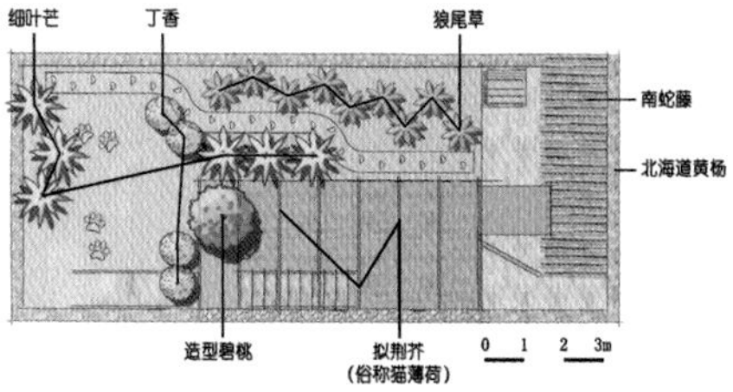

细叶芒
丁香
狼尾草
南蛇藤
北海道黄杨
造型碧桃
拟荆芥
(俗称猫薄荷)
0 1 2 3m

庭院内种植北京常见植物品种，保证成活以及观赏效果。

照明设计：

草坪灯
猫草球吊灯
标识牌投射灯
0 1 2 3m

猫咪夜间拥有夜视能力，轻微的草坪灯令人可以体会猫咪夜间朦胧的亮光。

猫行门，一只猫咪从室内将门顶开帮助游客出入。

穿过室内，再次回到大门，这次猫世界之旅即将结束。

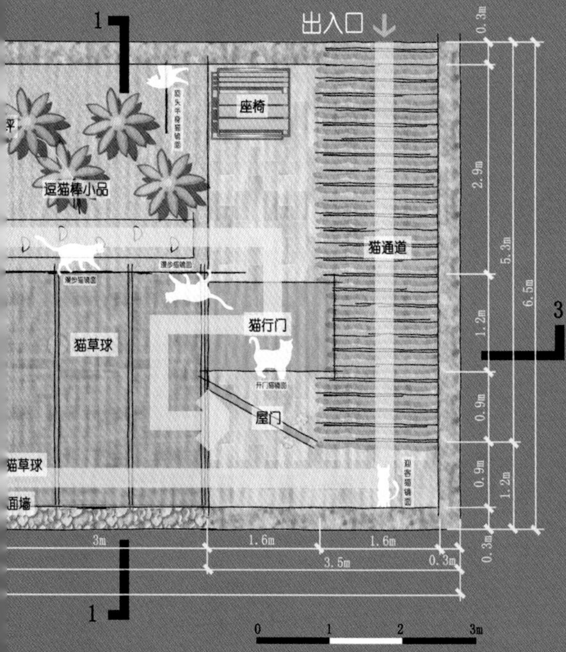

出入口
座椅
逗猫棒小品
猫通道
猫行门
猫草球
屋门
0.3m
2.9m
5.3m
6.5m
1.2m
0.9m
0.9m
1.2m
0.3m
3m
1.6m
1.6m
3.5m
0.3m
0 1 2 3m

出

沿平面图绿色箭头而行

让我们沿着路线来一场猫的世界之旅

进

游客从入口进入，沿着一条狭窄的藤架形成的“猫通道”行走，通道正对一只坐立的猫影形成的镜面，映照出游客的影子以及加长的通道，似有猫咪等待在门口，欢迎游客的到来。

正立面：

Cats' World
1.4m
2m
2m
5.4m

场地正立面为整个场地的外界标识牌，简单的英文主题既醒目也符合园区国际化的需求。趣味的猫咪剪影吸引游客进入。

背立面：

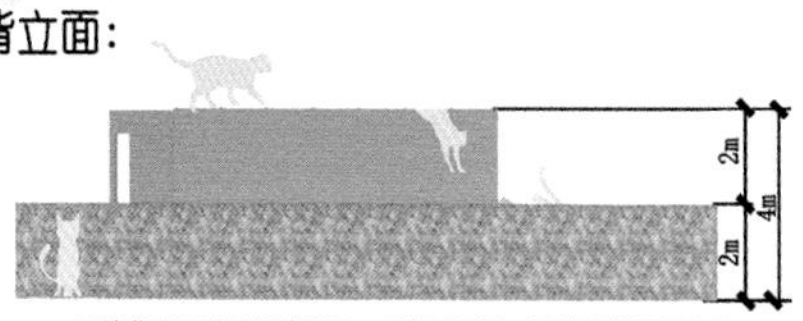

2m
2m
4m

场地背立面设置场地入口，从外可看到一只猫咪从屋顶走过跳下的过程。

1-1剖面图： 2-2剖面图：

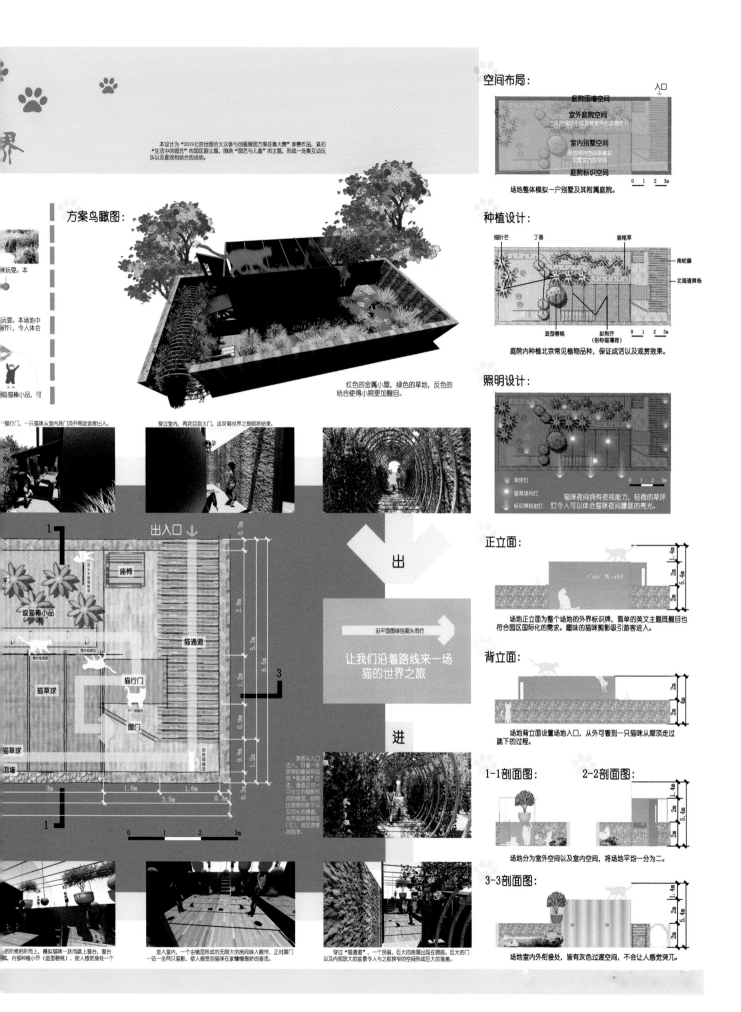

1.4m
2m
2m
5.4m

场地分为室外空间以及室内空间，将场地平均一分为二。

3-3剖面图：

1.4m
2m
2m
5.4m

场地室内外衔接处，皆有灰色过渡空间，不会让人感觉突兀。

的阶梯拾阶而上，模拟猫咪一跃而跳上窗台，窗台栽，内部种植小乔（造型碧桃），使人感觉身处一个

进入室内，一个由镜面形成的无限大的房间映入眼帘，正对屋门一站一坐两只猫影，使人感受到猫咪在家慵懒傲娇的姿态。

穿过“猫通道”，一个拐弯，巨大的房屋出现在眼前。巨大的门以及内部放大的盆景令人与之前狭窄的空间形成巨大的落差。

栖居与花园

北京市海淀园林工程设计所
设计者：魏剑峰

设计构思

花园以可居可游为标准，对一个居住单元空间进行园林化改造，试图将自然的诗情画意带入现代城市栖居生活之中。

独立的组合空间、物象，特定的空间意象所形成的空间叙事，意在引发参观者对“生活需求/生活场所/生活方式”的思考。

入口立体种植

塑料瓶再利用

冥想空间

设计理念：

展园由“行、望、居、游”四个相对独立的庭院空间组成，空间组合意象缘于住宅单元模式，各个空间相互独立，逻辑关系上又相互关联。意图通过“空间切换”引发参观者对“生活场所/生活方式”的思考。

设计说明：

一号庭院为展园入口空间，由预制混凝土种植箱砌筑成“城市群楼”景象，意在对冰冷的、杂乱的城市环境的暗讽，通过对砌体用可食用植物覆盖，传递对绿色环境、生态立体城市的构想。

二号庭院为观赏空间，以代表工业文明的钢材与轮胎为造景元素，通过阵列布置的方式，将轮胎作为载体种植农作物，谈讨生产、发展与栖居环境的平衡关系。通过镜面墙的镜像原理，营造生态田园空间景象。

三号庭院是一个相对封闭的空间，“马桶”用作种植池，表达对城市公共空间的关注，白色马桶种植池中跳出一个红色马桶，供观光者坐下来拍照，也提醒人们对公共空间的主人翁意识。清水混凝土墙用作垂直绿化载体，用饮料瓶做植物培育器皿线性排列，体现旧物再利用理念，也是对混凝土墙的表皮化处理，形成一个能引人思考的“冥想空间”。

四号庭院是一个标准的居住空间，立体绿化形成的书架/置物架意象、“花床”、啤酒瓶与混凝土构成的景观墙，酒瓶墙上悬挂的红色高跟鞋，都反映在镜面之中。一方面是对与人们栖居生活的映射，更是对绿色栖居，生态生活的畅想。

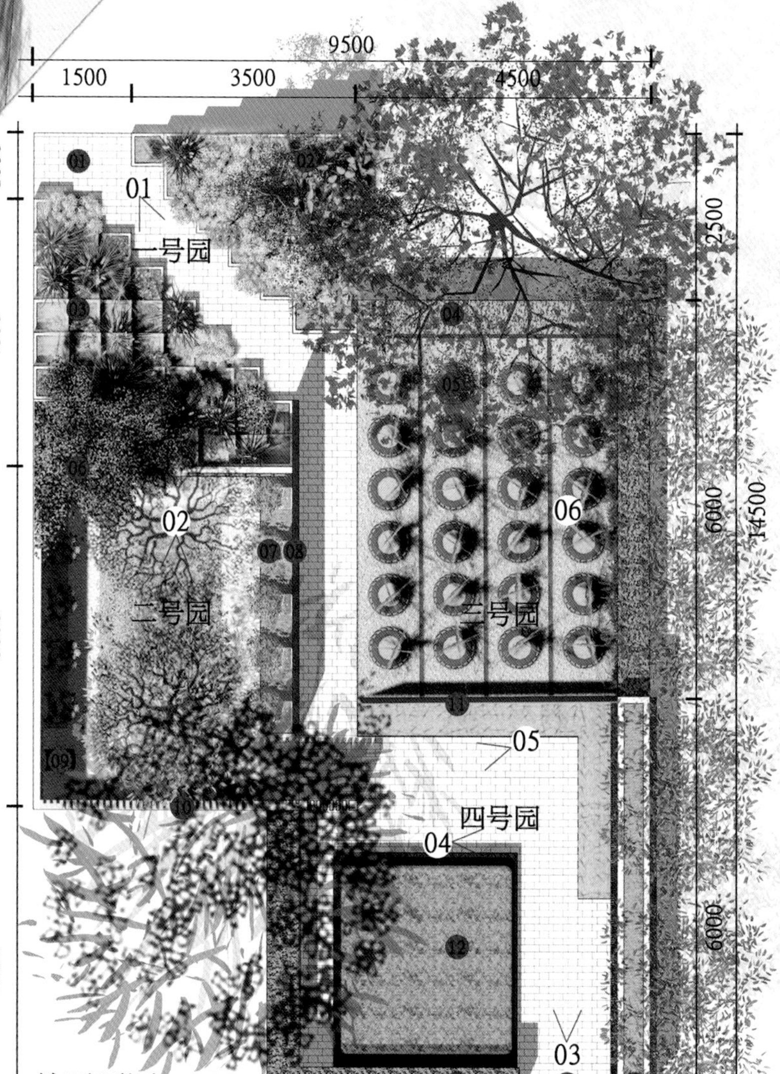
9500
1500
3500
4500
1000
4000
5000
4500
2500
6000
14500
6000
01
一号园
02
二号园
06
三号园
05
四号园
04
03
总平面图 1:30

植箱

拍照点

架”

01
02
03
04
05
06

土蕴园

北京创新景观园林设计有限责任公司
设计者：梁毅

设计构思

在全球性环境污染的大背景下，人类时刻都在产生垃圾的。项目试图利用废弃材料建构新的园林空间，唤起人们的环保意识，同时探索全新的景观设计语言。

环保、低碳、可持续发展——土

将
域特色
砖、瓷
低碳生
整个
增加其
表颜色

山形

牛

东立面图

南立面图

北立面图

之母，承载万物 同时又收藏万物。

山形和牧场中的牛作为载体，用耐候钢板勾勒出造型，突出地歌的园艺展示空间。运用缓坡地形隐喻大地，将生活中的建筑垃圾自来水瓶、木板及电子垃圾填充其中。变废为宝二次利用，倡导和环保意识。

10m，为游客打造高低结合、忽明忽暗、动静结合的游览路线，园内高处设计有供游人观景和休憩的坐凳，以人为本。土的代色、粉红色。通过观赏草和时令花卉组合来体现丰富的园艺展示。

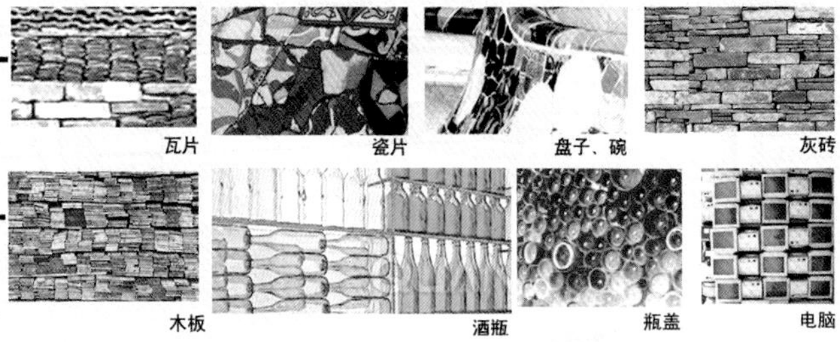

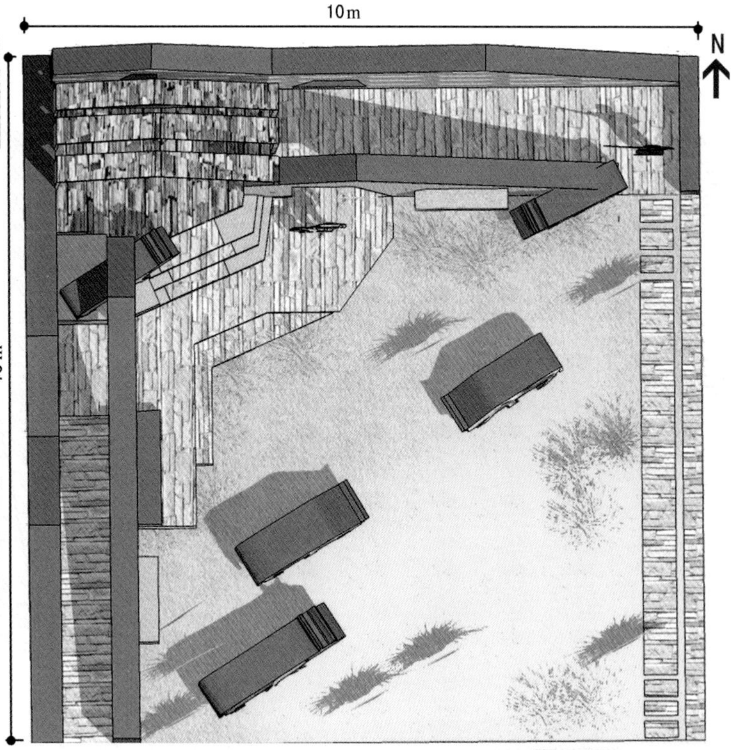

平面图 1:30

荷而不同

济南园林集团景观设计有限公司　设计者：成宇　李意如

设计构思

荷花醉入池，荫浓夏日长。

作为一个荷花主题文化展园，对荷花概念的理解和表达是设计的一个重要出发点和落脚点。

“荷”而不同，品德不同、精神不同、形态不同，通过对荷花不同形式的展示，结合周围景物引导空间的变化，大自然的阳光、微风在作画，细腻的、连续的变化使人体验自然的感官愈加敏锐。在这里，人与自然不仅仅是彼和此的关系，人融于自然，置身其中，与自然成为浑然如一的整体。

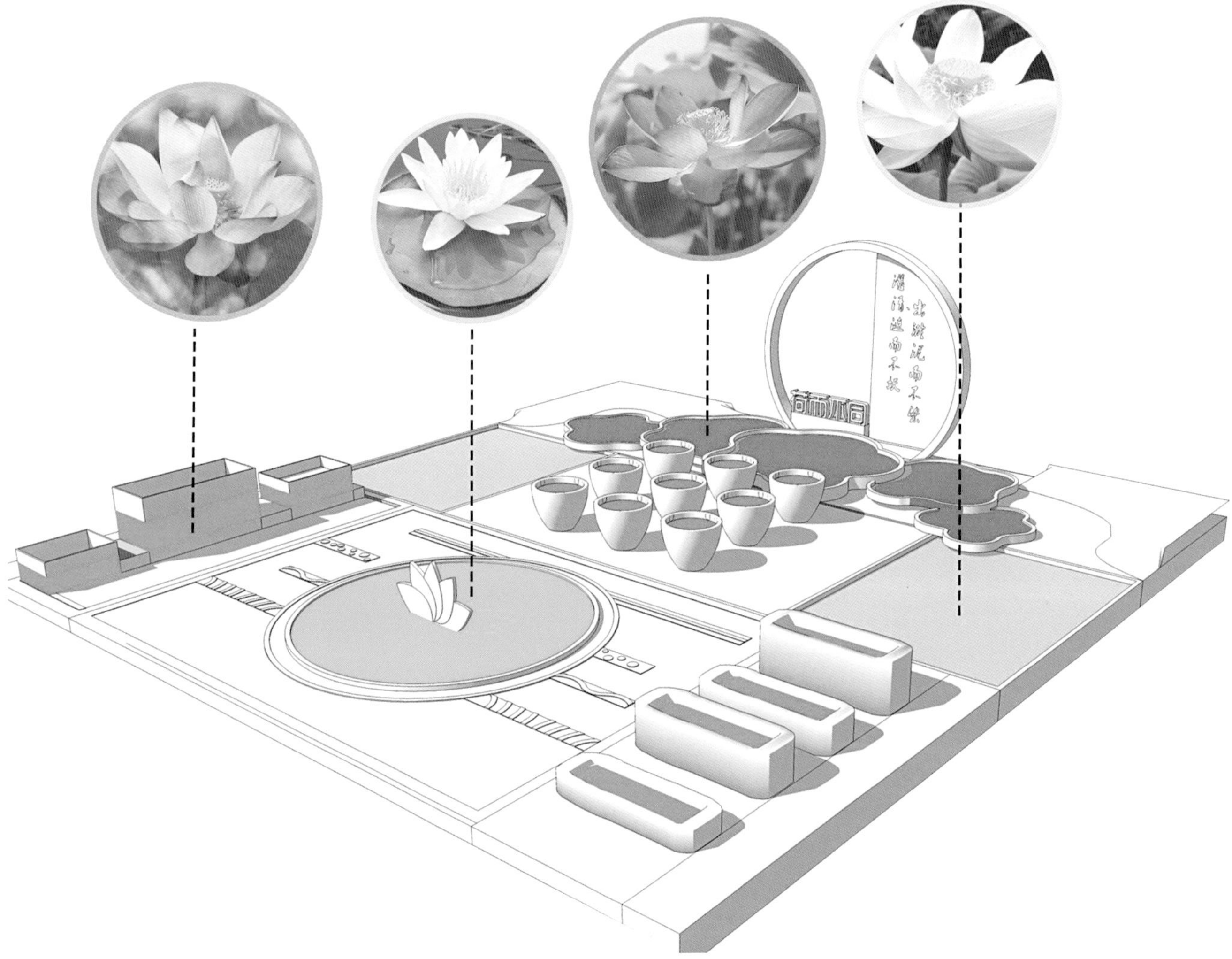

荷而不同

LOTUS NOT THE SAME

I can see the whole plant lotus!
I love this lotus garden, can let me understand different lotus culture.

荷——漂浮在水中的诗。

HE PIAO FU ZAI SHUI ZHONG DE SHI

—— 不同于其他花，有清正廉洁的高尚品质，是扎根污泥，却珍爱自洁、随遇而安、处之泰然的"花中君子"。

—— 不同于其他花，有相互融合与绽放的精神，因为有荷叶的"无穷碧"，才有荷花的"别样红"。

—— 用不同的表现手法，展现出不一样的荷花意境

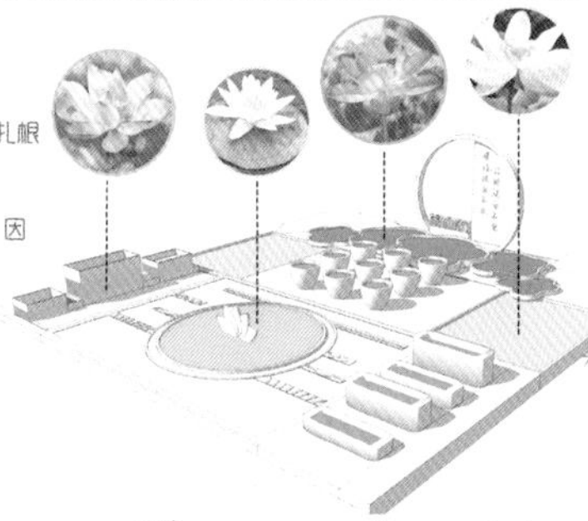

利用水池反射促使封闭空间有更丰富的感官体验，分别用不同的种植方式展现荷花的文化意蕴，而空间流动多变、互相交流、相互融合。我们可以在此品茗思静，享受着大自然赋予我们的美好意境。

水缸的古朴与朴实，衬托出荷叶的清雅、荷花的亭亭玉立，水缸的阵列摆放，为空间的丰富性增添了更大的可能。人们可以观察到每一朵荷花，想象自己在其间游走并与自然产生亲密的关系。

玻璃展柜通过水培的方式展出整株荷花的生长状态，更直接地让人们观察到平时并不会被注意的场景，更多地产生观者与其互动的形式。

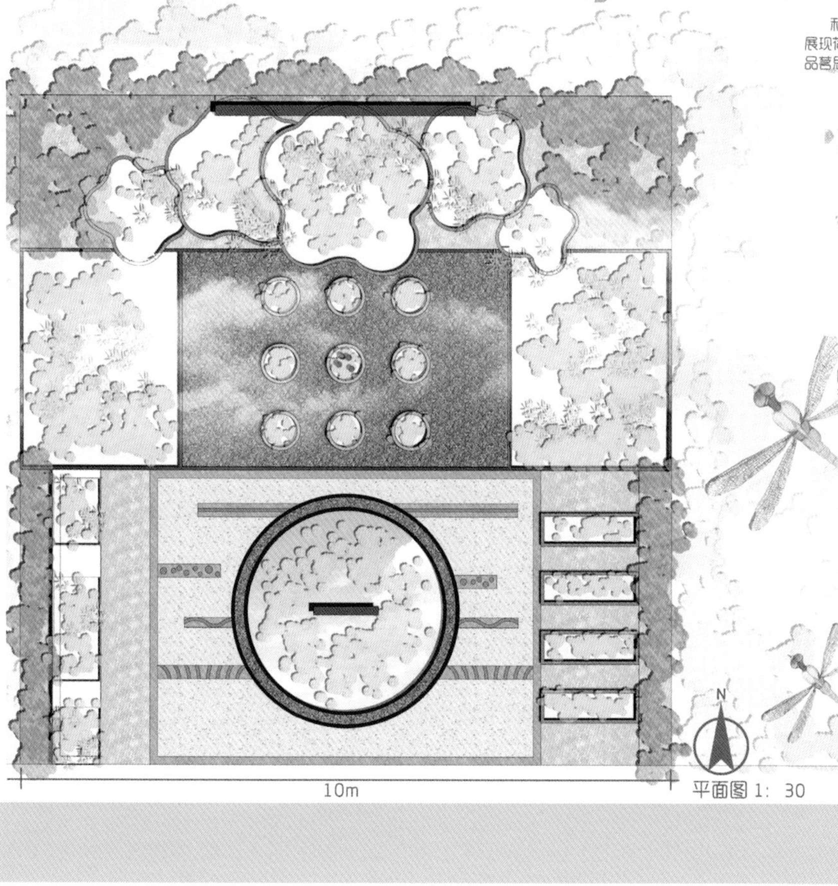

N

10m

平面图 1：30

马里奥的春天

北京创新景观园林设计有限责任公司　设计者：王阔

设计构思

作品提取世人熟知的马里奥题材中的色彩、造型、水管、花卉等元素，抽象表达为场地的主要要素。以竹子围合场地，自成一方清幽、纯净的空间。人工产物水管与自然植物的结合诠释了人与自然和谐共处的可能性。

马里奥的春天

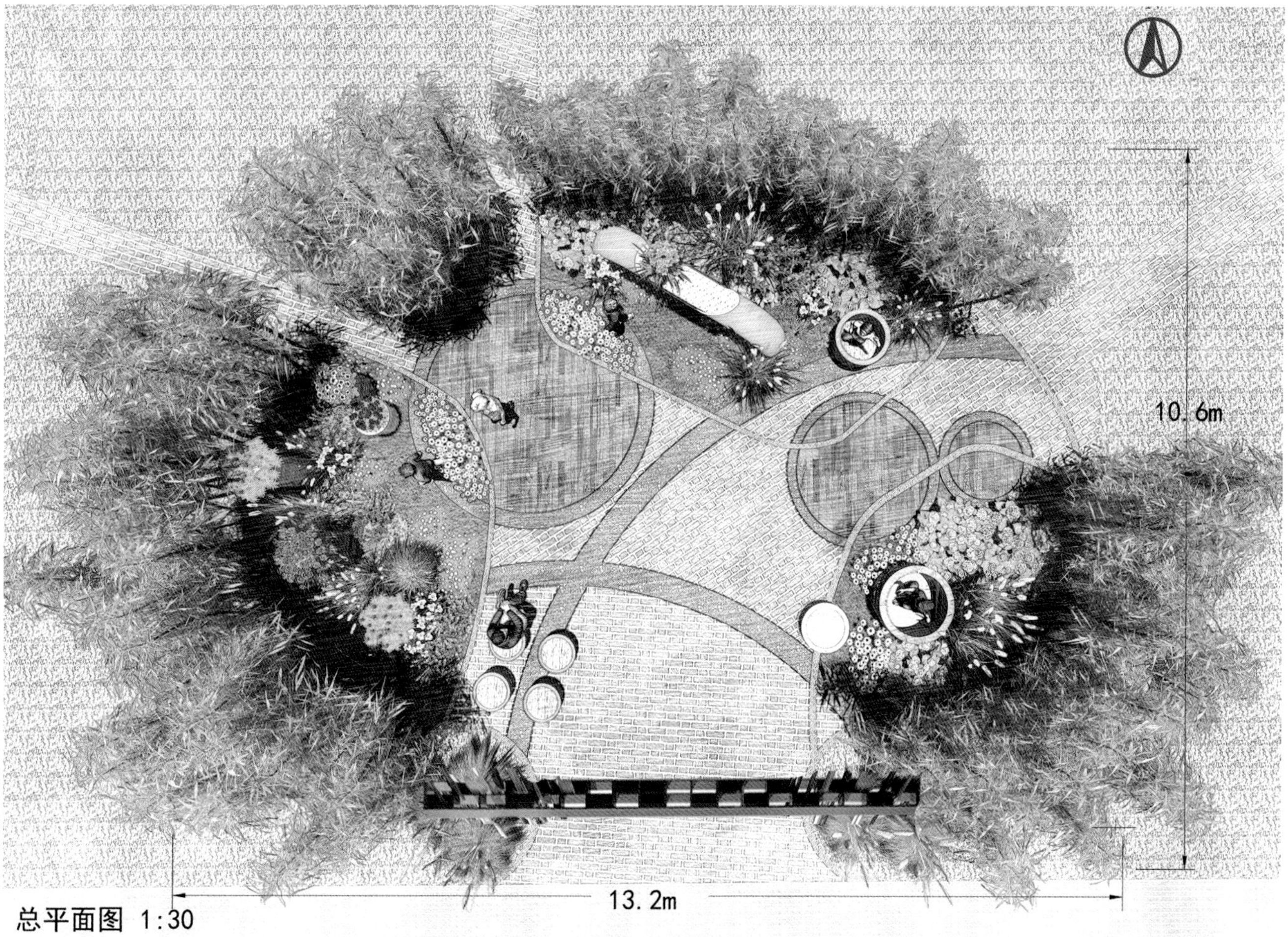

总平面图 1:30

灵感来自风靡全球的次世代游戏《超级马里奥》。超级马里奥是享誉全球的下水道工人，他勇敢坚韧的精神影响了一代人，给世界儿童带来了欢乐，是孩子们心中的超级英雄。如今，年入三十的马里奥来到了延庆，在这片丰饶宜人的土地上，迎来了他人生中的春天，这里的下水管道受到了世园会的熏陶，再也不像以往那样充满阴暗与危险，而是长出了美丽的花朵。大叔笑了，孩子们也笑了。

废旧管道+雨水花园+新优园艺=Super Mario’s Spring=Children’s Spring

Mario’s Spring is Children’ s Spring

萌园

北京市植物园
设计者：仇莉

设计构思

我家有个小萌娃，我尝试从她的角度出发来设计，力求满足儿童对景观的需求。例如以植物结合滑梯概念展示世园会吉祥物，铺装采用安全环保的彩色橡胶印制世园会会徽，并通过花境的形式展示丰富多彩的生肖植物、五感植物等，让人们在游园时既享受植物的美，又能获得儿童感兴趣的植物知识。

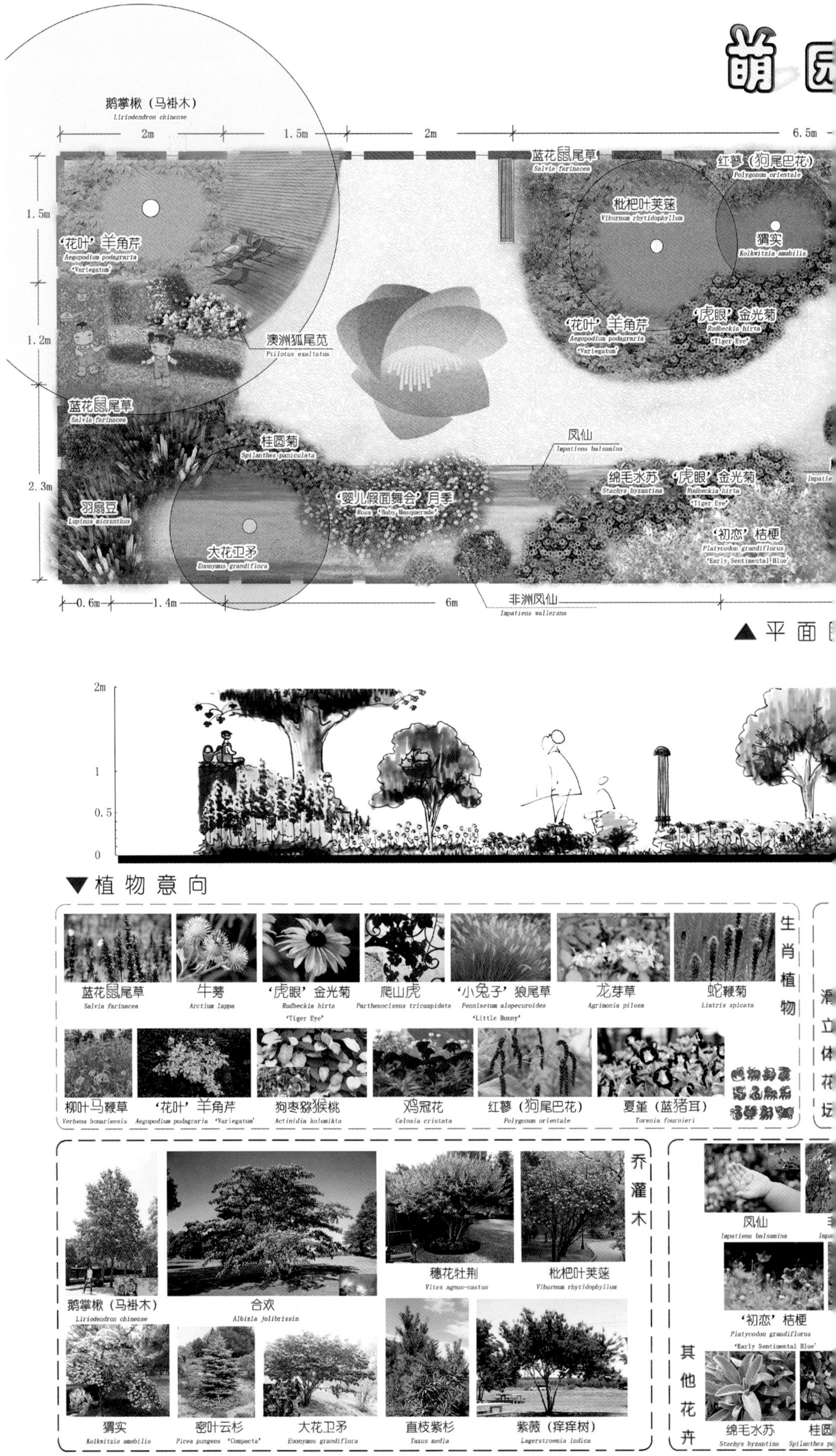

萌园
鹅掌楸（马褂木）
Liriodendron chinense
2m
1.5m
2m
6.5m
1.5m
1.2m
2.3m
0.6m
1.4m
6m
‘花叶’羊角芹
Aegopodium podagraria ‘Variegatum’
澳洲狐尾苋
Ptilotus exaltatus
蓝花鼠尾草
Salvia farinacea
桂圆菊
Spilanthes paniculata
羽扇豆
Lupinus micranthus
大花卫矛
Euonymus grandiflora
‘婴儿假面舞会’月季
Rosa ‘Baby Masquerade’
凤仙
Impatiens balsamina
非洲凤仙
Impatiens walleriana
红蓼（狗尾巴花）
Polygonum orientale
枇杷叶荚蒾
Viburnum rhytidophyllum
猬实
Kolkwitzia amabilis
‘虎眼’金光菊
Rudbeckia hirta ‘Tiger Eye’
绵毛水苏
Stachys byzantina
‘初恋’桔梗
Platycodon grandiflorus ‘Early Sentimental Blue’
▲平面
2m
1
0.5
0
▼植物意向
生肖植物
蓝花鼠尾草
Salvia farinacea
牛蒡
Arctium lappa
‘虎眼’金光菊
Rudbeckia hirta ‘Tiger Eye’
爬山虎
Parthenocissus tricuspidata
‘小兔子’狼尾草
Pennisetum alopecuroides ‘Little Bunny’
龙芽草
Agrimonia pilosa
蛇鞭菊
Liatris spicata
柳叶马鞭草
Verbena bonariensis
‘花叶’羊角芹
Aegopodium podagraria ‘Variegatum’
狗枣猕猴桃
Actinidia kolomikta
鸡冠花
Celosia cristata
红蓼（狗尾巴花）
Polygonum orientale
夏堇（蓝猪耳）
Torenia fournieri
滑立体花坛
乔灌木
鹅掌楸（马褂木）
Liriodendron chinense
合欢
Albizia julibrissin
穗花牡荆
Vitex agnus-castus
枇杷叶荚蒾
Viburnum rhytidophyllum
猬实
Kolkwitzia amabilis
密叶云杉
Picea pungens ‘Compacta’
大花卫矛
Euonymus grandiflora
直枝紫杉
Taxus media
紫薇（痒痒树）
Lagerstroemia indica
其他花卉
凤仙
Impatiens balsamina
‘初恋’桔梗
Platycodon grandiflorus ‘Early Sentimental Blue’
绵毛水苏
Stachys byzantina

e Garden

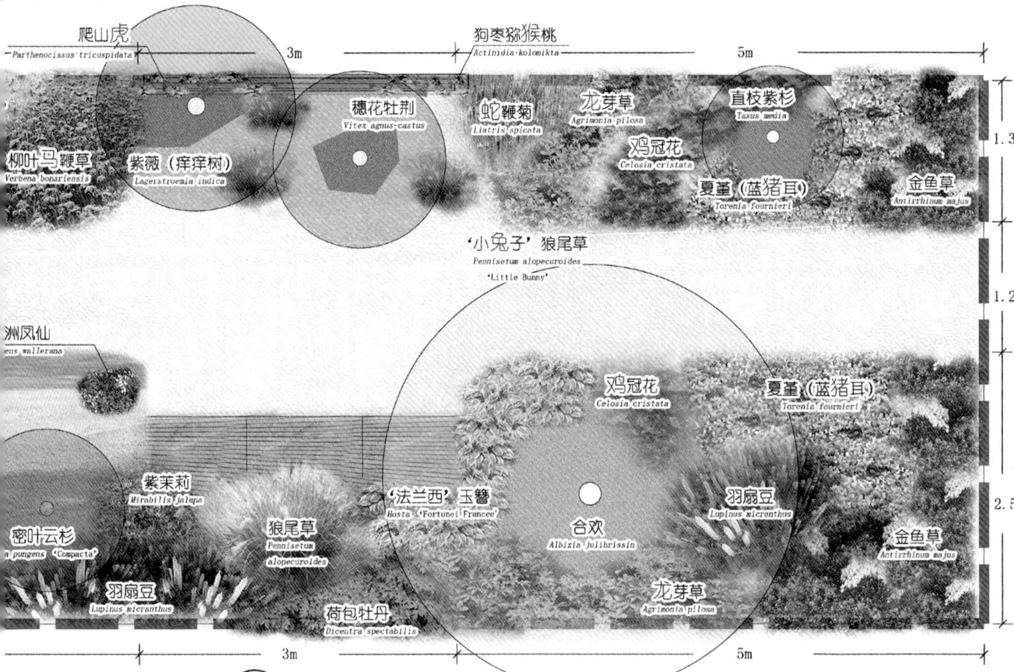
爬山虎
Parthenocissus tricuspidata
狗枣猕猴桃
Actinidia kolomikta
3m
5m
穗花牡荆
Vitex agnus-castus
蛇鞭菊
Liatris spicata
龙芽草
Agrimonia pilosa
直枝紫杉
Taxus media
柳叶马鞭草
Verbena bonariensis
紫薇（痒痒树）
Lagerstroemia indica
鸡冠花
Celosia cristata
夏堇（蓝猪耳）
Torenia fournieri
金鱼草
Antirrhinum majus
1.3m
'小兔子'狼尾草
Pennisetum alopecuroides
'Little Bunny'
1.2m
洲凤仙
鸡冠花
Celosia cristata
夏堇（蓝猪耳）
Torenia fournieri
紫茉莉
Mirabilis jalapa
'法兰西'玉簪
Hosta 'Fortunei Francee'
羽扇豆
Lupinus micranthus
2.5m
密叶云杉
狼尾草
Pennisetum alopecuroides
合欢
Albizia julibrissin
金鱼草
Antirrhinum majus
羽扇豆
Lupinus micranthus
龙芽草
Agrimonia pilosa
荷包牡丹
Dicentra spectabilis
3m
5m
2m

▶ 方案解析图

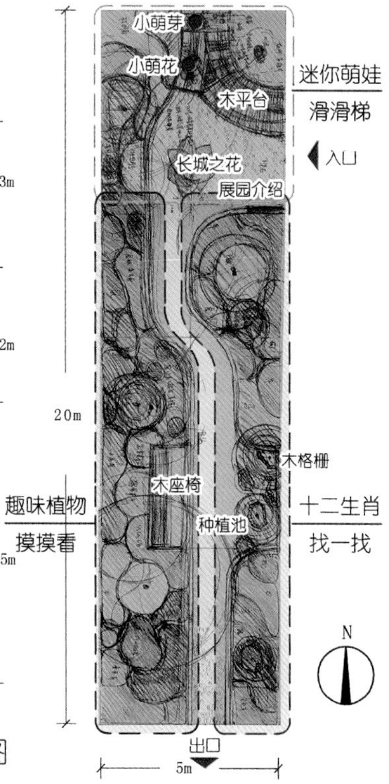
小萌芽
小萌花
迷你萌娃
滑滑梯
木平台
入口
长城之花
展园介绍
20m
木格栅
趣味植物
摸摸看
木座椅
种植池
十二生肖
找一找
N
出口
5m

2m
1
0.5
0

▲ 立 面 图

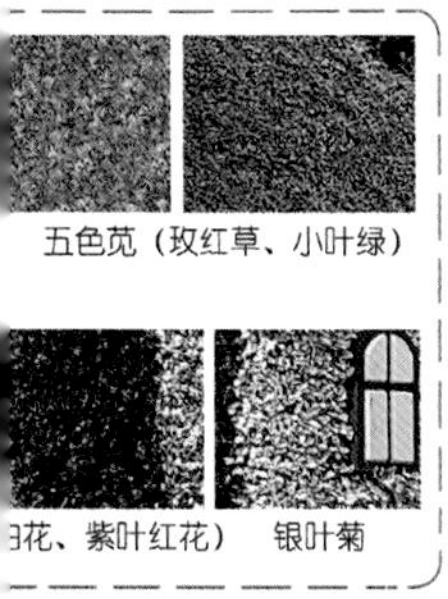
五色苋（玫红草、小叶绿）
白花、紫叶红花）
银叶菊

狐尾苋
exaltatus
荷包牡丹
Dicentra spectabilis
婴儿假面舞会'月季
Rosa 'Baby Masquerade'
狼尾草
Pennisetum alopecuroides
羽扇豆
Lupinus micranthus
紫茉莉
Mirabilis jalapa

五色苋（小叶绿）
五色苋（玫红草）
四季秋海棠（绿叶白花）
四季秋海棠（紫叶红花）
金叶佛甲草
五色苋（玫红草）
银叶菊
四季秋海棠（紫叶红花）
金叶佛甲草

▲ 效 果 图

▼ 设计说明

以2019北京世园会吉祥物小萌芽和小萌花为灵感来源，设计“迷你萌娃滑滑梯”“生肖花卉找一找”“趣味植物摸摸看”等景观，使用多姿多彩的植物材料，打造趣味萌园。园路采用卵石铺装，在入口处使用彩色橡胶印上会徽长城之花的形状。在这里，你可以看到澳洲狐尾苋毛茸茸的花朵，观察爬山虎小脚丫一样的吸盘，摸到绵毛水苏肉乎乎的叶子，闻到月季和玉簪的芳香，还能采摘紫茉莉像小地雷一样的种子，听到凤仙花果实弹开的声音，随手拾起一片鹅掌楸的叶子就能制作美丽的标本……在这里，植物不光是孩子们眼里的风景，而是成为可视、可触、可嗅、可听的朋友，成为我们生活中美妙的一部分。

序号	类别		数量	单位	单价（元）	总价（元）
一	植物材料	乔木	2	株	5000	10000
		灌木	9	株	500	4500
		地被花卉	62	㎡	500	31000
		立体花坛	1	个	20000	20000
二	构筑物	展园介绍	2	组	1500	3000
		滑梯	1	个	2000	2000
		木格栅	1	个	2000	2000
三	园路铺装	木平台	5	㎡	500	2500
		彩色橡胶	3	㎡	1000	3000
		卵石铺装	30	㎡	300	9000
四	照明系统	地灯				4000
五	喷雾系统	喷雾				5000
	共计					96000

▲ 设计概算

获奖作品

国内专业设计团队和个人设计师、园艺爱好者及达人组

三等奖

（排序不分先后）

仰望芳草 *Stand by me*

爱丽丝花园

织卉

圆趣·趣园——儿童的后花园

陌上花开·诗意花园

到我碗里来——*Bowl Garden*

军垦家园

消隐

轮子上的花园——针对老人的康复性花园

河·蒹葭

绿色的屋檐

来，点亮树荫下的城市

“妙雨生花”雨水生态科普园

自然微社区

仰望芳草 Stand by me

北京北林地景园林规划设计院有限责任公司

设计者：周琨 赵爽

STAND BY ME 仰望芳草

10300
7330
15300
平面比例1:30
1 钢化玻璃 "甲壳虫泡泡" 景观雕塑
2 花园入口LOGO
3 外环境乔木
4 外环境绿地
5 回收木材制成原木铺装
6 花园坡道
7 花园台阶
10 大滨菊
11 八宝景天
12 蒲公英
14 蓝花鼠尾草
16 马蔺

一天，小女孩呆呆在森林里吹泡泡，，当泡泡落在草地上的时候，变成了一个个透明的玻璃球。玻璃球扎进土里，慢慢变大，张开一个口子。好奇的呆呆钻进玻璃球，发现了另一个世界……

玻璃球里的呆呆，变得跟小草一样大，这时，她看到了郁金香的球茎、蒲公英的种子、鼠尾草的穗状花序、八宝景天的聚伞花序、狼尾草的小穗……

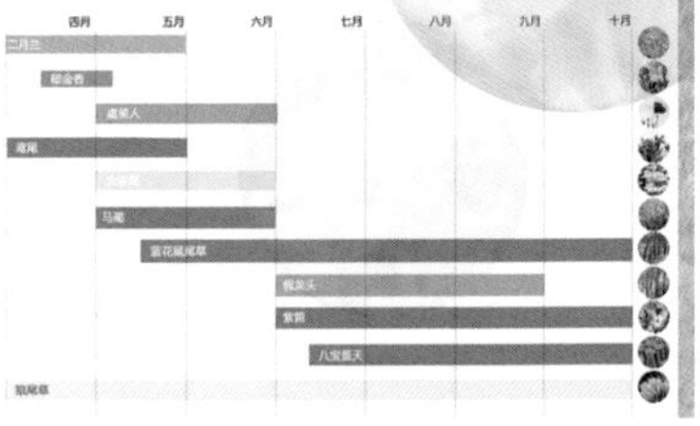

四月
五月
六月
七月
八月
九月
十月

立意

仰望芳草 • Stand by Me

本设计以"仰望"为立意，颠覆常规俯视观赏花草的方式，将绿地抬升，引导人在仰视的角度发现"芳草之美"。Stand by me 有"与我并肩，伴我成长"之意，通过引导孩子发现植物之美、自然之趣，培养孩子热爱自然、亲近自然、保护自然的意识。

园艺·儿童·自然教育

自然教育（nature education）：自然教育是以接触和观察大自然的直接体验为前提，关注儿童对于自然的感官启迪，从而在孩子脑中建立起人与自然、人与他人、人与自我的关系。

花园，作为儿童与自然的媒介，激发着孩子对于自然的情感。自然教育鼓励儿童在真实的自然中观察植物、从事园艺活动，让孩子在真实的体验中掌握对自然的科学认知。以"感性为壤，理性播种"，建立起孩子对于自然最本真的情感启迪。

场地认知

设计场地为2019年北京世园会的展园，面积为100㎡。由于缺少花园现状资料，本设计假设花园位于园区园路的旁边，地势平整，边界为100㎡不规则四边形，周围有良好的现状植被。

设计首先改造场地竖向，创造高差。再用园路将地形分割，形成坡道。向下的坡道与抬升的地形创造出奇妙的空间，游人观赏花草的方式从俯视变成平视再到仰视，从而颠覆常规观察植物的视角。"stand by me"与植物肩并肩，领略芳草之美。最后，嵌入特质的钢化玻璃"泡泡"装置，形成近距离观察花草的特殊空间。

可回收材料利用

钢化玻璃"泡泡"为回收的玻璃器皿制成。首先将回收的玻璃器皿经分类筛选、清洗、粉碎、高温熔融后，当温度到达软化点的700度时，塑造出"泡泡"和"甲壳虫"形体的装置。

坡道侧面的挡墙外饰面为高硬度的合成板材，该材料由废旧木材、刨片、木屑经干燥、筛选、定向铺装、热压成型、防水处理制成。在合成板材上绘制植物花、叶、根系和昆虫图案，形成科普展示墙。

坡道的地面铺装将回收的原木制成10cm厚木板，结合卵石铺设在地面上，营造出花园的"丛林"氛围。

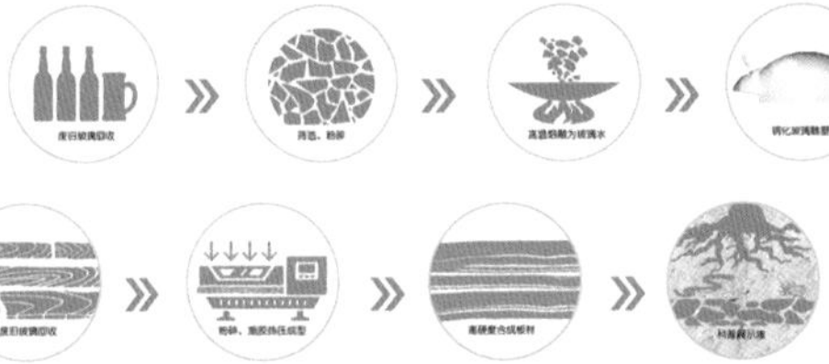

泡泡与儿童

"泡泡"装置由透明钢化玻璃制成，放置在绿地上，与周围的地被植物融为一体。沿坡道设置四处可进入"泡泡"，泡泡之下为将地形切割出圆筒状空间，孩子能钻进泡泡，近距离观察植物的生长。"泡泡"装置同时能保护植物在观赏过程中不被损伤。设计充分考虑了不同年龄儿童的身高和行为特点，将四处可进入"泡泡"的净高控制在相应年龄段孩子的身高。在场地的最低处，也是空间最大处，设置"甲壳虫"泡泡雕塑，甲壳虫可让成年人进入，驻足观赏。

3岁儿童
平均身高：0.85-1.00m
观察花草
6岁儿童
平均身高：1.00-1.30m
写生临摹花草
12岁少年
平均身高：1.30-1.50m
观察植物生长、科普教育
成年人
平均身高：>1.50m
摄影、教育孩子

种植设计与灌溉

结合"仰望芳草"的主题，以地被花卉为主，选取蓝紫色系草花为特色植物。在植物形态上，选择干高、花硕、叶细的花卉和观赏草，利于从植物底部仰视观赏。植物的花期覆盖4月至10月，保证世园会开园期间的景观效果。

围绕四个可进入"泡泡"分别种植郁金香、蓝花鼠尾草、大滨菊和虞美人，让一种植物围绕一个"泡泡"种植，形成"一花一世界"的视觉效果。植物的灌溉以园区内的给水管供水的作为水源，灌溉方式以喷灌为主，早晚各浇一次水。

园艺与科普

将坡道一侧的挡墙设计为科普展示墙。4个可进入"泡泡"周边分别种植了郁金香、蒲公英、蓝花鼠尾草和狼尾草，每个"泡泡"周边的科普展示内容结合相应的植物形成"郁金香的球茎""蒲公英的野子""狼尾草的狗尾巴""鼠尾草的小穗"等图文并茂的科普内容。4个"泡泡"下的圆筒状空间用玻璃围合，让孩子能直接观察到土壤、植物根系和昆虫。

夜景设计和概算

景观照明以"见光不见灯"为原则，以散射光为主要照明方式。照明灯具主要采用点状和带状地埋灯为主。4个可进入"泡泡"的底部设置地埋灯，光向上照亮圆筒空间和泡泡周围的植物，花园入口和绿地的花丛中设置同样的地埋灯。投资估算：30500元，明细详见纸质方案文本

甲壳虫泡泡
狼尾草
马蔺
蒲公英
鸢尾
观察泡泡
郁金香
鼠尾草
大滨菊
Pennisetum alopecuroides (L.) Spreng
Dandelin
Tulipa gesneriana
Hylotelephium erythrostictum (Miq.)

爱丽丝花园

中国城市规划设计研究院

设计者：黄明金

2019北京世园会大众参与创意展园

每个成年人都曾是小孩，只是他们忘了，
在这儿，你就是爱丽丝，花园是你的梦

树洞入口
童年幻镜
白兔引路
森林宴会

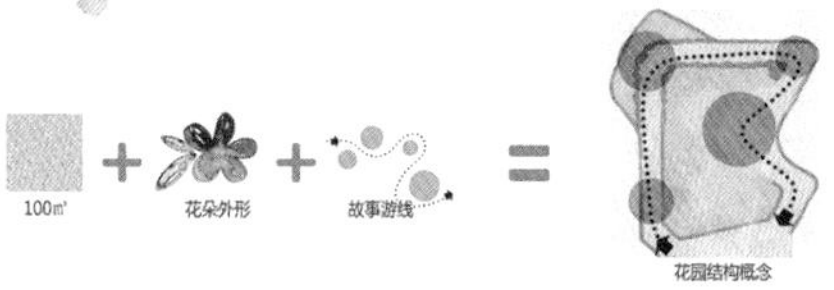

100㎡
花朵外形
故事游线
花园结构概念

理念：让孩子发现色彩，让大人找回童心。

主题：从童话《爱丽丝梦游仙境》中获得灵感打造爱丽斯花园，设定了一场森林宴会旅程，包括进入花园的**树洞入口**，重识自己的**童年幻镜**以及最终的**森林宴会**等节点，其中森林宴会区作为主要的花园展示区。

植物：以花期较长的宿根花卉为主，搭配花灌木、藤本植物、观赏草和立体花坛等塑造空间。花期覆盖整个会展过程（4月底到10月底），花色以蓝紫色系为主，搭配有白色和橘红色等，营造梦幻花园。

灌溉与排水：通过地形和道路将园内雨水收集引导至湿生植物区，多余雨水通过溢流管收集储存，用于花园日常灌溉。花园采用喷灌系统加定时装置，辅以雾喷系统在营造仙境时增加湿度。

1、花廊
2、湿生植物区
3、不锈钢镜面
4、石板汀步
5、波浪篱笆
6、立体花坛
7、砾石沟
8、宴会餐桌
9、花园主展区

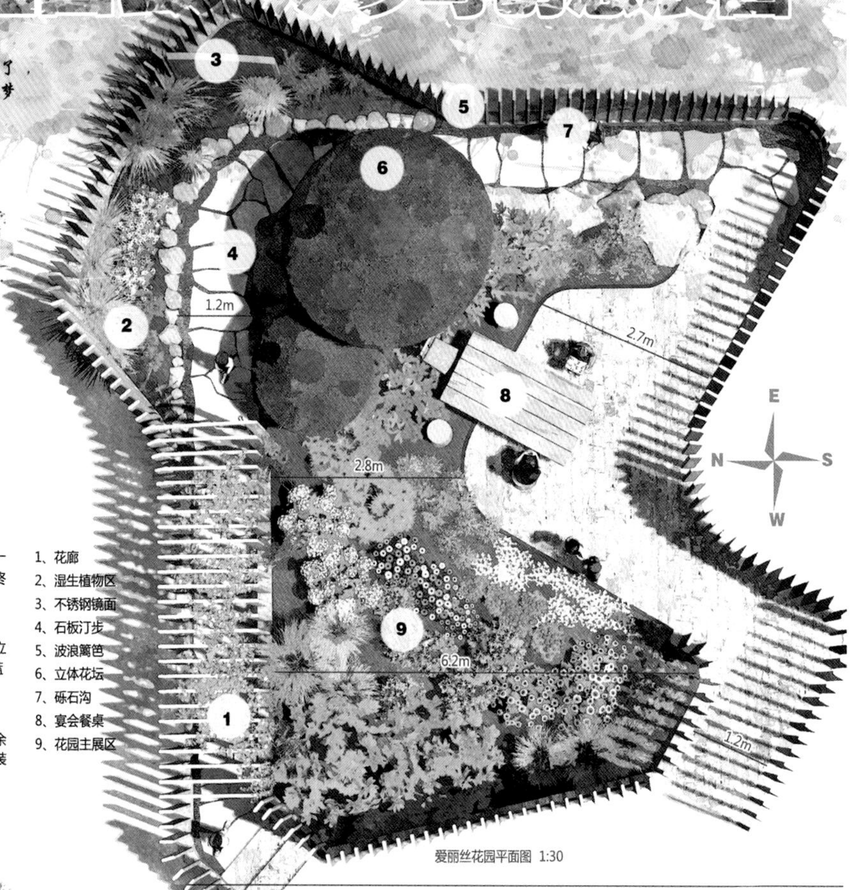

1.2m
2.7m
2.8m
6.2m
1.2m
E
N
S
W
10m

爱丽丝花园平面图 1:30

爱丽丝花园

2.20
±0.00

剖面图

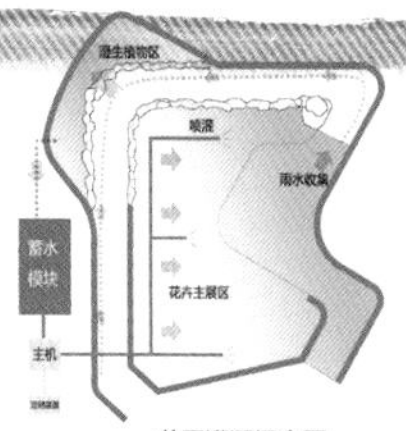

湿生植物区
喷灌
雨水收集
蓄水模块
花卉主展区
主机

花园灌溉概念图

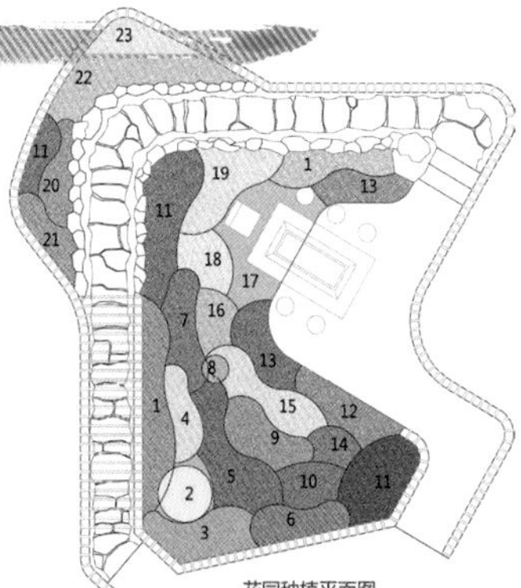
花园种植平面图

1.紫藤 2.金枝接骨木 3.蜀葵 4.金叶风箱果 5.醉鱼草 6.美人蕉
7.火炬花 8.丰花月季 9.宿根天人菊 10.松果菊 11.千屈菜
12.婆婆纳 13.鼠尾草 14.羽扇豆 15.钓钟柳 16.美丽飞蓬
17.高羊茅 18.滨菊 19.假龙头 20.鸢尾
21.报春花 22.耧斗菜 23.狼尾草

树洞入口
童年幻镜

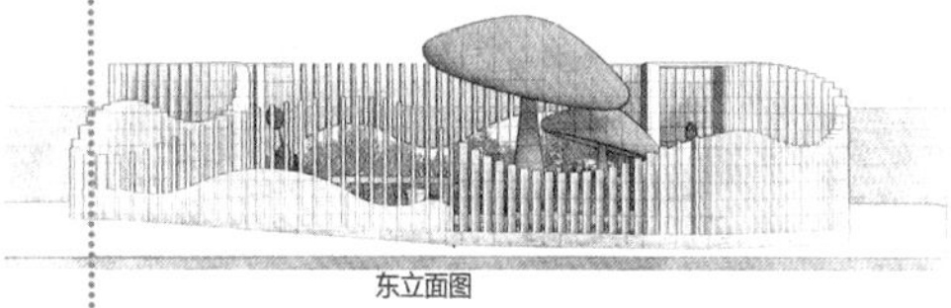
东立面图

白兔引路

森林宴会

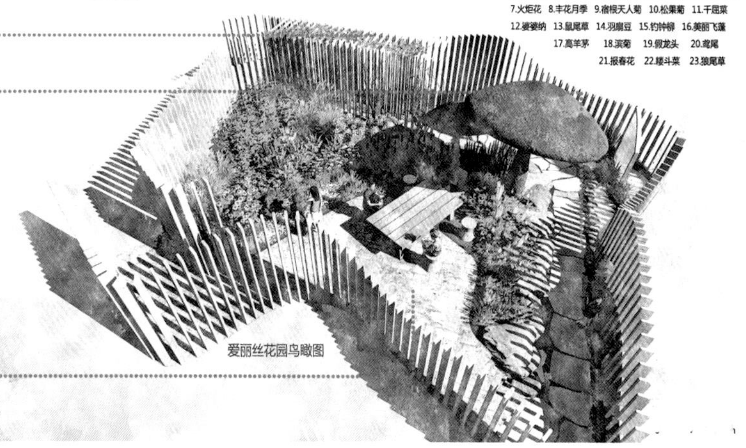
爱丽丝花园鸟瞰图

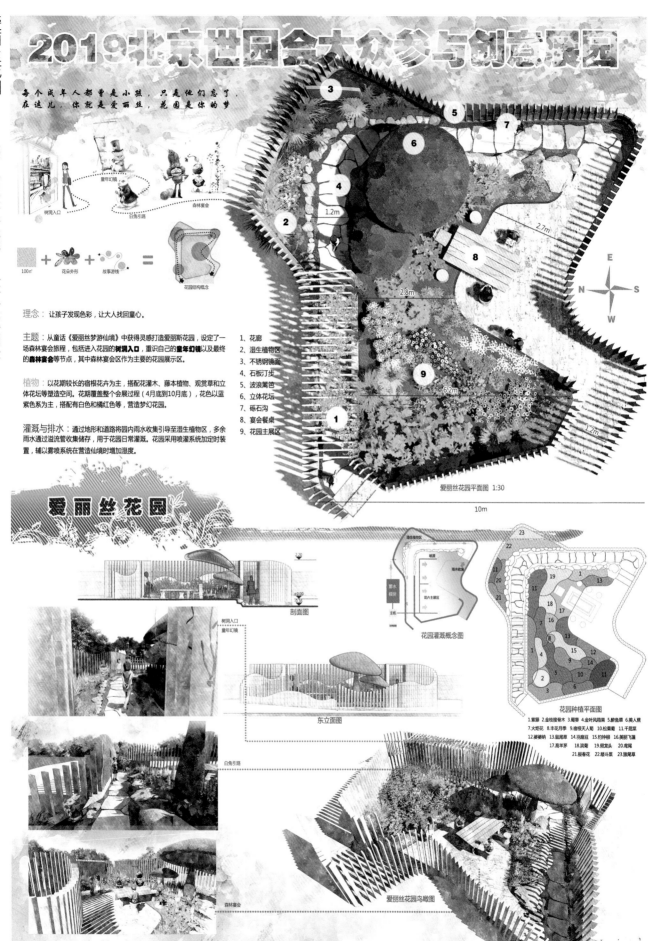

织卉

中国城市规划设计研究院

设计者：李沛　章婷婷　李蔷强

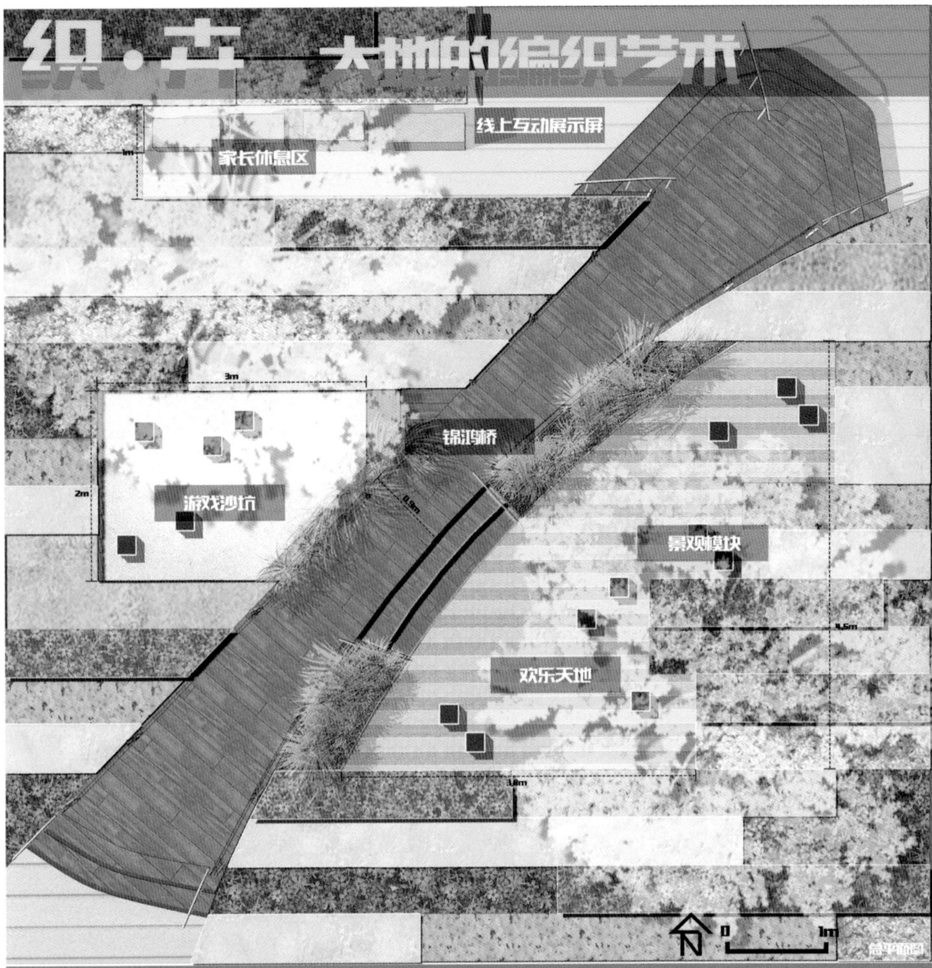

织·卉　大地的编织艺术
线上互动展示屏
家长休息区
锦鸿桥
游戏沙坑
景观模块
欢乐天地

科教·互动·智慧

■ 设计说明

1 关于“织、卉”，是绚烂与童乐的编织——花的海洋，绚丽色彩，银铃笑声交织汇集成一张百平锦带。

2 关于“智慧”，是可以装进口袋实时关注的花园——亲自领养维护的小花在自己的悉心照料下茁壮成长是我们儿时都最想做的事。

■ 照明系统设计

园内照明系统采用地灯，主要分布在场地边缘，提供充足的照明，保证夜间使用的安全性；灯光可根据实时室外温度自行调节，提供多彩的夜景效果，增加趣味性。

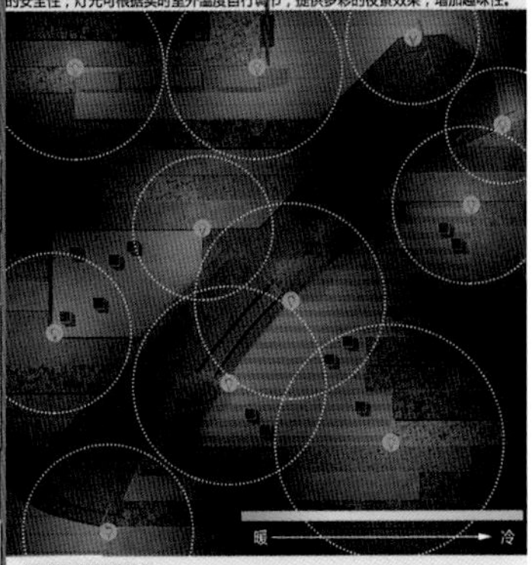

暖
冷

■ 灌溉系统设计

园内植物以50cmx50cm的方格为一个种植单元，以种植单元为单位对游客开展植物线上养护体验；每一个种植单元有独立的滴灌系统，既可以利用APP远程控制浇灌，同时也能最大程度地提高灌溉效率，达到节约水资源的目的。

设计策略

1.模块景观

1.在园内场地内放置若干25cmX25cmX25cm的轻质立方体块，这些体块可根据需求组合成不同的模式，充分发挥儿童的主观能动性。
2.园内以50cmX50cm的方格作为一个种植单元，既能以种植单元为单位为游客提供线上互动服务，又便于养护管理，可根据季节调整职务种类和拼接方式，营造不同的园艺景观。

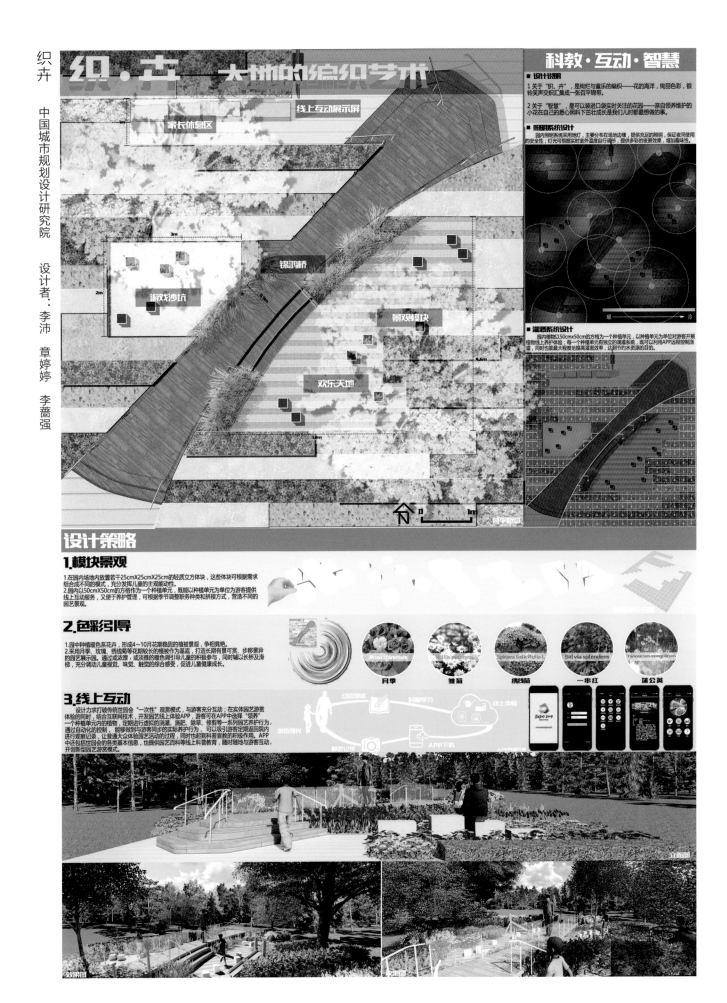

2.色彩引导

1.园中种植暖色系花卉，形成4～10月花期稳固的植被景观，争相竟艳。
2.采用月季、玫瑰、绣线菊等花期较长的植被作为基底，打造长期有景可赏、步移景异的园艺展示园。通过或浓厚，或淡雅的暖色调引导儿童的积极参与，同时辅以长桥及滑梯，充分调动儿童视觉、味觉、触觉的综合感受，促进儿童健康成长。

Rosa chinensis
月季
雏菊
Spiraea Salicifolia L.
绣线菊
Salvia splendens
一串红
Taraxacum mongolicum
蒲公英

3.线上互动

设计力求打破传统世园会“一次性”观赏模式，与游客充分互动；在实体园艺游赏体验的同时，结合互联网技术，开发园艺线上体验APP，游客可在APP中选择“领养”一个种植单元内的植物，定期进行虚拟的浇灌、施肥、除草、修剪等一系列园艺养护行为，通过自动化的控制，能够做到与游客同步的实际养护行为，可以吸引游客定期返回院内进行观察记录，让普通大众体验园艺活动的过程，同时也起到科普宣教的积极作用。APP中还包括世园会的各类基本信息，也提供园艺百科等线上科普教育，随时随地与游客互动，开创新型园艺游赏模式。

线上体验
APP下载

立面图

效果图

效果图

北京天下原色聚落景观艺术设计有限公司
设计者：孙特丽 牛凯 韩楠楠

圆趣·趣园
——儿童的后花园

【设计灵感】

"就在这几年，只是这几年
多谢你，令我改变
突然之间，我觉得自己好重要
不知什么时候开始，我变得很中意笑
有时好傻地想，真是不想你大得那么快
不知道将来会怎样
只知道今天，我要给你一个最好的童年"

——摘自香港愉景湾广告语

【设计思路】

儿童活动具有聚众性、主动性、随意性、探索性、专注性与亲自然性。儿童喜欢加入到别人的活动中，不断在游戏中表达意愿，宣泄情绪和展示能力；他们乐于光顾他们"不太懂"的地方，探索发现未知的世界；他们喜欢亲近自然，感受风的律动，水的流动，花的芬芳……

因此园内采用以下几种设计手法：

融于自然，寓教于乐——和自然紧密融合的场地一方面吸引他们，一方面也教会他们自然生长和循环的基本道理。

强化色彩，吸引眼球——不同颜色可以增加场地特征吸引儿童，带来更丰富多彩的心理感受和玩耍体验。

鲜明主题，制造趣味——那些他们平常体验不到的玩耍感受，常常会让儿童兴奋异常、记忆犹新。

创造活动，促进交往——他们不仅充分使用特意设计的活动设施，更善于发掘潜在的活动空间，让儿童可以在活动中获得更多样的社会能力。

NORTH
图例：
1 种植池
2 下凹座椅
3 仿木桩
4 木平台
5 景亭
6 水生种植池
7 休闲平台

方案总平面图

【结构分析】

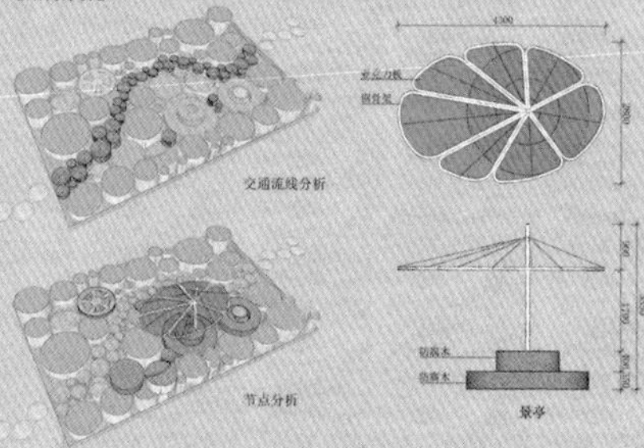
交通流线分析
节点分析
4300
防腐木
防腐木
景亭

【景观要素解析】

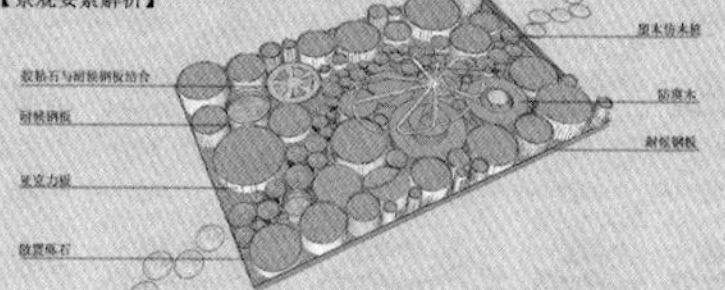
防腐木
耐候钢板

【景观照明系统】

图例：
射灯
地埋灯

【设计解读】

本案主题为儿童的秘密花园，在设计上充分考虑儿童的身体活动的尺度，视觉、嗅觉、听觉、味觉等多种感官体验交互作用的尺度。整个游园以"圆"为基本元素进行分散思维，从而构成圆形的木桩铺就的园路，圆形高高低低的植物种植池，由圆形细化出的活动场地构成了本案。

方案中游览路线采用儿童游乐设施中经常采用的木桩，高低错落，增加儿童游览的乐趣。同时考虑到儿童的特殊性，木桩高差设为10cm，以满足儿童游览时安全与乐趣兼顾。整个园区采用外高内低的设计，形成幽静、围合的活动空间，减少周围环境对内部的影响。

色彩对儿童具有不能抗拒的诱惑，对于儿童来说，色彩是最明显的暗示，能使他们积极投入到活动当中去。因此园内种植池采用色彩丰富的亚克力板，能迅速吸引孩子们的目光，使他们体验到丰富的游园乐趣。

正立面图　　侧立面图

【视角分析】

本案以园艺与儿童主题为依托进行设计，旨在体现儿童在丰富的场地活动中体验发现与探索的乐趣，所以本方案中注意儿童的视线高度和范围、使设计的内容易被他们看到，以引起对场地与景观的兴趣。效果图主要以儿童视角展现，以更好地站在儿童的角度剖析本案。

局部鸟瞰图

效果图一（成人视角）

【植物选择】

植物选择应保证会展期间具有良好的景观效果，选择花期长、易于管理的植物品种。地被花卉主要有虞美人、常夏石竹、百日草、狼尾草等；灌木选用丁香、紫薇、天目琼花、太平花等；乔木选用元宝枫。

效果图二（儿童视角）

效果图三（儿童视角）

【灌溉方案】

灌溉形式采用地下滴灌方式。

【投资估算】

方案总投资估算为17.89万元，单方造价为1789元。

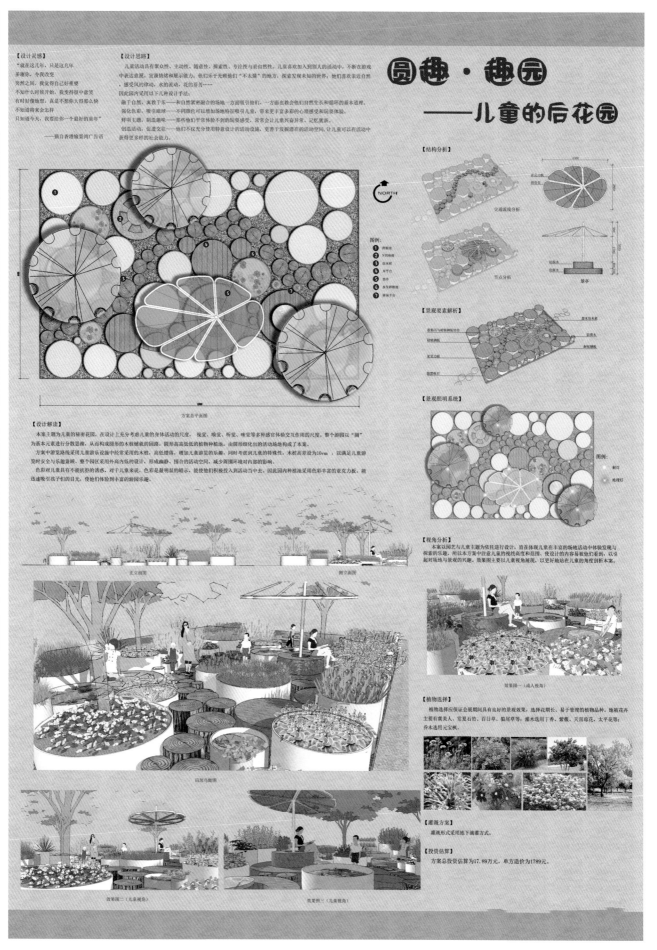

陌上花开·诗意花园

北京市园林科学研究院

设计者：杜伟宁　张楚　马路遥

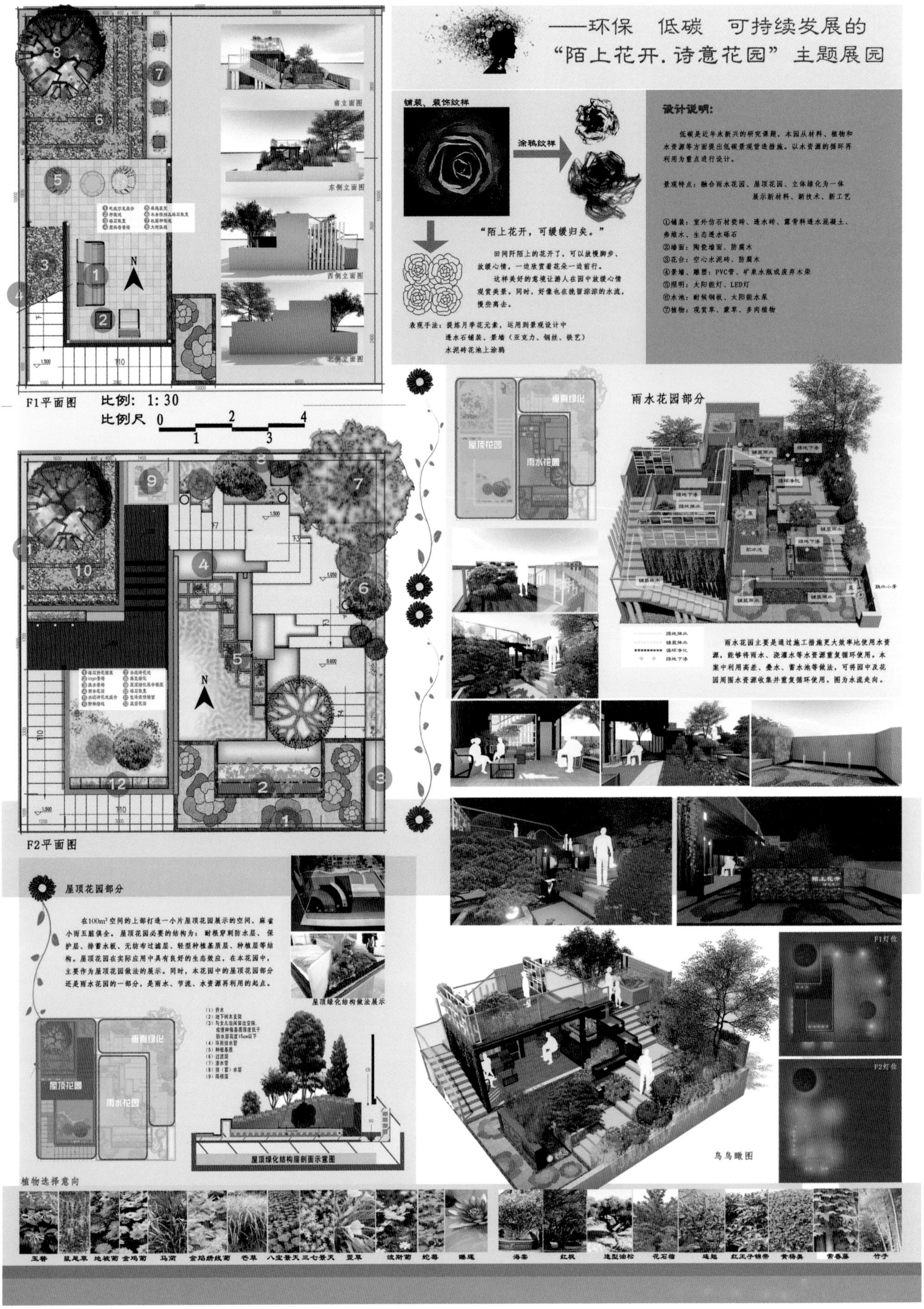

——环保　低碳　可持续发展的
“陌上花开.诗意花园”主题展园
南立面图
东侧立面图
西侧立面图
北侧立面图
F1平面图
比例：1:30
比例尺
镶装、装饰纹样
涂鸦纹样
“陌上花开，可缓缓归矣。”
田间阡陌上的花开了，可以放慢脚步、放缓心情，一边欣赏着花朵一边前行。
这样美好的意境让游人在园中放缓心情观赏美景。同时，好像也在挽留淙淙的水流，慢些离去。
表现手法：提炼月季花元素，运用到景观设计中
透水石铺装、景墙（亚克力、钢丝、铁艺）
水泥砖花池上涂鸦
设计说明：
低碳是近年来新兴的研究课题，本园从材料、植物和水资源等方面提出低碳景观营造措施。以水资源的循环再利用为重点进行设计。
景观特点：融合雨水花园、屋顶花园、立体绿化为一体
展示新材料、新技术、新工艺
①铺装：室外仿石材瓷砖、透水砖、露骨料透水混凝土、弗维木、生态透水砾石
②墙面：陶瓷墙面、防腐木
③花台：空心水泥砖、防腐木
④景墙、雕塑：PVC管、矿泉水瓶或废弃木架
⑤照明：太阳能灯、LED灯
⑥水池：耐候钢板、太阳能水泵
⑦植物：观赏草、蕨草、多肉植物
垂直绿化
屋顶花园
雨水花园
雨水花园部分
跌水小景
踏地排水
镶景排水
循环净化
踏地下渗
雨水花园主要是通过施工措施更大效率地使用水资源，能够将雨水、浇灌水等水资源重复循环使用。本案中利用高差、叠水、蓄水池等做法，可将园中及花园周围水资源收集并重复循环使用。图为水流走向。
F2平面图
屋顶花园部分
在100m²空间的上部打造一小片屋顶花园展示的空间，麻雀小而五脏俱全。屋顶花园必要的结构为：耐根穿刺防水层、保护层、排蓄水板、无纺布过滤层、轻型种植基质层、种植层等结构。屋顶花园在实际应用中具有良好的生态效应，在本花园中，主要作为屋顶花园做法的展示。同时，本花园中的屋顶花园部分还是雨水花园的一部分，是雨水、节流、水资源再利用的起点。
屋顶绿化结构做法展示
(1) 乔木
(2) 地下树木支架
(3) 与女儿墙间留出空隙，或使种植基质厚度低于防水层高度15cm以下
(4) 环形排水管
(5) 种植基质
(6) 过滤层
(7) 渗水管
屋顶绿化结构层剖面示意图
鸟瞰图
F1灯位
F2灯位
植物选择意向
玉簪
鼠尾草
地被菊
金鸡菊
马蔺
金焰绣线菊
芒草
八宝景天
三七景天
萱草
波斯菊
蛇莓
睡莲
海棠
红枫
造型油松
花石榴
连翘
红王子锦带
黄杨类
常春藤
竹子

国内专业设计团队和个人设计师、园艺爱好者及达人组

到我碗里来——Bowl Garden

福建农林大学园林学院

设计者：阙晨曦

经济技术指标

绿化种植　68.6 m², 占73%

道路铺装　25.4 m², 占27%

总占地面积　95 m²。

前言 已有研究表明，只需280 m²就可以满足一家四口一年所有的蔬菜需求。

通过合理的设计，打造一个蔬菜主题的美味花园，展示田园城市生活范本。

目标
- 供应9个月2人份的蔬果，永续生活
- 通过农事养护土地，提供低碳生活。
- 利用家庭厨余堆肥，提供环保生活。

设计
- 根据蔬果的生态特性合理布局。让蔬果生长良好。
- 根据蔬果的颜色高低巧妙设计。让花园景致美丽。

当有一天，发现农事与园艺在一起，生活变得有趣起来。
原来，农事也可以即美丽又有趣。原来，园艺也可以即美丽又有收获。

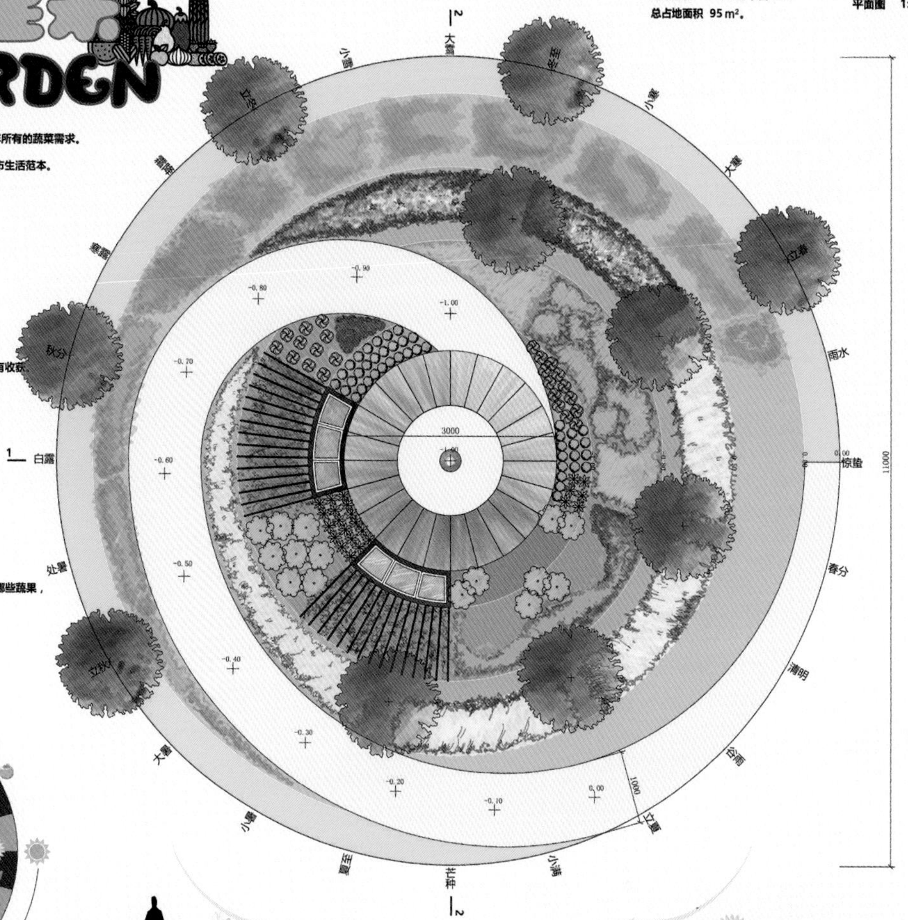

地形设计

采用了一个下凹的地形，像一个置放在大地上的碗。

下凹的地形不仅可已营造微气候，还可以收集雨水。
以曲线方式种植，比传统的菜地更能让花园有趣味。
曲线的道路由东至西，可以明显的观察到光线的日变化。
到这个“碗”里来的，不仅有各式蔬果，还有各地游人。
所谓，上善若水聚于德，人若斯美汇于此。

在这个花园里，游人可以了解到在自己家的方寸地上可以种植哪些蔬果，还可以通过认领地块等方式参与和学习家庭农事园艺。

这是一个可观可游可学可做的小天地。

种植设计

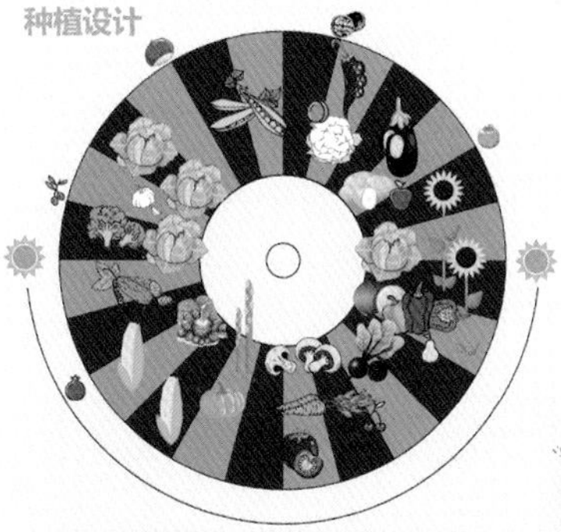

根据蔬菜的生长特点来设计，分析、比较不同植物地特点，综合考虑各种因素把它们组合起来。结合二十四节气，让人们更了解农事的安排。再使用伴生植物点缀颜色。

叶茎类	生菜、菠菜、芝麻菜、甘蓝、油菜、欧芹、辣根、荠菜、大白菜、卷心菜、西兰菜、芥菜、花菜、芹菜、小白菜、上海青、甜菜、花椰菜、茼蒿菜、莴笋
瓜类	南瓜、丝瓜、葫芦、黄瓜
茄果类	彩色辣椒、西红柿、茄子
葱蒜类	香葱、青葱、蒜、韭菜、洋葱、香菜
根茎类	小萝卜、胡萝卜、土豆、白萝卜、芜菁、芋头
果树	苹果、核桃、梨、海棠、山楂、枣、石榴、柿子、板栗、桃
作物	向日葵、玉米、小麦、芝麻
豆类	蚕豆、豌豆

灌溉措施

利用下凹的地形与台地，可以有效地截留地表径流。并且通过作物的习性和需水量，将其放置在不同的高程位置与区域。中央的小水景即是灌溉水源之一。未来若有可能，可在铺装广场下，设置地下集水装置，收集雨水。

1-1断面图 1:30

2-2断面图 1:30

效果示意图

夜景灯光效果图

夜景照明采用点状光源，凸显下凹地形的内聚感。并且避免人工光源影响到作物的正常生长。
道路两侧设置40cm高的灯柱，突出道路流线。
广场上的二十四节气线则用LED灯带进行显示。

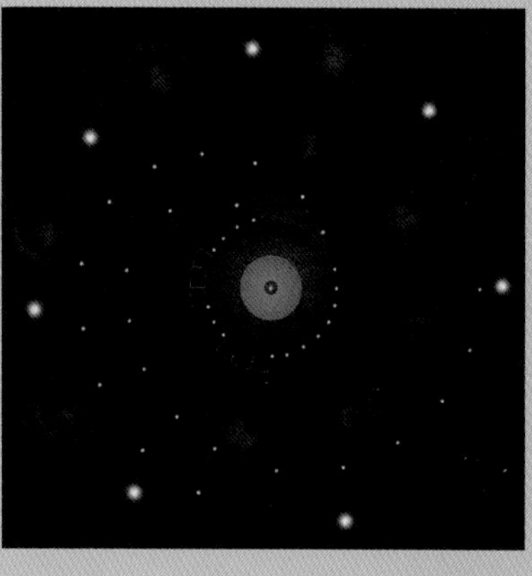

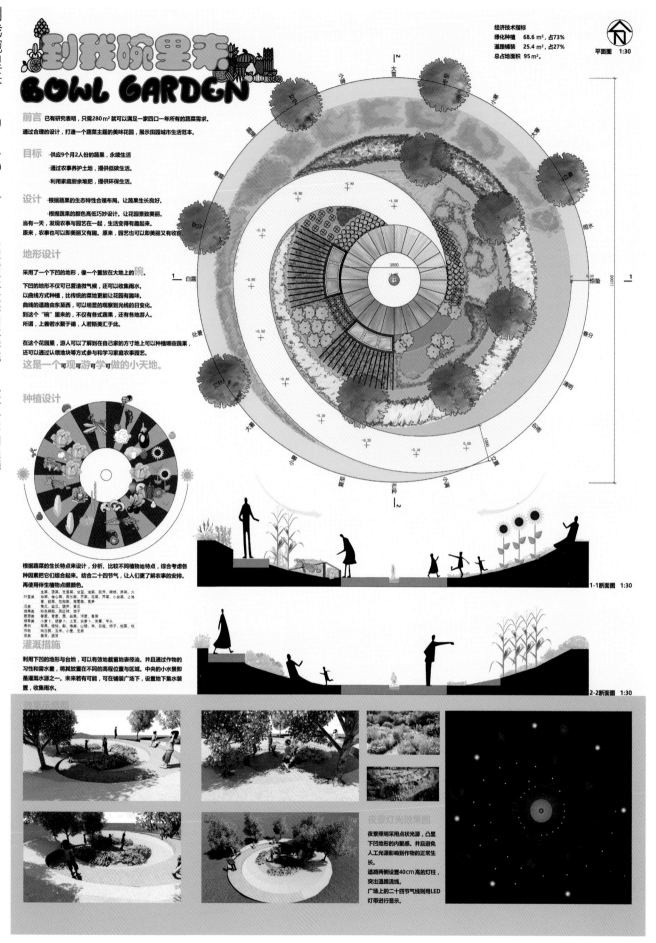

军垦家园

新疆城乡规划设计研究院有限公司

设计者：赫春红　宋晓云　赵虎

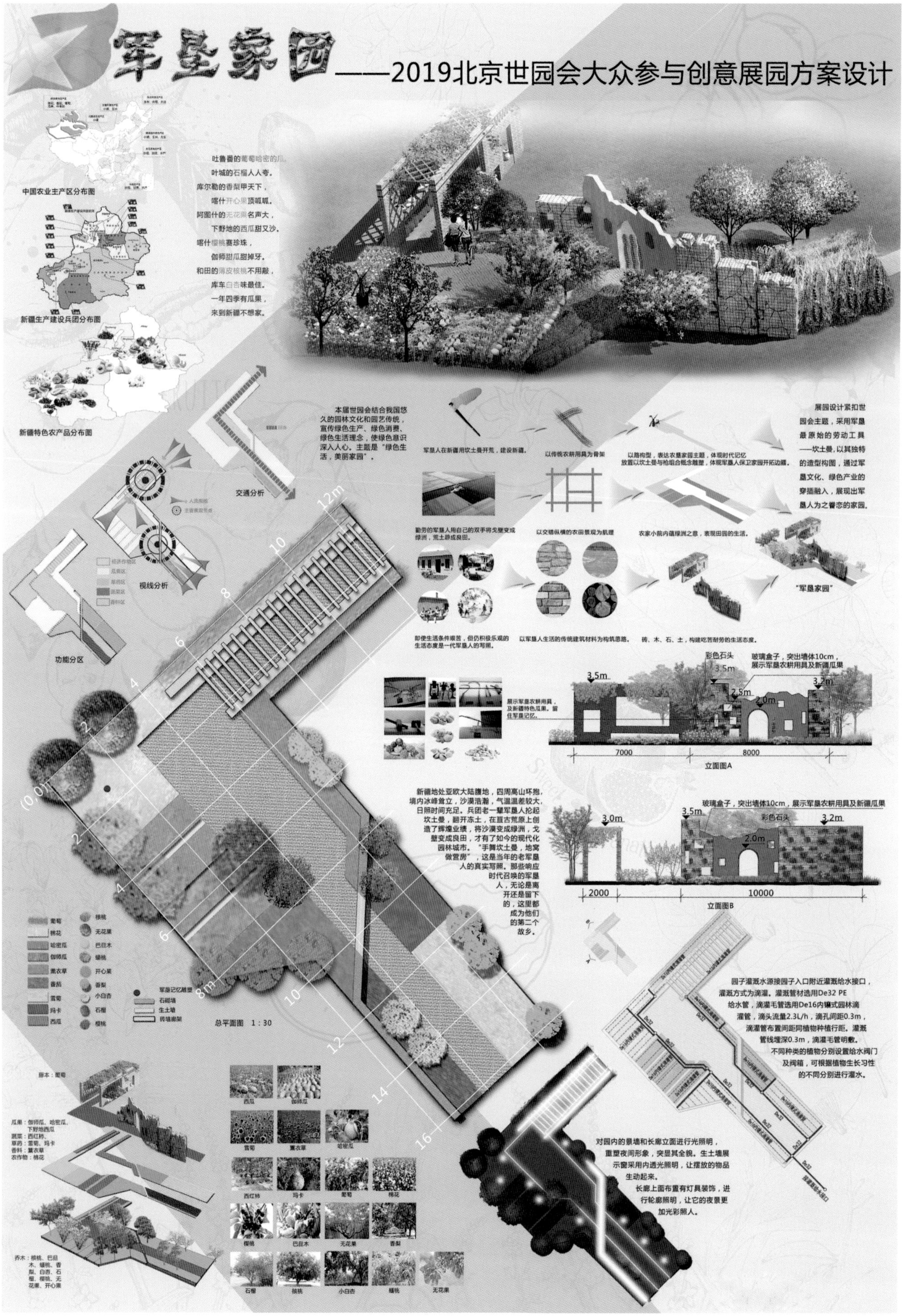
军垦家园
——2019北京世园会大众参与创意展园方案设计
中国农业主产区分布图
新疆生产建设兵团分布图
新疆特色农产品分布图
吐鲁番的葡萄哈密的瓜，
叶城的石榴人人夸。
库尔勒的香梨甲天下，
喀什开心果顶呱呱。
阿图什的无花果名声大，
下野地的西瓜甜又沙。
喀什樱桃赛珍珠，
伽师甜瓜甜掉牙。
和田的薄皮核桃不用敲，
库车白杏味最佳。
一年四季有瓜果，
来到新疆不想家。
本届世园会结合我国悠久的园林文化和园艺传统，宣传绿色生产、绿色消费、绿色生活理念，使绿色意识深入人心。主题是“绿色生活，美丽家园”。
展园设计紧扣世园会主题，采用军垦最原始的劳动工具——坎土曼，以其独特的造型构图，通过军垦文化、绿色产业的穿插融入，展现出军垦人为之眷恋的家园。
交通分析
视线分析
功能分区
“军垦家园”
总平面图　1:30
立面图A
立面图B
7000
8000
2000
10000
新疆地处亚欧大陆腹地，四周高山环抱，境内冰峰耸立，沙漠浩瀚，气温温差较大，日照时间充足。兵团老一辈军垦人抡起坎土曼，翻开冻土，在亘古荒原上创造了辉煌业绩，将沙漠变成绿洲，戈壁变成良田，才有了如今的现代化园林城市。“手舞坎土曼，地窝做营房”，这是当年的老军垦人的真实写照。那些响应时代召唤的军垦人，无论是离开还是留下的，这里都成为他们的第二个故乡。
园子灌溉水源接园子入口附近灌溉给水接口，灌溉方式为滴灌。灌溉管材选用De32 PE给水管，滴灌毛管选用De16内镶式园林滴灌管，滴头流量2.3L/h，滴孔间距0.3m，滴灌管布置间距同植物种植行距。灌溉管线埋深0.3m，滴灌毛管明敷。不同种类的植物分别设置给水阀门及阀箱，可根据植物生长习性的不同分别进行灌水。
对园内的景墙和长廊立面进行光照明，重塑夜间形象，突显其全貌。生土墙展示窗采用内透光照明，让摆放的物品生动起来。
长廊上面布置有灯具装饰，进行轮廓照明，让它的夜景更加光彩照人。

国内专业设计团队和个人设计师、园艺爱好者及达人组

北京中外建建筑设计有限公司园林设计所　设计者：赵松　雷赛姣　姜玥

心灵家园

设计说明：

快节奏的生活，高强度的工作是大多数上班族每天所要面对的。很多人已习以为常，但人们往往忽略了自己的身体及心理的健康。此次竞赛设计，我们的目标是让快节奏生活的人们，放下工作，重回自然，找寻心灵的抚慰。此次设计，我们充分考虑了人与空间的互动，借鉴中国传统园林的借景及框景的方式，引导游人体验园艺的魅力。入口处，下沉空间中心内种植秋色叶树种五角枫，根据季节的变化有不同的景致。蜿蜒的架空镀锌踏板将入口及镜面不锈钢构筑物联通在一起，周边种植观赏草，是游人仿佛从自然走进人工构筑的空中花园。镜面不锈钢反射出周围的植物，从远处看仿佛消隐在自然之中，但走入这个构筑物之中后，又反射出种植槽内的花卉，仿佛置身垂直花园之中。休息其中，仿佛可以逃离都市的繁忙，追求片刻的心灵的宁静。

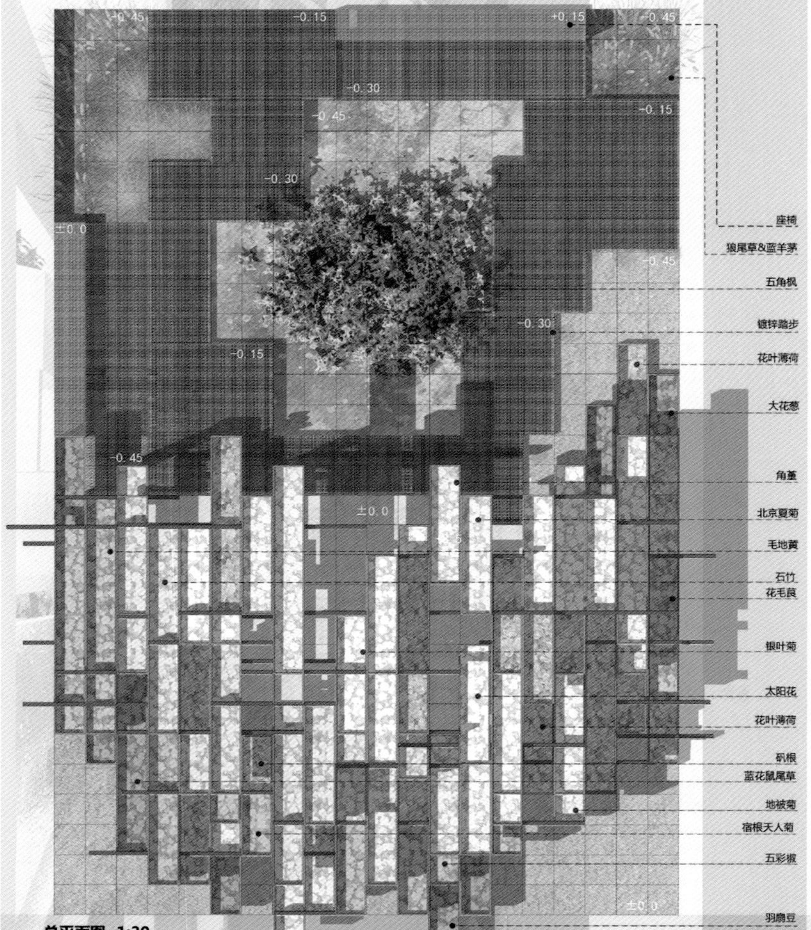

总平面图　1:30

类型	序号	名称	数量	单位	单价	总价（元）	备注
种植	1	花卉总面积	65.27	㎡	350.00	22844.50	
	2	混种草坪	62.40	㎡	150.00	9360.00	
	3	五角枫	1.00	株	700.00	700.00	高度4-6m，胸径12cm
种植总价						32904.50	
装置	1	长种植槽	36.00	个	1800.00	64800.00	2.8m长*0.4m宽*0.25m高，镜面不锈钢贴面
	2	短种植槽	46.00	个	1200.00	55200.00	1.6m长*0.4m宽*0.25m高，镜面不锈钢贴面
	3	钢板结构	122.16	m	100.00	12216.00	0.3m宽*0.05m厚，中空镀面不锈钢管
	4	灌溉及雨水收集	296.56	m		3000.00	包括滴灌毛管296.56m，加压泵、雨水收集箱、控制开关等
	5	照明设备				4500.00	LED线光灯122.16m，LED射灯8个
装置总价						139716.00	
铺装	1	素混凝土	24.64	㎡	200.00	4928.00	
	2	镀锌踏步板	29.76	㎡	220.00	6547.20	踏步板及座椅
铺装总价						11475.20	
总占地面积			96m²		总造价	184095.70	

工程造价表

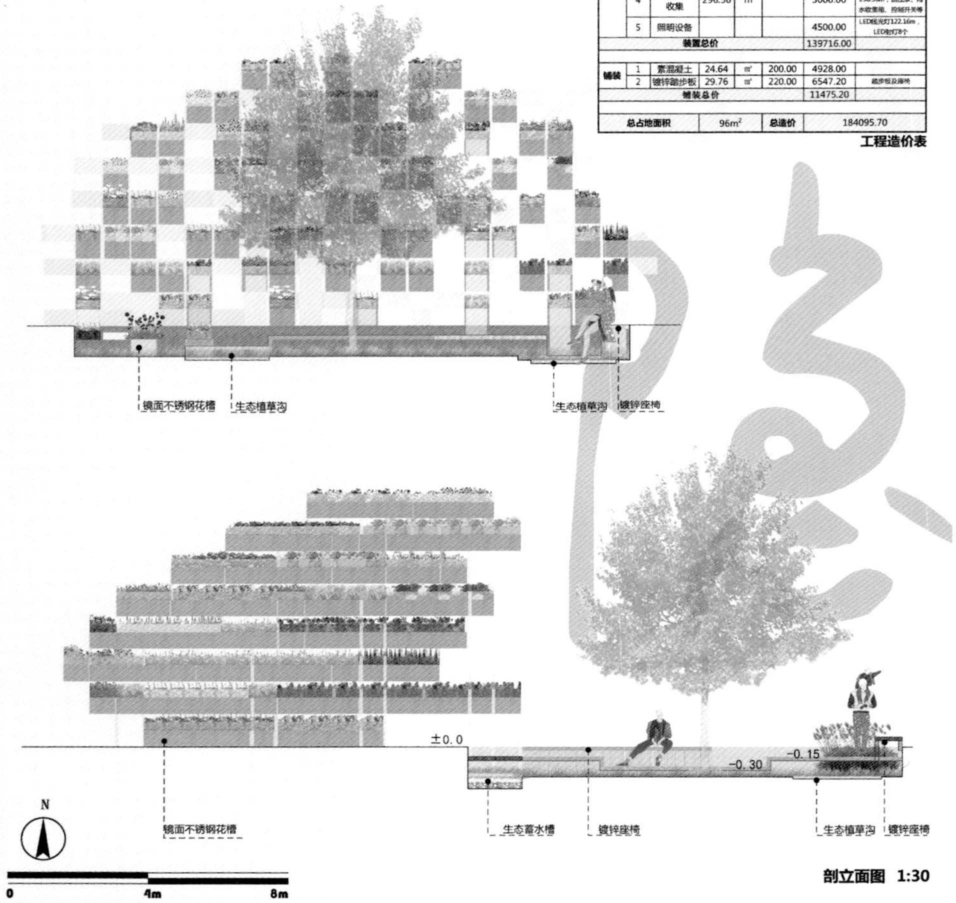

剖立面图　1:30

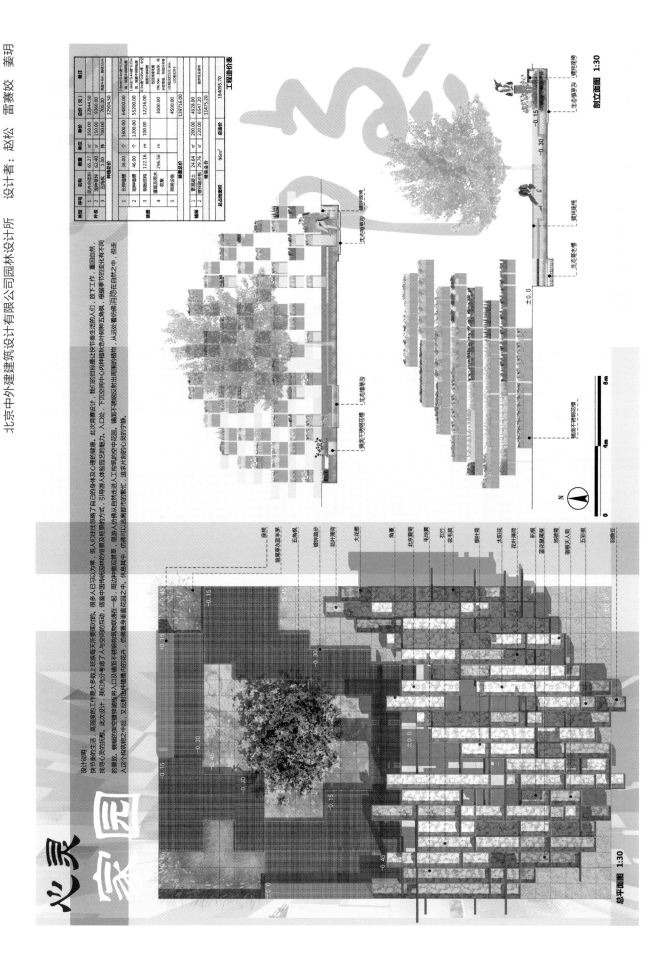

轮子上的花园——针对老人的康复性花园

中国城市建设研究院有限公司　设计者：周奕扬　朱宇

场景：老年公寓或社区养老中心景院落

面积：100m²

使用人群：独居、行动不便者

老人（尤其行动不便的独居老人）的心理特点 — 孤独、暴躁、偏执 — 景观疗法、园艺疗法 — 康复性花园

传统庭院设计不适于康复性花园：

空间固定
园路过窄
花池过矮
地面有高差

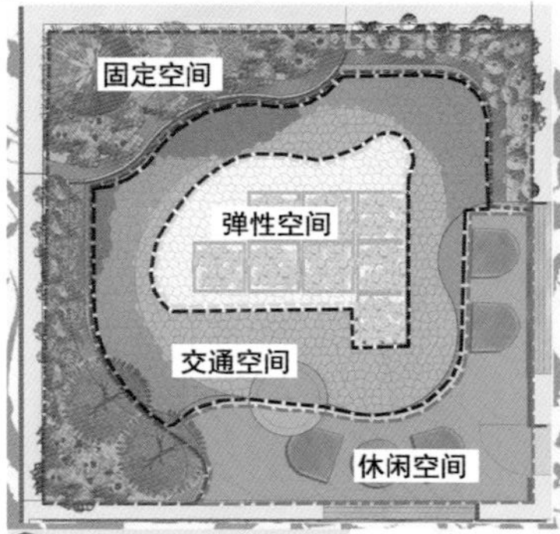
固定空间
弹性空间
交通空间
休闲空间

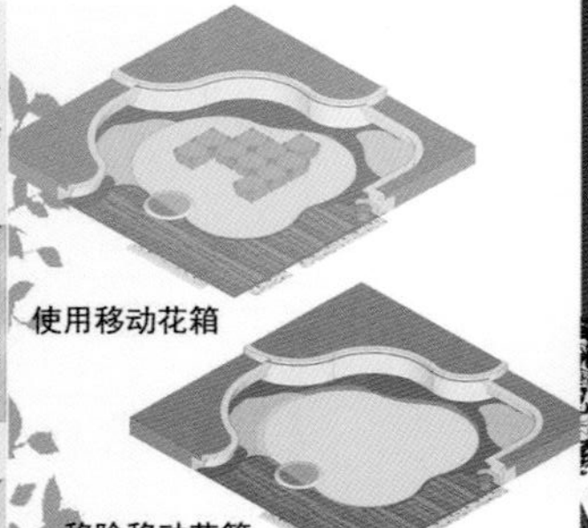
使用移动花箱
移除移动花箱

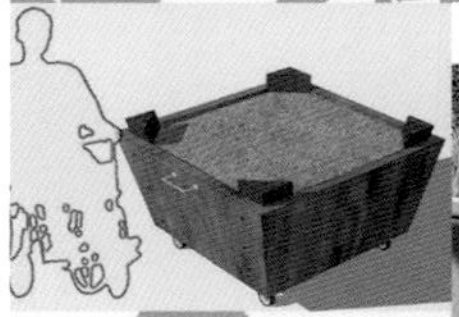

移动花箱

废弃水果箱加上轮子做成花箱

康复区花台

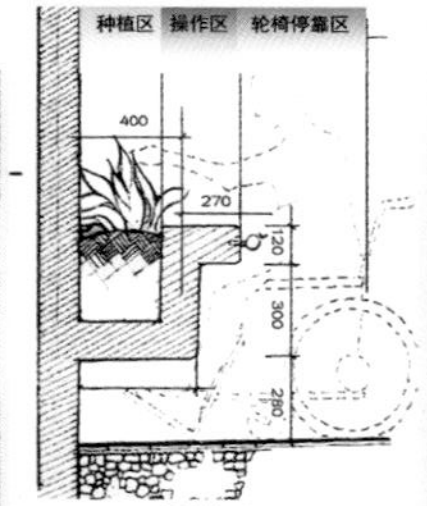
种植区
操作区
轮椅停靠区
400
270
120
300
280

矮花台

特别设计700高矮花台，使老人免受弯腰之苦，更方便轮椅老人使用

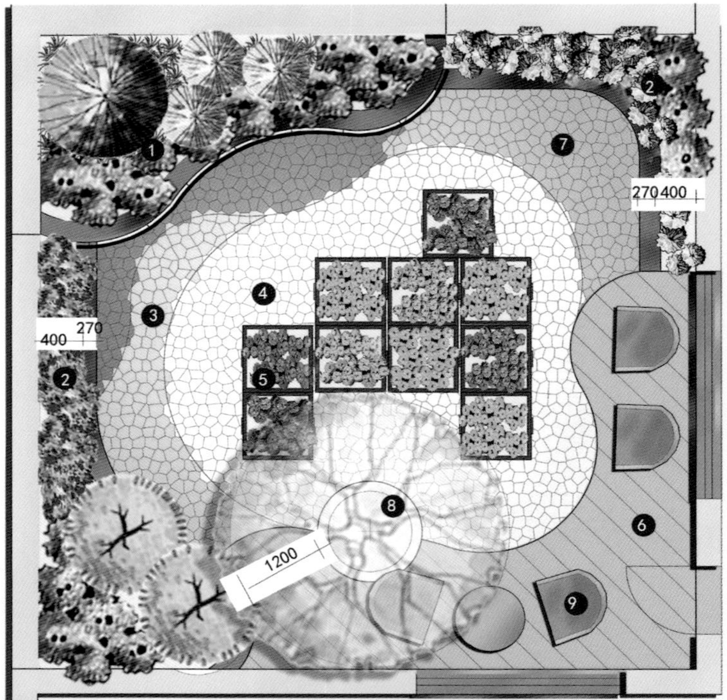
270
400
1200

1. 900高花台
2. 700高矮花台
3. 康复区
4. 移动空间
5. 移动花箱
6. 木栈台
7. 环状散步道
8. 树池
9. 室外家具

北京清华同衡规划设计研究院风景园林中心　设计者：宋如意

古与今之间隔着岁月的河
蒹葭就在那岸边招摇

蒹葭

——中国式植物园的情与境

这是一场求而不得的追求

场景：大河之上，蒹葭苍苍
所谓伊人　在水一方/中央（对岸）
在水之湄/涘（岸边）
在水之坻/沚（水中小岛或沙洲）

时令：秋，白露结成霜的清晨

情境：溯流而上，溯洄而下，到处追求心中思慕的对象"所谓伊人"，却求而不得。
（"所谓伊人"：可以指代一切心中所求的对象，不必限定在美人。）

意境："美人隔河而笑，相去三步，如阻沧海。"
——《管锥篇》钱钟书
迷离、微昧、忧伤、期盼

色调：白、黄、青、蓝、紫、红

结构：回旋跌宕

背景音乐：自然流水声+古琴曲
《我是一颗秋天的树》张雨生

诗·秦风·蒹葭

蒹葭苍苍，白露为霜。所谓伊人，在水一方。
溯洄从之，道阻且长。溯游从之，宛在水中央。

蒹葭萋萋，白露未晞。所谓伊人，在水之湄。
溯洄从之，道阻且跻。溯游从之，宛在水中坻。

蒹葭采采，白露未已。所谓伊人，在水之涘。
溯洄从之，道阻且右。溯游从之，宛在水中沚。

移

从大自然中移来一片广袤的河滩，条条大河自远方逶迤而来，苍苍的芦苇在岸边招摇，石滩、沙洲、小径、竹丛、野花、水鸟……

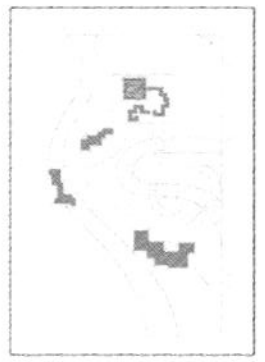

缩

将汉字"河"的篆书体微缩抽象成一条在大地上断续、摆动的河道，涓滴细流从象征高山的石柱上流下，曲折的线形，片段的河道，既是对目前中国大地上众多自然界河流状态的抽象概括，也在此基础上表达出对人类文明的哲学思考：文明如同河流，于断续中传承，在曲折处前行，虽千回百转，却从不止步，永无尽境。

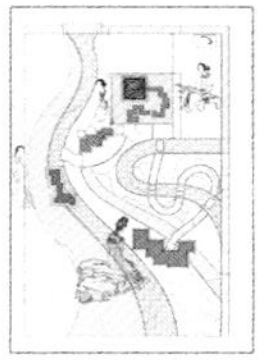

隔

将以上两者叠加之后，象征人文元素的"河"字轨迹，从自然曲线中凸显出来，两种线条开始出现穿插、回旋，"河"道的每一次隐/显，都仿佛场景中的一个小高潮，加入文学的意象之后，就成为"所谓伊人"反复出现的场景的象征——在水一方、在水中央、水之湄、水之沚。此时道路的交错回环，高低跌宕，喻示了所追求的对象可望而不可即的情境，场景中的景墙、翠竹、花丛、小桥等等，都使景物出现"隔"的情趣，更加强了意境的迷离微昧，正所谓"隔花阴人远天涯近"。（《西厢记》崔莺莺语）园林景物中的"隔"，与《诗·蒹葭》中的情感之"隔"，构成交融的情与境。

1.白茅 2.木槿 3.萱草
4.艾蒿 5.荠菜 6.竹
7.益母草 8.香草 9.芍药
10.狗尾巴草 11.芦苇

植物角色自述

栾树

种一棵秋天的树。
不仅是因为色彩，那三角状子
似的果荚，
就像一盏盏
茶色的小灯笼。
一年四季，悬挂在枝头，
看到它们，就不由得人不想到
秋天。

蒹葭

只过两个音节从唇间轻启，
一首乐章仿佛已不受控制，
从原来紧闭的时间的门里，
流啊流……

春时，还是才没膝的野草，
倏忽，秋日已在风里招摇。

摇啊摇，
配合你追寻伊人的脚步，
摇啊摇
陪你找了一圈又一圈，
总仿佛看见，
明明到近前却又没有。

急匆匆啊惶惶，
抓紧我的手儿吧，
是不是在那里，是不是在那里？
急匆匆啊仿徨，
让我轻轻将你的心拂动。

玉兰

种一棵春天的树。
古时候，春秋就代表一年四季，
不再有冬夏。
告诉时间的脚步慢
就那么走啊走……

玉兰在春天开放，
像极了天上的仙子
裹着白云的衣裳，
驾着绒毛的小舟，
列队而下。

在蓝天下，眯着眼
无疑是模糊里最美的回忆。

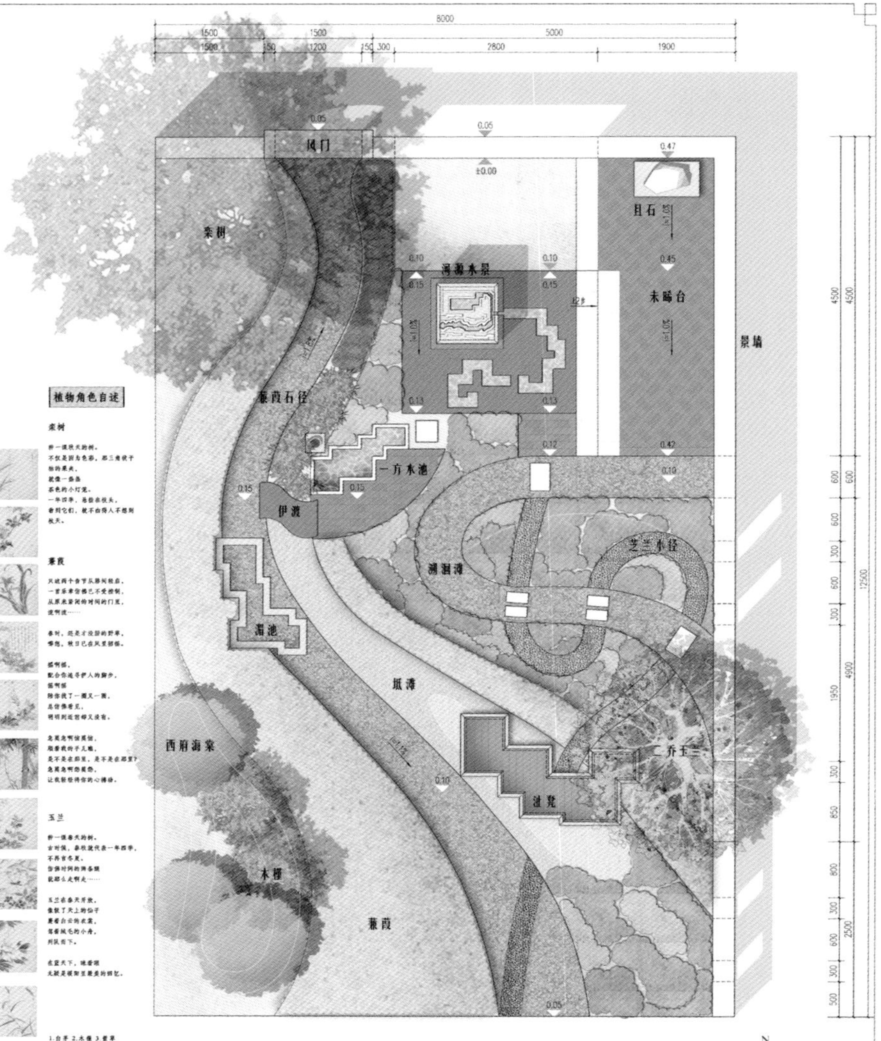

植物设计原则
选取《诗经》中出现的植物。
选取本土植物品种。
花境设计体现原始自然生态群落。
主景树与《诗·蒹葭》的文学意境相契合。

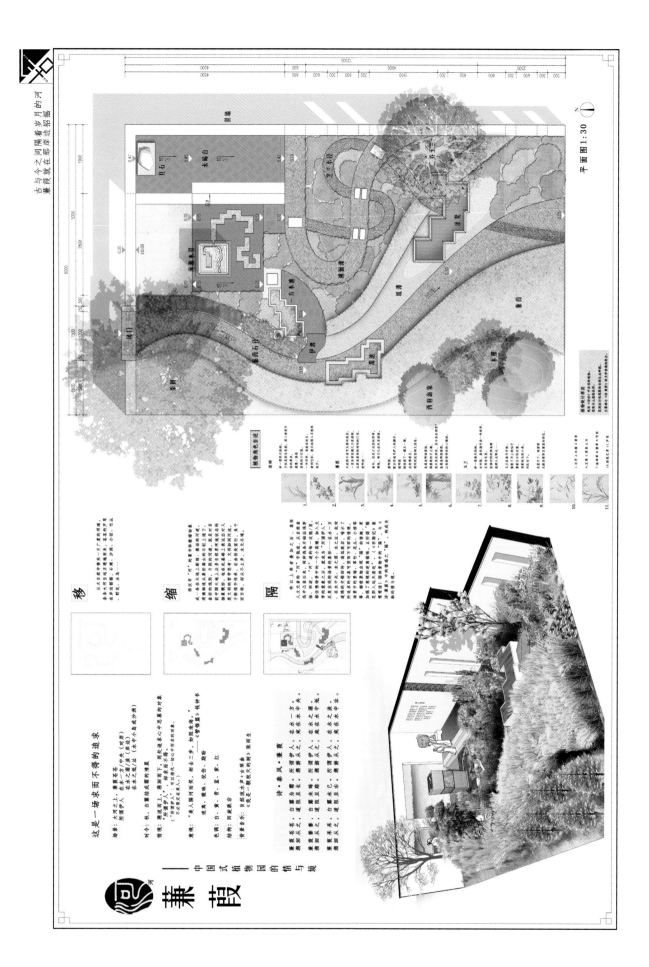

绿色的屋檐

中国建筑设计院有限公司　　设计者：于跃　盛金龙　冯凌志

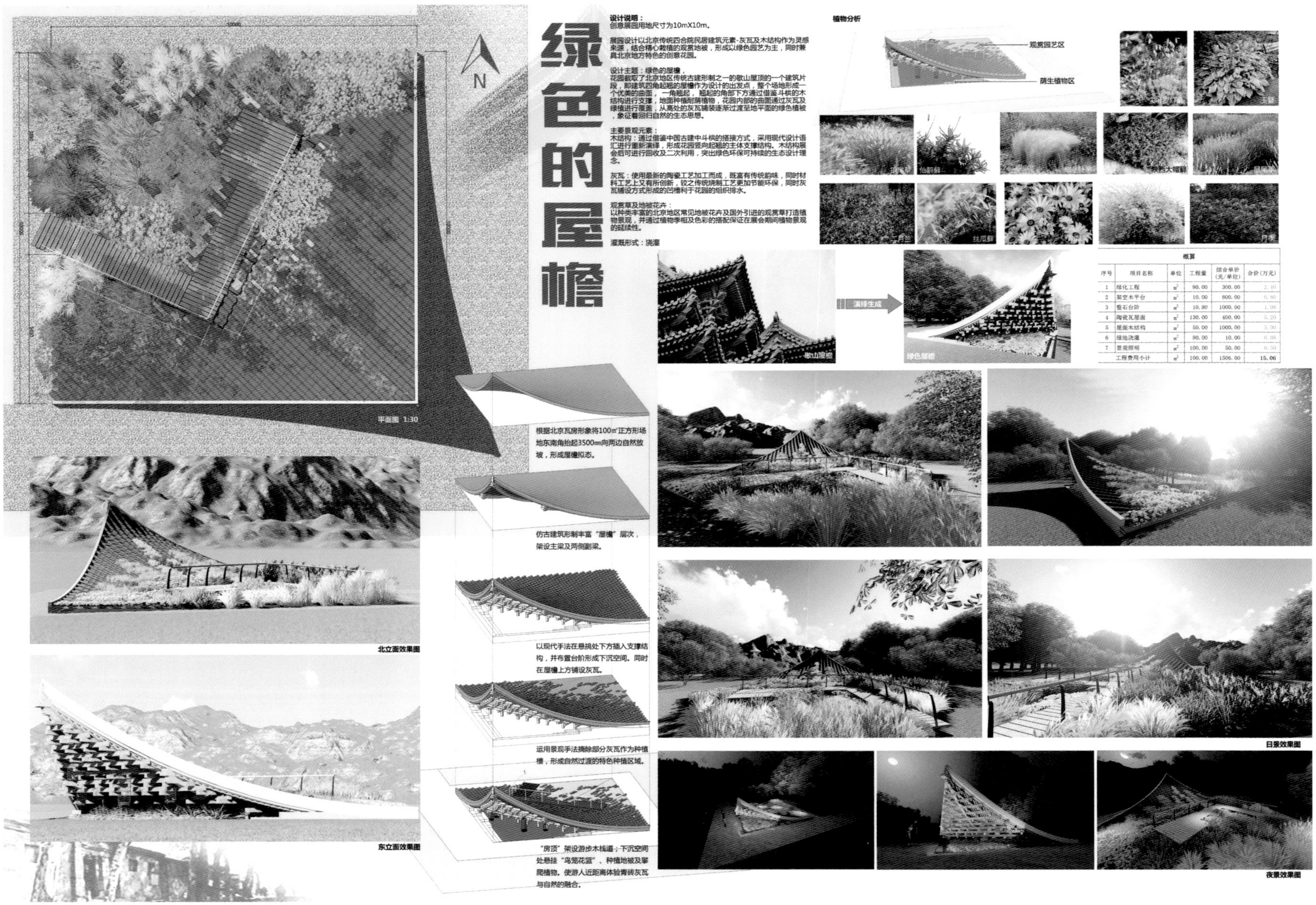
绿色的屋檐
设计说明：
创意展园用地尺寸为10mX10m。
展园设计以北京传统四合院民居建筑元素-灰瓦及木结构作为灵感来源，结合精心栽植的观赏地被，形成以绿色园艺为主，同时兼具北京地方特色的创意花园。
设计主题：绿色的屋檐，
花园截取了北京地区传统古建形制之一的歇山屋顶的一个建筑片段，即建筑四角起翘的屋檐作为设计的出发点，整个场地形成一个优美的曲面， 一角翘起， 翘起的角部下方通过借鉴斗拱的木结构进行支撑，地面种植耐荫植物，花园内部的曲面通过灰瓦及绿植进行覆盖，从高处的灰瓦铺装逐渐过渡至地平面的绿色植被，象征着回归自然的生态思想。
主要景观元素：
木结构：通过借鉴中国古建中斗栱的搭接方式，采用现代设计语汇进行重新演绎，形成花园竖向起翘的主体支撑结构。木结构展会后可进行回收及二次利用，突出绿色环保可持续的生态设计理念。
灰瓦：使用最新的陶瓷工艺加工而成，既富有传统韵味，同时材料工艺上又有所创新，较之传统烧制工艺更加节能环保，同时灰瓦铺设方式形成的凹槽利于花园的组织排水。
观赏草及地被花卉：
以种类丰富的北京地区常见地被花卉及国外引进的观赏草打造植物景观，并通过植物季相及色彩的搭配保证在展会期间植物景观的延续性。
灌溉形式：浇灌
平面图 1:30
根据北京瓦房形象将100㎡正方形场地东南角抬起3500㎜向两边自然放坡，形成屋檐拟态。
仿古建筑形制丰富“屋檐”层次，架设主梁及两侧副梁。
以现代手法在悬挑处下方插入支撑结构，并布置台阶形成下沉空间。同时在屋檐上方铺设灰瓦。
运用景观手法摘除部分灰瓦作为种植槽，形成自然过渡的特色种植区域。
“房顶”架设游步木栈道；下沉空间处悬挂“鸟笼花篮”、种植地被及攀爬植物。使游人近距离体验青砖灰瓦与自然的融合。
北立面效果图
东立面效果图
植物分析
观赏园艺区
荫生植物区
月季
歇山屋檐
演绎生成
绿色屋檐
日景效果图
夜景效果图

概算

序号	项目名称	单位	工程量	综合单价（元/单位）	合价（万元）
1	绿化工程	m^2	80.00	300.00	2.40
2	架空木平台	m^2	10.00	800.00	0.80
3	整石台阶	m^2	10.80	1000.00	1.08
4	陶瓷瓦屋面	m^2	130.00	400.00	5.20
5	屋面木结构	m^2	50.00	1000.00	5.00
6	绿地浇灌	m^2	80.00	10.00	0.08
7	景观照明	m^2	100.00	50.00	0.50
	工程费用小计	m^2	100.00	1506.00	15.06

知非即舍（北京）艺术设计有限公司　设计者：耿欣　钟向波　凌盼

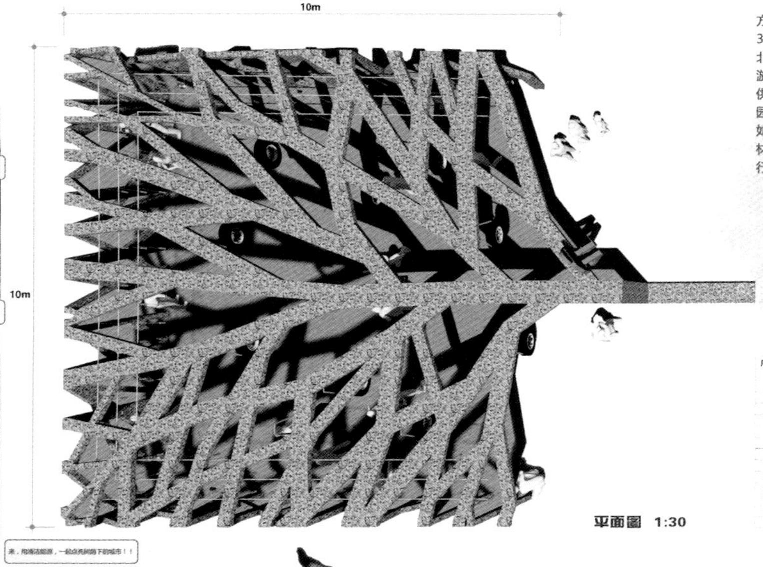

方案利用植物材料、立体花坛技术，营造出一处大槐树旁10m见方，3m高的立体树影空间，唤起民众对延续和发展“树荫下的城市”这一北京传统城市意向的观念意识。空间内部设置展示内容，吸引并引导游客参观、体验，找寻城市记忆。设计以观众参与互动为出发点，提供灯具DIY、人力脚踏发电、触控、声控等互动体验机会，告别传统展园设计的单一视觉体验模式，营造出一处耳目一新、妙趣横生、如梦如幻的空间体验场所。在运用声光电新技术的同时，回收、利用废旧材料参与造园，倡导环保、可持续的景观营造理念，向社会展示景观行业的创新尝试与前沿思考……

展园投资估算表

序号	项目内容	数量	单位	单价(元)	合价(元)	备注
1	场地平整	100	m^2	6	600	
2	场地铺装	100	m^2	150	15000	
3	枝状钢立体骨架	208	m^2	1000	208000	展开面
4	轮胎花器	12	组	300	3600	含轮胎及辅助结构
5	LED灯	180	套	50	9000	
6	传声筒	15	套	30	450	
7	脚踏发电机	1	套	12000	12000	
8	音响设备	1	套	8000	8000	
9	给排水工程	100	m^2	30	3000	
10	电气工程	100	m^2	200	20000	含触控、声控，及普通照明设备
11	立体绿化	300	m^2	600	180000	含滴灌设备
12	苗木费	1	项	8000	8000	含国树1株+轮胎花器中时令花卉若干
13	不可预见费				40000	
	总价				¥507,650	

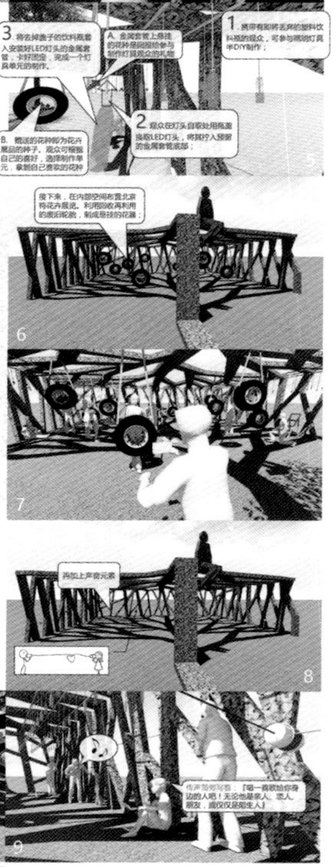

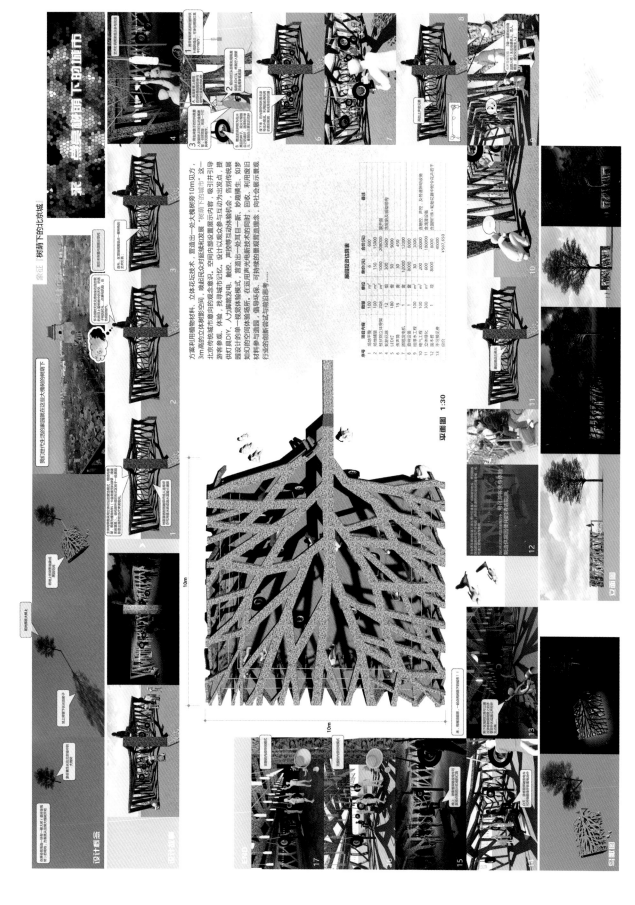

“妙雨生花”雨水生态科普园

上海市政工程设计研究总院（集团）有限公司　设计者：李萌豪　郭海艇　周圆

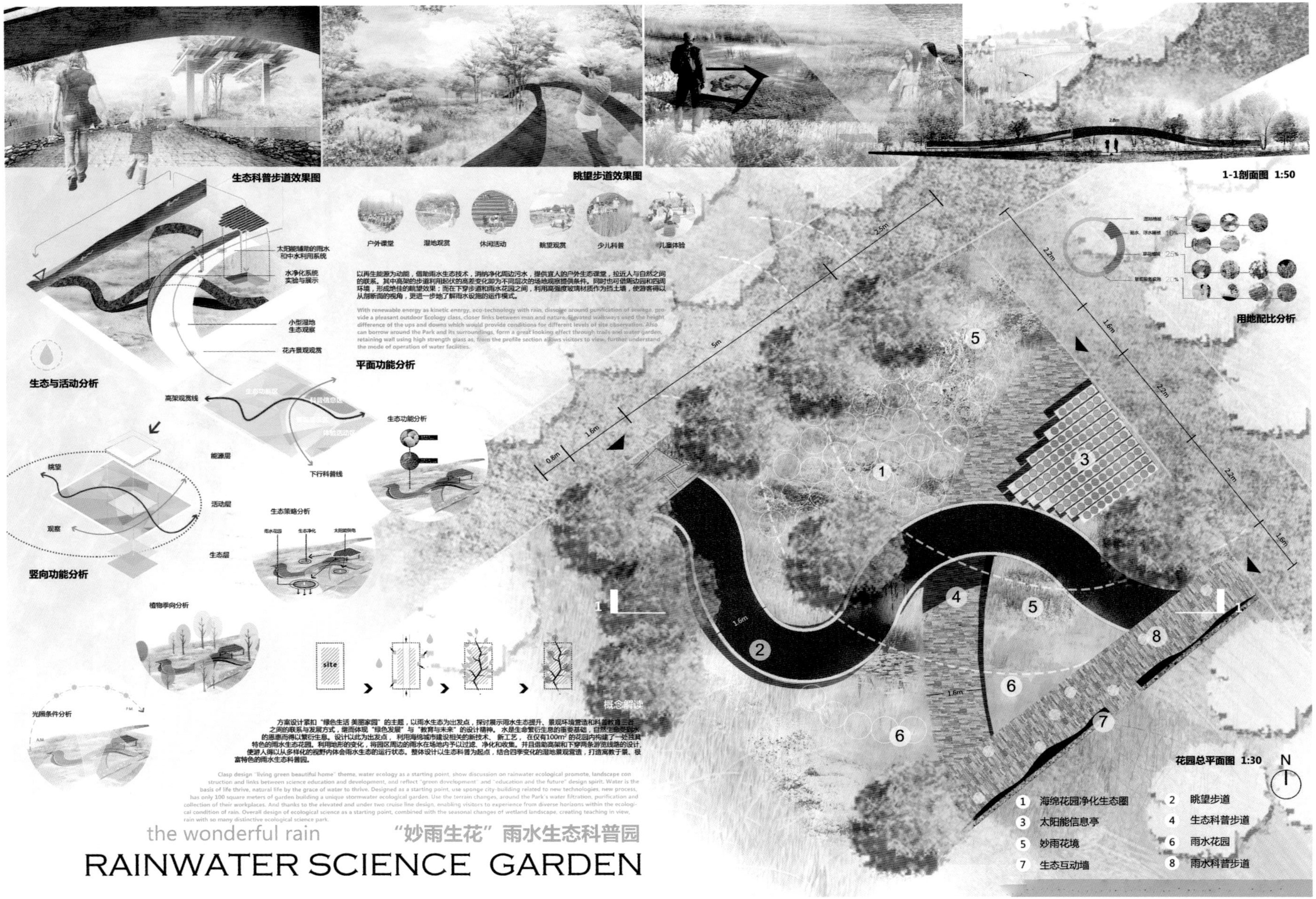

以再生能源为动能，借助雨水生态技术，消纳净化周边污水，提供宜人的户外生态课堂，拉近人与自然之间的联系。其中高架的步道利用起伏的高差变化即为不同层次的场地观察提供条件。同时也可借周边园和四周环境，形成绝佳的眺望效果；而在下穿步道和雨水花园之间，利用高强度玻璃材质作为挡土墙，使游客得以从剖断面的视角，更进一步地了解雨水设施的运作模式。

With renewable energy as kinetic energy, eco-technology with rain, dissolve around purification of sewage, provide a pleasant outdoor Ecology class, closer links between man and nature. Elevated walkways used the height difference of the ups and downs which would provide conditions for different levels of site observation. Also can borrow around the Park and its surroundings, form a great looking effect through trails and water garden, retaining wall using high strength glass as, from the profile section allows visitors to view, further understand the mode of operation of water facilities.

方案设计紧扣“绿色生活 美丽家园”的主题，以雨水生态为出发点，探讨展示雨水生态提升、景观环境营造和科普教育三者之间的联系与发展方式，继而体现“绿色发展”与“教育与未来”的设计精神。水是生命繁衍生息的重要基础，自然生命受到水的恩惠而得以繁衍生息。设计以此为出发点，利用海绵城市建设相关的新技术、新工艺，在仅有100m²的花园内构建了一处独具特色的雨水生态花园。利用地形的变化，将园区周边的雨水在场地内予以过滤、净化和收集。并且借助高架和下穿两条游览线路的设计，使游人得以从多样化的视野内体会雨水生态的运行状态。整体设计以生态科普为起点，结合四季变化的湿地景观营造，打造寓教于景、极富特色的雨水生态科普园。

Clasp design "living green beautiful home" theme, water ecology as a starting point, show discussion on rainwater ecological promote, landscape construction and links between science education and development, and reflect "green development" and "education and the future" design spirit. Water is the basis of life thrive, natural life by the grace of water to thrive. Designed as a starting point, use sponge city-building related to new technologies, new process, has only 100 square meters of garden building a unique stormwater ecological garden. Use the terrain changes, around the Park's water filtration, purification and collection of their workplaces. And thanks to the elevated and under two cruise line design, enabling visitors to experience from diverse horizons within the ecological condition of rain. Overall design of ecological science as a starting point, combined with the seasonal changes of wetland landscape, creating teaching in view, rain with so many distinctive ecological science park.

the wonderful rain　“妙雨生花”雨水生态科普园

RAINWATER SCIENCE GARDEN

易兰（北京）规划设计股份有限公司　设计者：李桢　周梦迪

自然微社区

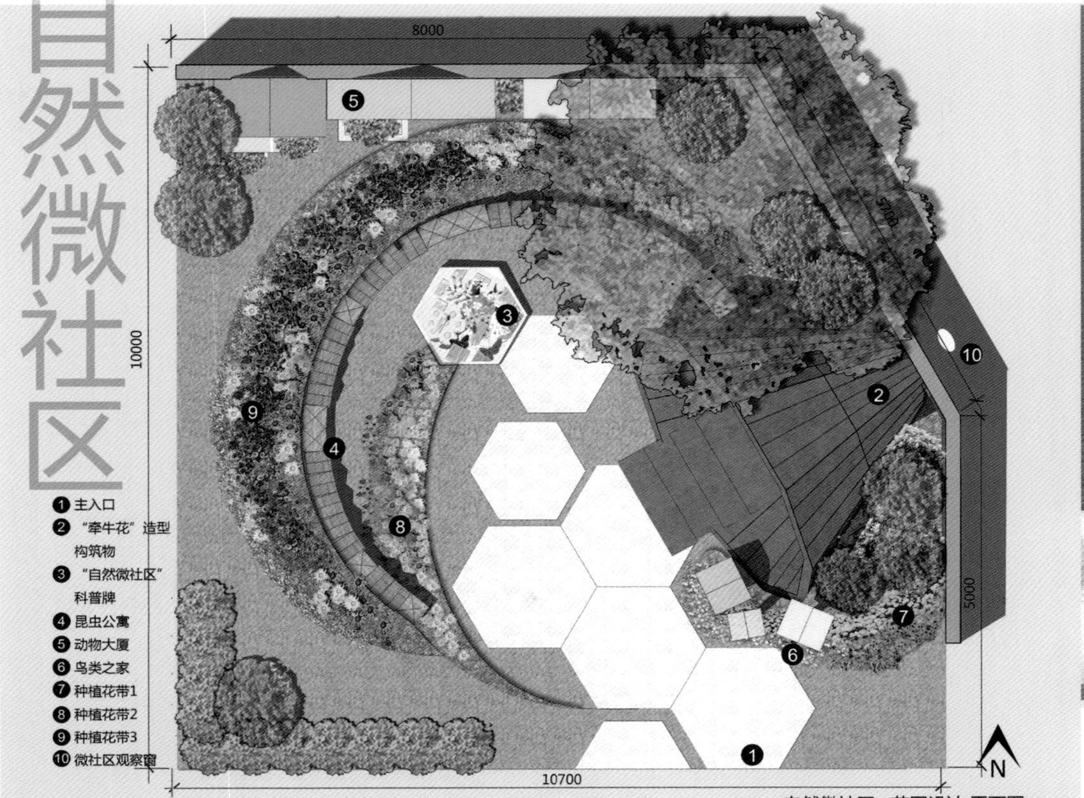

自然微社区　花园设计 平面图 1 : 30

设计理念：建立一个昆虫植物和人类相互交流和谐共处的微型自然社区

概念与手法：灵感缘起自授粉昆虫蜜蜂相互交流的“8”字形舞步，以其飞行路线构成的弧线图案布局整个花园，展现授粉昆虫的整个生活历程，体现出授粉昆虫对生态可持续发展中的植物生长以及人类农业发展起到至关重要的作用。

设计亮点：人与昆虫空间环境尺度的互换与融合

牵牛花造型构筑物：给人们提供一个特殊的，近似于身处花朵中央的蜜蜂视角来观察花园，围墙外人可通过单向玻璃窗观察园内动植物，避免惊扰动物；

动物微公寓：在花卉种植槽附近以及墙面上利用自然或循环再利用材料搭建人类建筑造型的动物居所，吸引小型野生动物于此停留栖息。

鸟瞰效果图

南立面图

西立面图

微社区 生态系统示意图

入口效果图

入口效果图

LED灯具效果示意

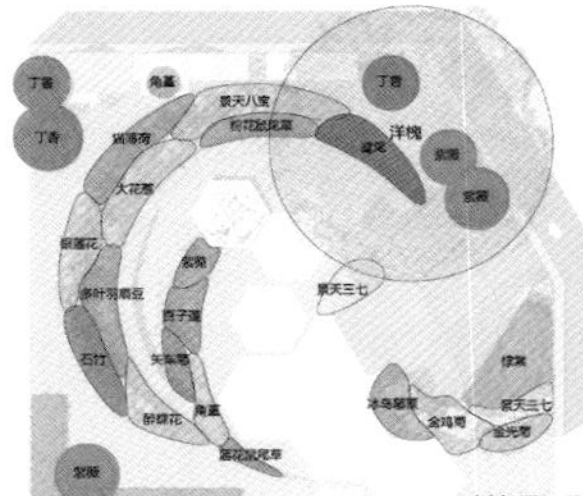

种植平面图

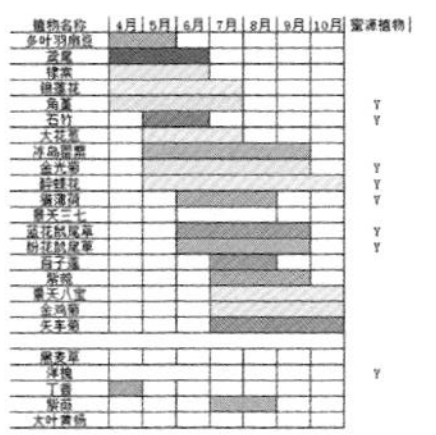

花期表

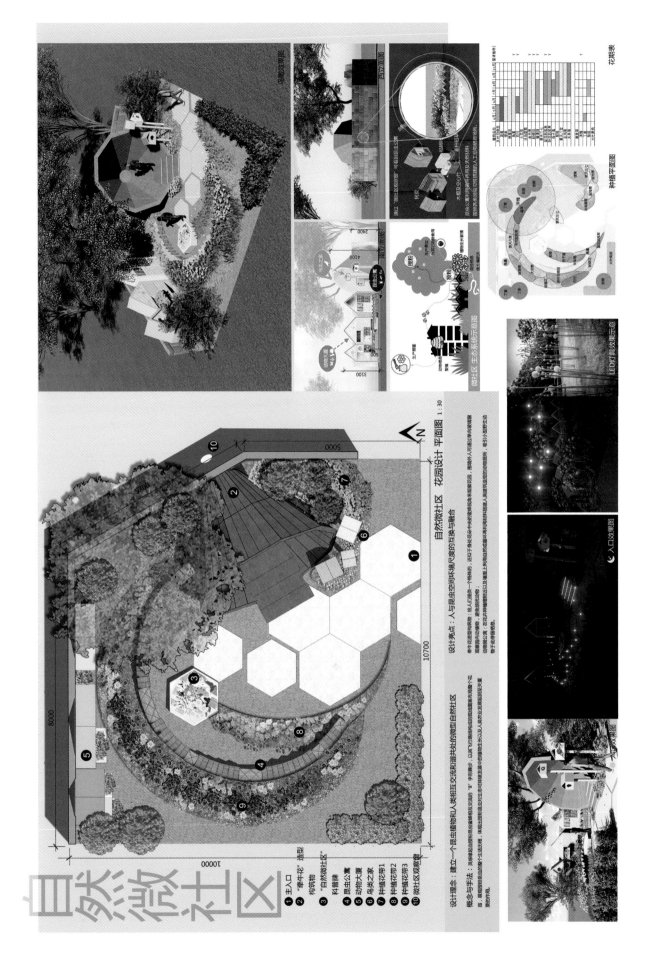

获奖作品

国内专业设计团队和个人设计师、园艺爱好者及达人组

优秀奖

（排序不分先后）

植物绣·黄河情
无界之园
组装花园
藤本花园
稻与田
绿趣园
水秀园
布艺花园——布艺改造家，园艺温暖情
生·长
田·园·家
对话·门——开启“理想人居·绿色家园”之门
星河
动力生态景园
爷爷的礼物
女儿的梦——鱼飞化蝶
Living Children's Garden
境界——无限绿色世界
森林农场
成长创意园
楚汉棋园
邂逅三叶草花园，回归简单漫生活
穹顶之下的呼吸
幻想国
Sokoban 花园
花野蝶踪——流淌的色彩花园
印象四季
纸趣
爱的萌芽——植物与健康亲子体验园
奶奶院子里的味道
“辐荫”时代
听雨倚翠
树花园
天空之城
归源·恬居
生命沙漏
儿童堡——甘蓝类植物展园
孩子们的积木花园
“萌”中天地
渲·绚
缤纷乐园
大漠魅影
拾园
让儿童与植物一起成长主题乐园
儿童乐园更新
后乐园
海之歌
Rose & Prince
感官花园
归源田聚

植物绣·黄河情
北京景观园林设计有限公司
设计者：赵欢　李今朝　高帆

2019世园会创意展园设计——植物绣·黄河情

本方案意在提升和激发广大民众对园艺的认知和兴趣，探索园艺展览新的展示思路，把“口袋花园”的理念运用到园艺造景的过程中

以植物罐头为单元，以生活中常见的十字绣的纹理做框架，灵活运用植物的不同色彩，组合成色彩斑斓的图案。

结构框架为钢结构耐候钢，景墙高3M，植物选取耐旱耐阴的时令花卉，颜色根据图案的要求选取。灌溉采用内置滴灌系统，其他绿地采用喷灌方式。照明方式在景墙部分采取射灯照明，黄河形状的溪流采用LED灯带勾边。

收集利用废旧易拉罐，作为植物种植的容器，提倡低碳、环保、可持续发展。易拉罐的垒砌便如同十字绣一样，组合成需要的图案。同时，每一个易拉罐都可以做为商品贩卖，“植物罐头”方便种植管理，可循环利用，简单的打理便可以让家庭氛围、办公环境有所改善。

植物罐头墙不仅是平面上的造型，也可以利用易拉罐的不同高度，结合图案设计成凸起的图案。如本方案的设计中，为了突出黄土高原上窑洞的造型，便设计有凸起的易拉罐，给游客以更加直观的印象和不同的空间感受。“草原骏马”图上的骏马奔腾的效果同样用立体凸起的方法 ，突出图案的活灵活现。

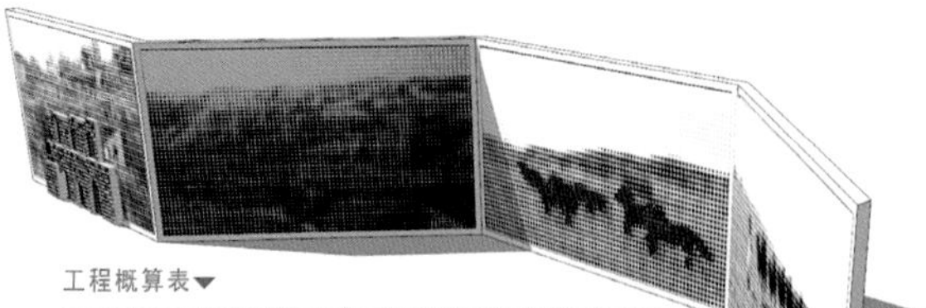

立面结构概念图▲

工程概算表▼

分类	明细	规格	单位	工程量	单价(元)	合价(元)
基础设施	白色砾石虚铺	30mm厚砾石层 100mm素混凝土 200mm级配碎石垫层 素土夯实	m2	30	150	4500
	“黄河”情	粒径20mm蓝色玻璃球铺设，50mm深，300mm宽	m	25	30	750
服务设施	“植物”绣	20mm厚耐候钢板	m	24	300	7200
	易拉罐	废弃易拉罐	个	12800	0.1	1280
植物	青杨	胸径8-10cm	株	3	3000	9000
	紫色系—紫叶鸭跖草	盆栽，摆放	株	1920	5	9600
	红色系—鸡冠花	盆栽，摆放	株	1280	7	8960
	绿色系—垂盆草	盆栽，摆放	株	7040	3	21120
	黄色系—金叶佛甲草	盆栽，摆放	株	2560	3	7680
	冷季型草	地栽	m2	52	30	1560
灌溉工程	内置的滴管系统	用于“植物”绣	m2	72	30	2160
	喷灌	其他绿地	m2	52	13	676
照明工程	射灯(含电缆)	“植物”绣·青杨	盏	7	500	3500
	LED灯带(含电缆)	“黄河”情	米	25	150	3750
合计						81736

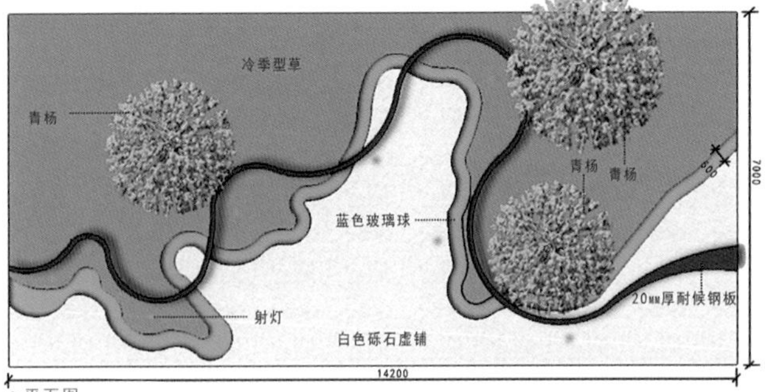

▲平面图

▲效果图

本方案的平面设计取祖国的母亲河--黄河的形状作为景观溪流；穿插在溪流上，设有胶片造型的景墙，选取黄河流域的特色地貌照片为图案黄土高原、丹霞地貌、大漠驼铃、草原骏马，意在展示祖国大好河山。

立面展开图▶

无界之园
中国城市规划设计研究院
设计者：辛泊雨

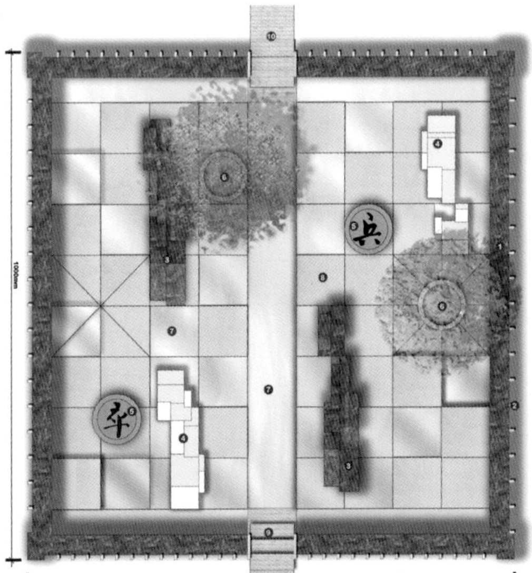

设计平面图

效果图

五叶地锦 *Parthenocissus thomsoni*
爬山虎 *Parthenocissus tricuspidata*
南蛇藤 *Celastrus orbiculatus*
常春藤 *Hedera nepalensis var. sinensis*
络石 *Trachelospermum jasminoides*
金银花 *Lonicera japonica* 观赏：初开白色，
凌霄 *Campsis grandiflora*

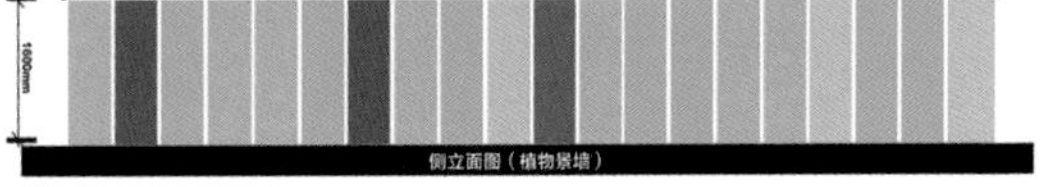

侧立面图（植物景墙）

1 主题立意构思

1.1 设计主题

本方案紧扣 2019 年世园会“绿色生活美丽家园”的主题，力求创造一个体验感受绿色生活，荡涤内心，重新定义身处自然家园的小花园。因此创造性的以“无界”为设计主题，意为实有界，虚无界，触手有界，心中无界。打造一个虚实相间，触摸天地的美妙绿色空间。重新定义花园生活和内心空间。

1.2 设计手法

花园利用中国传统元素——象棋棋盘为载体，将棋盘以小见大的传统内涵进行景观化延伸，通过不同角度的镜面反射将院内环境进行反射，配之具有象征意义的雕塑和绿植，营造空间延伸的视觉感受。

2 创意要素

2.1 镜面及种植拼接

通过地面和园内立面的块状拼接，展现虚实相映相生的设计特点。

2.2 山形体块与棋子体块

同是双数的两种体块，表现中国传统文化中的阴阳两性，棋子呼应棋盘，山形象征天地万物。

3 灌溉方案

外立面墙体采用垂直植物景墙，中间白色竖条为竖向滴管排管，为两侧植物墙提供绿化用水。

4 夜景照明

花园内夜间采用低照度照明，满足游人基本照明即可。

5 概算

该方案单平米造价约 2000 元，总造价约为 **20 万元**。

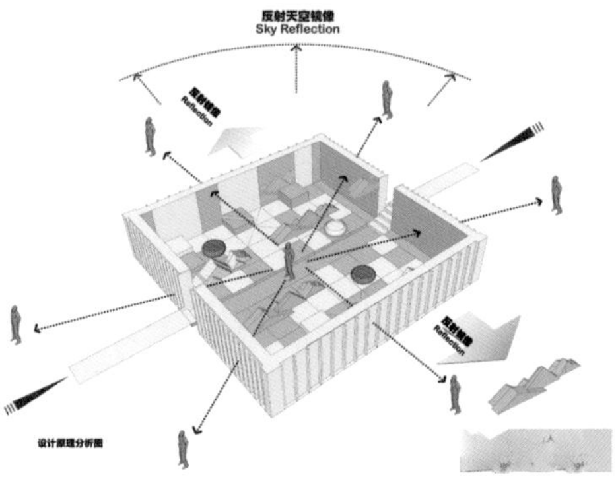

设计原理分析图

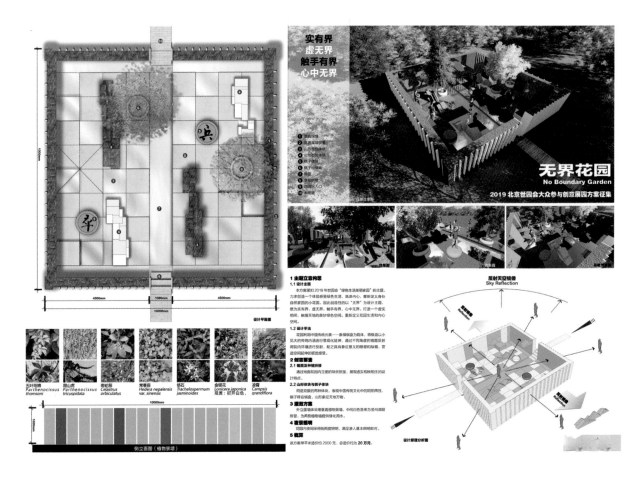

组装花园

中国城市规划设计研究院 设计者：张璐 鲁莉萍

“组装花园” —— 环保、低碳、可持续花园设计

植物模块

设计使用环保、经济的种植槽（种植池采用回收可降解塑料制作，底部设有排水孔），槽底装入轻质的排蓄水材料及种植土，形成轻便的单元种植体，既可满足独立蓄水排水的需要，也便于移动。

草本地被　小灌木

交通模块

以1*1m大小的木平台作为一个模块单元组织交通，模块间可自由拆分拼接，并通过不同的功能需要，细分为通过空间与停留空间，在满足交通功能的同时，围合出相对安静的休息空间。

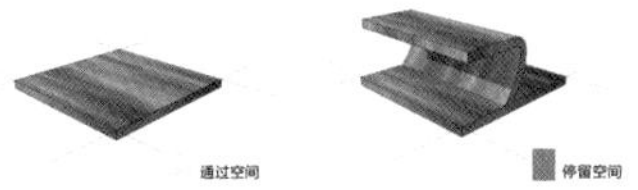

活动模块

活动模块占地约17㎡，由“流动花架”与“绿色小屋”组成。其中，绿色小屋为立方结构，三面设计铝屏，同时加有太阳能电池板将太阳能转化为电能，供内部电气元件运作。小屋顶部可以收集净化雨水，通过落水管收集入地面水池中，净化后的雨水会聚集在种植池里，最终可回用于场地内的绿化灌溉。垂直的花园墙自水池自下而上攀爬，形成天然绿色屏障。

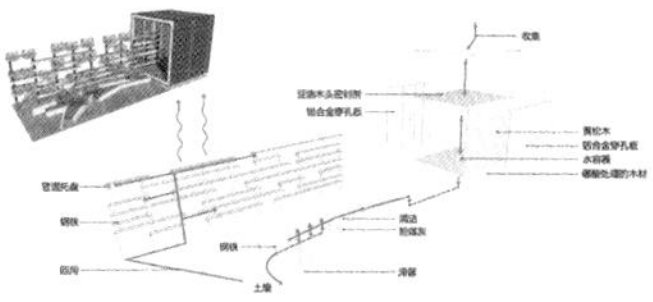

场地分割

植物选择

植物种类以攀爬类、园艺观赏类和休闲农业类为主，强调植物的观赏性及易养护。绿化形式平面竖向相结合，共同创造立体、多样的绿色空间。花园整体更像一个大的容器，来承装不同种类植物，植物种类（含果、菜等）作为主要展示对象，可根据功能需求及景观延续性进行调整，做到4月底到10月底展会期间内，不同主题活动，均有效果。

攀爬植物　观赏园艺　休闲农业

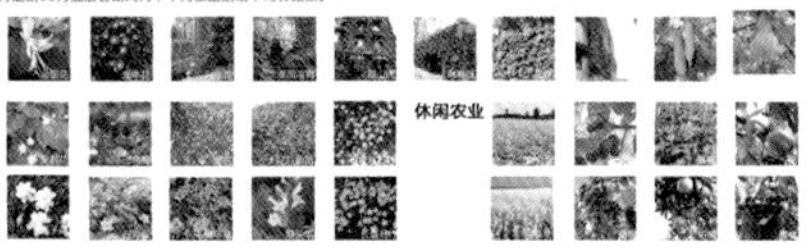

照明设施

本设计采用太阳能LED灯作为夜景照明灯具，以达到节能、环保、低碳的目标。太阳能灯具无需布线，可根据实际需要随插随用，任意调整位置。

成本控制

总成本可控制在10万~16万左右，即可实现以较低成本获得较好景观效果的目标。

[illegible]	[illegible]	[illegible]	[illegible]	[illegible]	[illegible]	[illegible]
		250-350	72	14600	61	17550
		1500-1800	39	58500~70200	22	33000~39600
		2500-3500	7	17500~21000	17	66000~77000
		按1-3维护15%计		13590~15870	按1-3维护15%计	17482~20122
		按1-3维护5%计		4530~5290	按1-3维护5%计	5828~6708
				108720~126960		139860~160980

模块组织形式

“展示”主题　“互动”主题

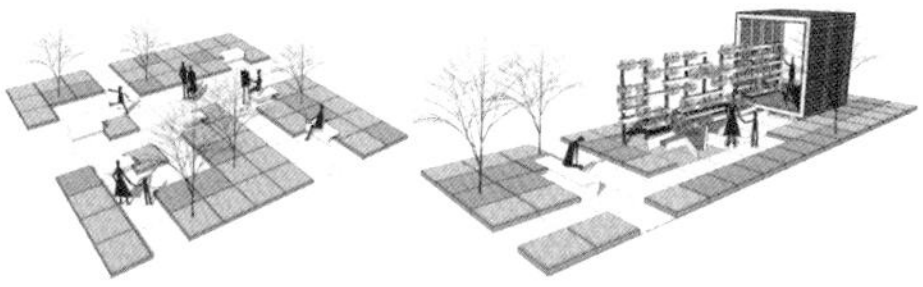

随着现代社会城市化的快速发展，城市居民的生活方式也逐渐发生着变化，对绿色自然空间的向往也越来越深。近年来，城市绿化的大力开展，使我们生活的城市越来越绿，也越来越美，然而，在大尺度的城市“绿色空间”越来越常见的今天，微缩尺度互动式亲人的“绿色花园”却相对较少。本设计旨在通过“灵活”、“可塑性强”的“弹性”花园设计，提供一种“绿色生活”可能性，充分利用城市建设及建筑缝隙中出现的零散小空间，塑造成本可控、生态环保、可持续的、互动性强的、以植物景观为主的简洁式“组装花园”，以绿色的方式渗透进现代城市生活，突出本次大会主题——“绿色生活，美丽家园”。

花园是植物的容器，也是景观的实验室，如何提供一种简洁、灵活、多变的载体，在能最好地适应以及最大化利用场地的同时，满足植物相关活动组织、景观展示的需要，塑造一种稳定而效果标准可控的“模式化”花园单元，成为本次设计的切入点。在这里，花园不是主角，而是一个载体，以简洁而高效的方式收纳各种植物，以突出植物的景观及功能特色。

本次设计的设计理念理念为“组装花园”，既将任意场地划分为1*1m的单元格，把花园的使用功能压缩为“植物”（绿色）、“交通”（灰色）、“活动”（橙色）三类模块，通过对实际地块的具体分析，决定三类模块的面积占比，并合理布置，在满足花园基本功能的同时，根据个性化需求，合理“组装”花园。其中，“植物”与“活动”模块可根据其建设程度及后期装卸难易程度进行细分。

花园尺度为100㎡，既在设计范围内，可安排一个基本完整的模块“组合”，维持相对独立完整的植物“活动”及“展示”功能，并独立通过新材料、新技术、新工艺的应用，塑造相对独立完整的景观照明及灌溉排水系统，以达到设计目的。

本设计旨在通过一种创造性的花园设计新思路，来提供一种建设的可能性。“组装”花园并没有一个确定的设计边界，而是用模块化、标准化的设计方法，塑造可满足不同需求、不同地块的“弹性花园”，并可在后期根据需求及场地变化适度调整，且回收利用，秉承“生态、节约、可持续”的理念。设计分别以“展示”“互动”为主题，提供了两种组合形式，作为应用参考。同时，100平方米也可以作为一个绿色的“细胞”，广泛推广繁殖于城市的缝隙之中，满足人们对于绿色的渴望。

藤本花园

中国城市规划设计研究院 设计者：马浩然 牛铜钢

藤本花园——生活中的园艺

理念： 狭小的生活空间使得我们与向往的园艺生活离得越来越远，但我们依然渴望亲近绿色。简单易管护的藤本植物为我们提供了可能。藤本植物不需要立体绿化所需的各种设备和精心照料，依然能处处生长的流光溢彩。

总平面图 1:30

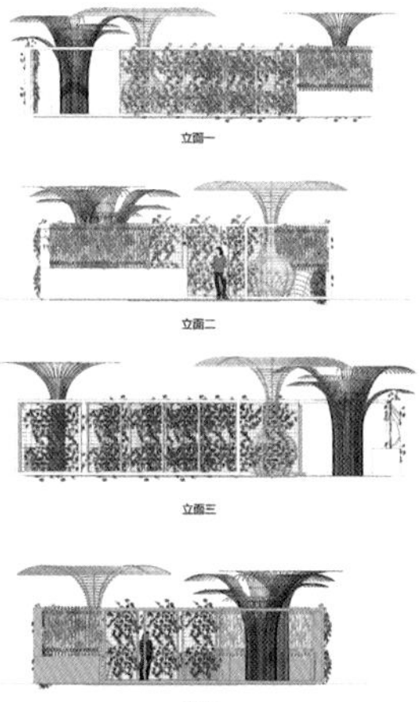

立面一

立面二

立面三

立面四

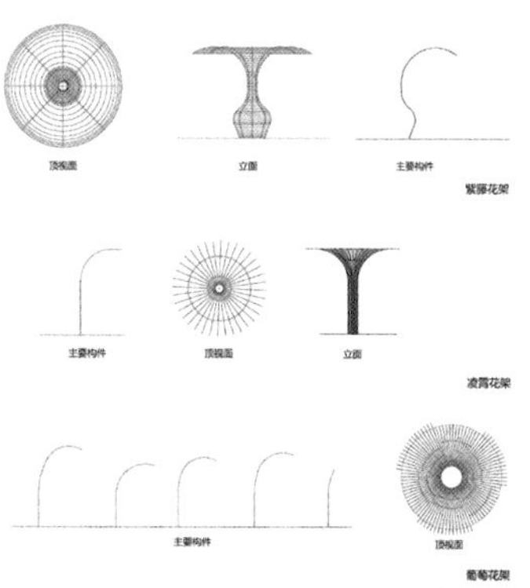

方案设计： 在8.5mX12m的空间内，四周应用两种攀爬廊架，其中一种廊架以窗扇的方式，可在30°范围内转动，促进植物满铺廊架。在这个方盒子内，布置三个特色花架，分别应用葡萄、凌霄和紫藤三种北京常见的木质藤本组成全园的骨架。园子中心由园路围合出一块小草坪，园路两侧种植草本花卉，形成小型花境。在园子的两个入口处，分别种植茶条槭和垂丝海棠，丰富花园四季景色。

植物材料： （1）独立式花架：葡萄、紫藤、凌霄。（2）墙壁花架：大花铁线莲、台尔曼忍冬、金银花、藤本蔷薇、羽叶茑萝、五叶地锦。（3）地被藤本：常春藤、扶芳藤。（4）小乔木：茶条槭、垂丝海棠、山茱萸。（5）花境花卉：玉簪、荷包牡丹、狼尾草、萱草、马蔺、松果菊、堆心菊、假龙头。

其他材料： （1）花架采用竹子和不锈钢，充分利用两种材料的力学强度和易弯性能。（2）铺装材料应用自然片石、透水砖、小料石。（3）墙壁花架应用木构。
采用喷灌和滴管结合的方式，夜景照明着重表现花架和墙壁廊架。

效果图

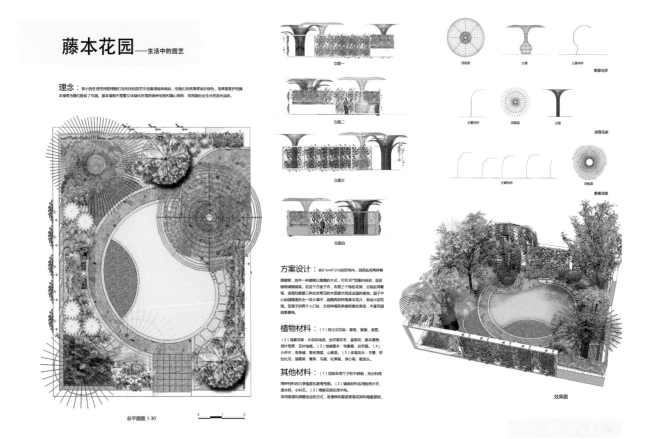

稻与田

北京创新景观园林设计有限责任公司　设计者：张东

稻与田

设计主题立意

“稻与田”的设计灵感来源于延庆的乡野田园，无垠的原野稻田、纵横的田埂小路、错落的台地挡墙、高耸的青杨林网、烂漫的花海菜田……

设计方案通过对田野大地肌理的引借，对乡野田园元素的提炼，融合景观艺术表现形式，在游园空间尺度内，用园艺造园手法表达延庆田园乡村的自然人文景观意境。

方案详细设计

“稻与田”场地为长方形，长约12m，宽约9m。

1．方案设计通过平行布置的稻田色块、白色卵石条带、毛石景观墙来隐喻大地农田肌理。

2．园路设计采用防腐木条和白色花岗石条石汀步错落布置，增添游览乐趣，同时打破稻田种植过于规则的形式。

3．场地东侧设计景观挡墙，营造地势变化，丰富景观空间，通过白色卵石条带分割空间，配植彩色叶蔬菜或花田景观。

4．设计景观挡墙均采用取自当地村庄的毛石料，结合废旧砖瓦、页岩片石，营造粗狂朴野乡野景观意境。

5．植物设计以稻田为基底，打造多彩花田菜田景观，点植新疆杨，营造原野青杨意境。

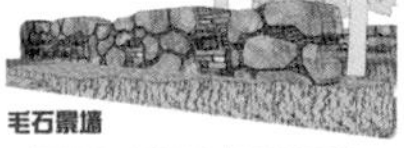

毛石景墙

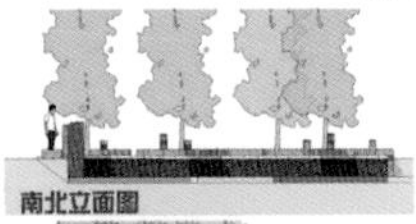

南北立面图

东西立面图

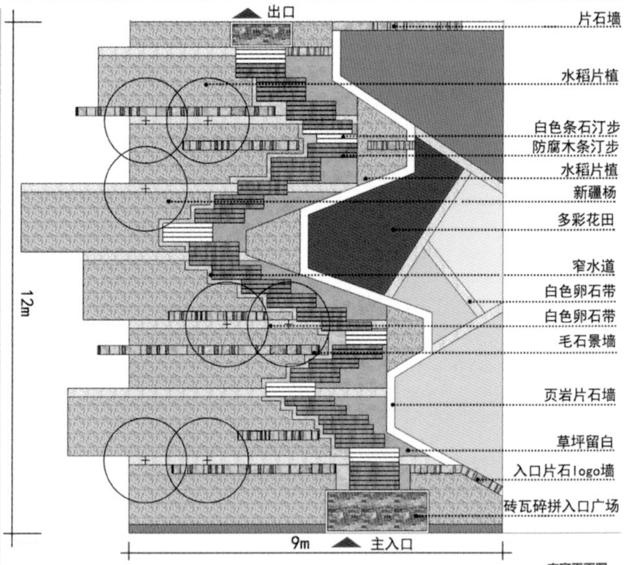

方案平面图

景观效果图

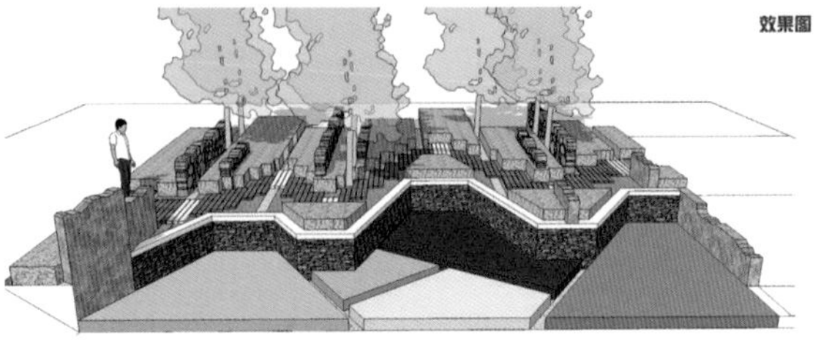

效果图

效果图

多彩花田

入口logo墙

绿趣园

北京创新景观园林设计有限责任公司　设计者：马玥　徐烁

2019北京世园会创意展园方案——绿趣园

设计构思源于对绿色地球、美丽家园的美好畅想，遵循生态、节约、可持续的理念，将生活中孩子们熟悉的废旧物品经过艺术化处理，作为整体景观构成元素，打造集低碳、生态、童趣为一体的小型游园。让孩子们在园区游览的同时提高对园艺植物的认知和保护环境的意识。

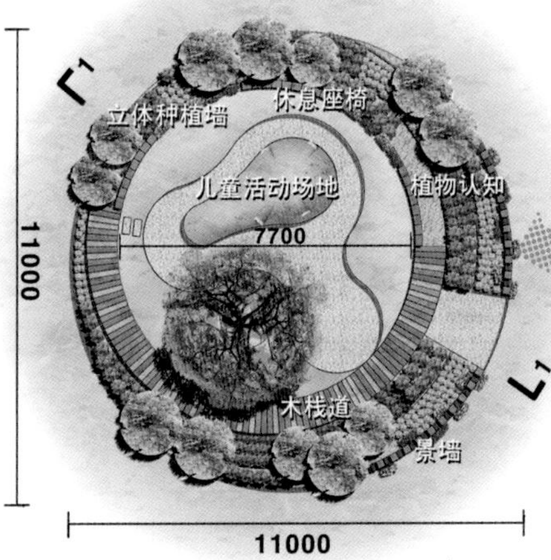

绿趣园平面图

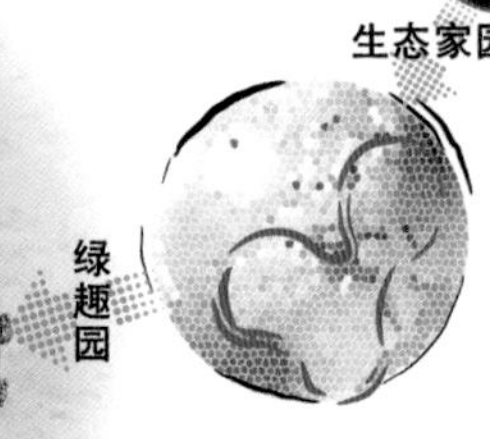

绿趣园效果图

绿趣园鸟瞰图

绿趣园1—1剖面图

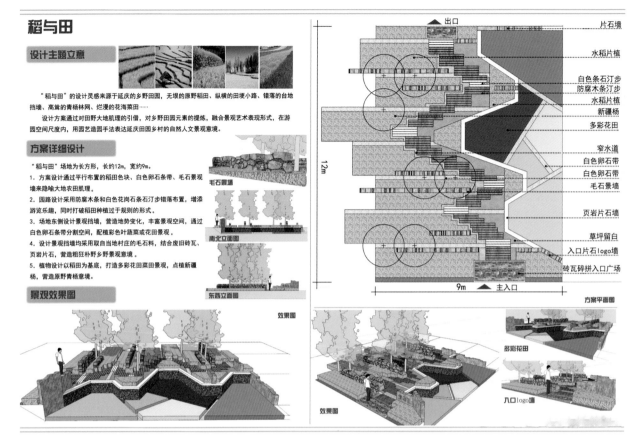

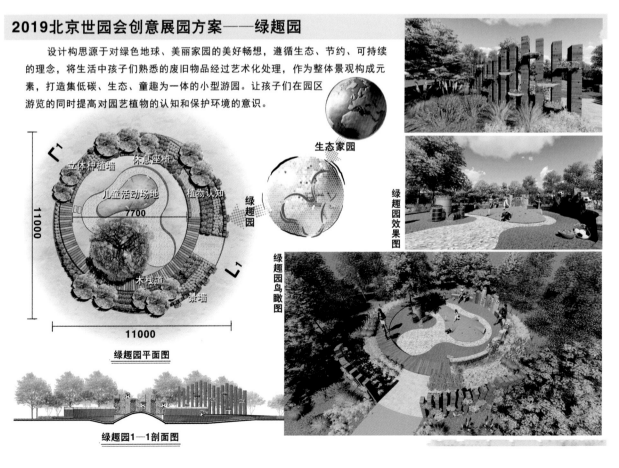

水秀园

北京创新景观园林设计有限责任公司 设计者：郝勇翔

低碳花园——水秀园 水不在深有龙则灵

设计用上善若水、水不在深，有龙则灵的中华文化中水的含义表达水秀园，造型上采用水的化学方程式“H20”为布局产生高差，用传统猪龙代表 H_2O 中的“O”，同时表达出延庆母亲河妫河以及背后的舜帝在娥皇、女英帮助下制服象的美丽传说。通过太阳能及人们转动水车来将水提升到高处，使水变换多种状态自然流下来，展现水的秀美。

材料采用园博园区建设中产生的废弃材料，例如，铺装采用破损的花岗石，结构采用边角料，里面填充建园期间建设者用过的塑料水瓶，瓶内种植绿植。

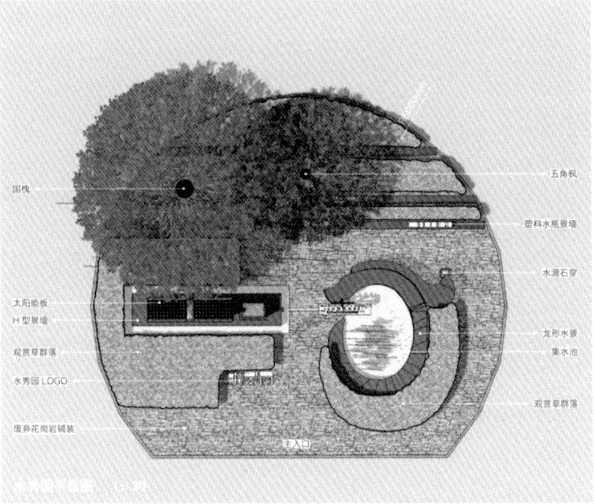

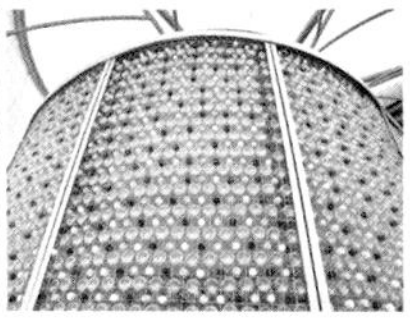

布艺花园——布艺改造家，园艺温暖情

中国城市建设研究院有限公司 设计者：白雪 公超 毕婧

布艺花园 ——布艺改造家，园艺温暖情

设计说明

设计以充满张力的曲线作为构图，形成围合式的中心发散空间。参观者进入花园的同时，仿佛推开了一扇家门：被绿色植物攀爬的屏风前，摆放着惬意慵懒的软质沙发，走近观看，会惊喜的发现，沙发旁的抱枕、爸爸的拖鞋、妈妈的背包、孩子的帽子、衣架上的收纳袋，都成为了容纳多肉或盆栽植物的容器；主要场景外侧以钢架悬挂布艺相框展示垂吊植物，如同挂在无形墙面的立体植物装饰画；围合场地的最外侧的空间选择了适用于室内栽培的多年生花卉设计自然式花境，激发出参观者亲自栽培的兴趣，为参观者提供了具有参考价值的家庭园艺模板。无论是在园中漫步还是观赏静思，都能感受到温馨、浪漫、愉悦的氛围，体会到园艺融入生活的满满幸福感。

设计秉承环保、低碳、可持续发展的绿色生活理念，将废旧衣物、家居布艺用品，用作盆栽植物的容器、攀援植物的支架、悬吊花盆的拉绳、美化环境的装饰等，充分发挥废旧材料的美学价值，将生活的基本元素与绿色创意结合，延伸出家庭园艺无尽的可能性，也为家庭废旧衣物无处存放的难题提供了一种艺术化的处理方式。

植物材料选用可在家庭园艺中广泛应用的优良品种，主要分为五大类型：多肉植物、垂盆植物、盆栽植物、攀援植物、花境植物，均以适应于北京六个月室外展期为原则，注重季相和色彩搭配，丰富视觉观感，营造浪漫氛围。

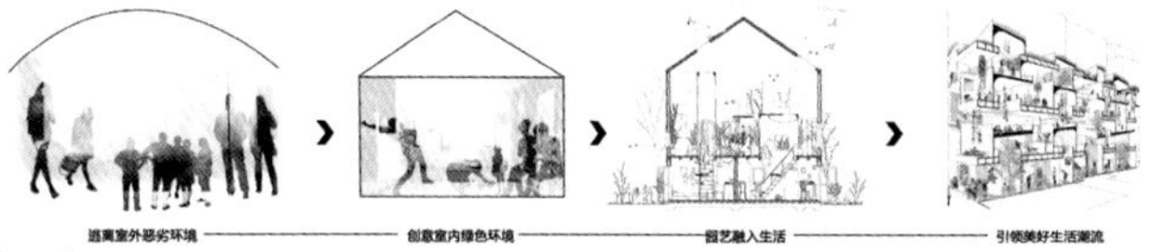

核心理念

近年来急速恶化的空气质量将人们关进家门，离大自然越来越远。面对这种情况，我们力求创造出一个简单又丰富，浪漫又真实的灵感花园，通过利用生活中的废旧布料对家庭园艺加入创意性的表达，营造温馨惬意的家庭氛围，将随时随地接触自然变为可能，并希望通过观赏花园激发人们对家庭园艺的兴趣，鼓励人们追求绿色生活新潮流。

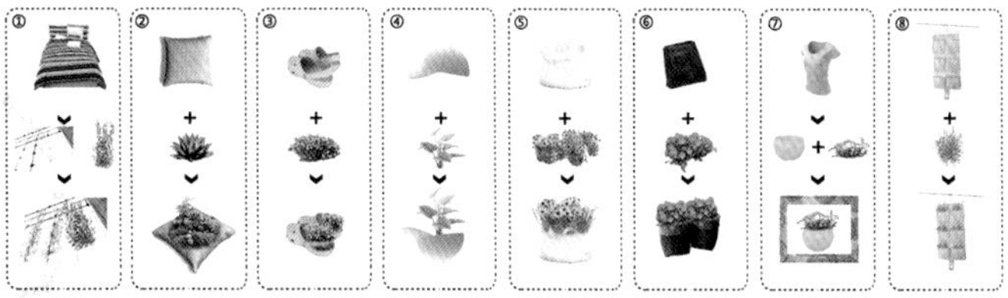

花园方案

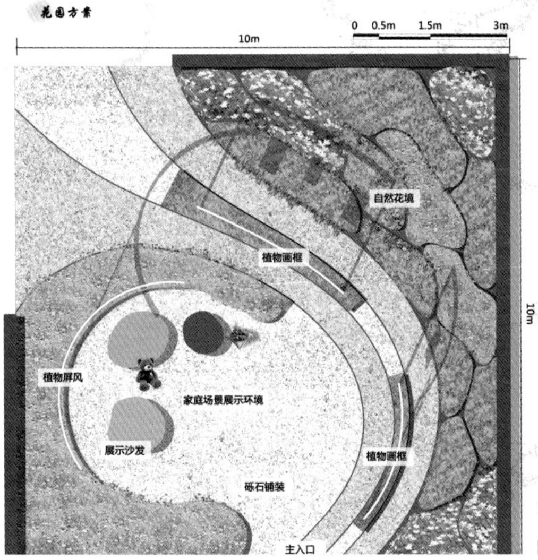

效果展示

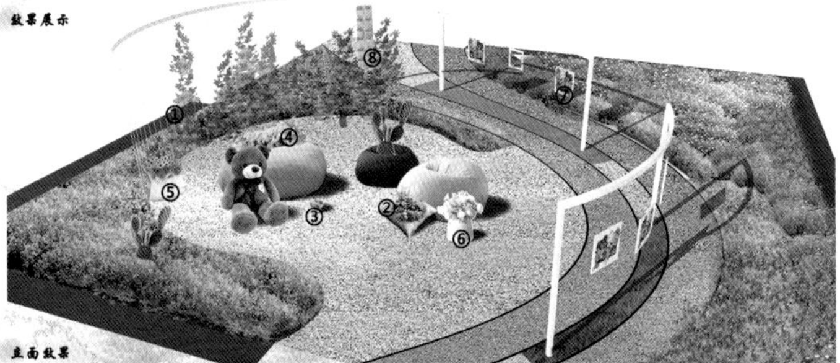

立面效果

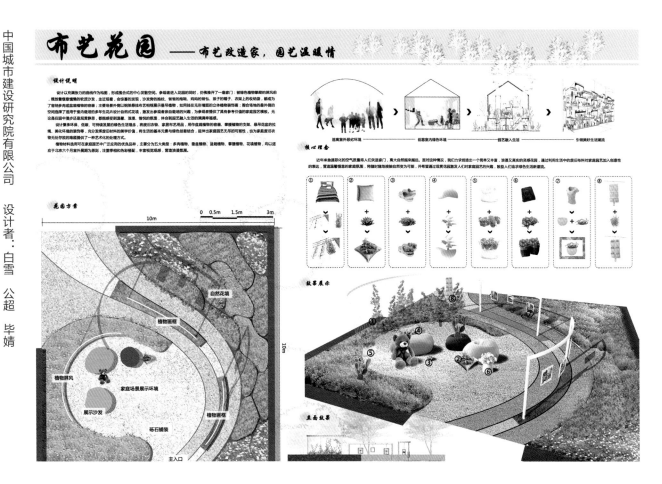

生·长

北京市海淀园林工程设计所　设计者：杨海见　董兮

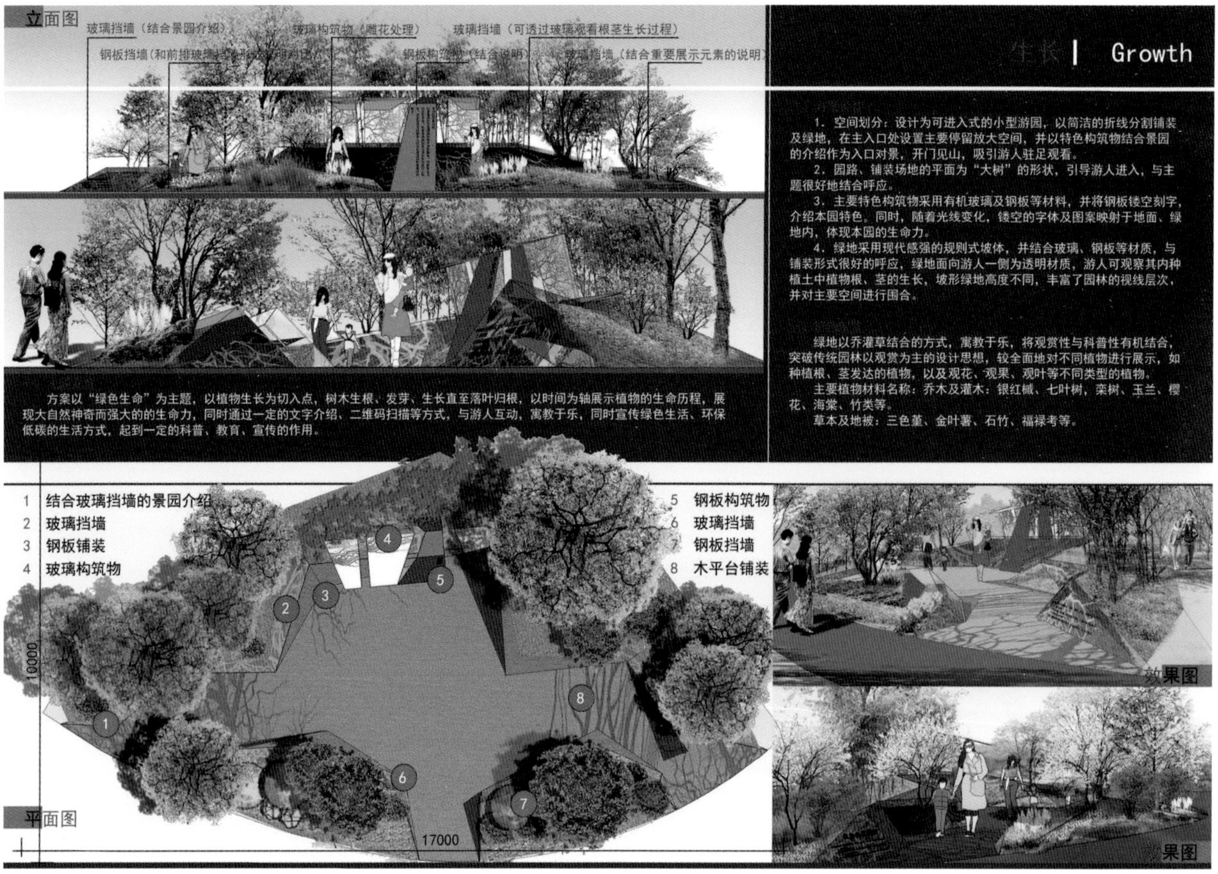
立面图
玻璃挡墙（结合景园介绍）
玻璃构筑物（雕花处理）
玻璃挡墙（可透过玻璃观看根茎生长过程）
钢板挡墙（和前排玻璃挡墙形成鲜明对比）
钢板构筑物（结合说明）
玻璃挡墙（结合重要展示元素的说明）
生长 | Growth
1. 空间划分：设计为可进入式的小型游园，以简洁的折线分割铺装及绿地，在主入口处设置主要停留放大空间，并以特色构筑物结合景园的介绍作为入口对景，开门见山，吸引游人驻足观看。
2. 园路、铺装场地的平面为“大树”的形状，引导游人进入，与主题很好地结合呼应。
3. 主要特色构筑物采用有机玻璃及钢板等材料，并将钢板镂空刻字，介绍本园特色。同时，随着光线变化，镂空的字体及图案映射于地面、绿地内，体现本园的生命力。
4. 绿地采用现代感强的规则式坡体，并结合玻璃、钢板等材质，与铺装形式很好的呼应，绿地面向游人一侧为透明材质，游人可观察其内种植土中植物根、茎的生长，坡形绿地高度不同，丰富了园林的视线层次，并对主要空间进行围合。
绿地以乔灌草结合的方式，寓教于乐，将观赏性与科普性有机结合，突破传统园林以观赏为主的设计思想，较全面地对不同植物进行展示，如种植根、茎发达的植物，以及观花、观果、观叶等不同类型的植物。
主要植物材料名称：乔木及灌木：银红槭、七叶树，栾树、玉兰、樱花、海棠、竹类等。
草本及地被：三色堇、金叶薯、石竹、福禄考等。
方案以“绿色生命”为主题，以植物生长为切入点，树木生根、发芽、生长直至落叶归根，以时间为轴展示植物的生命历程，展现大自然神奇而强大的的生命力，同时通过一定的文字介绍、二维码扫描等方式，与游人互动，寓教于乐，同时宣传绿色生活、环保低碳的生活方式，起到一定的科普、教育、宣传的作用。
1 结合玻璃挡墙的景园介绍
2 玻璃挡墙
3 钢板铺装
4 玻璃构筑物
5 钢板构筑物
6 玻璃挡墙
7 钢板挡墙
8 木平台铺装
10000
17000
平面图
效果图
果图

田·园·家

北京清华同衡规划设计研究院风景园林中心　设计者：刘红滨　马解

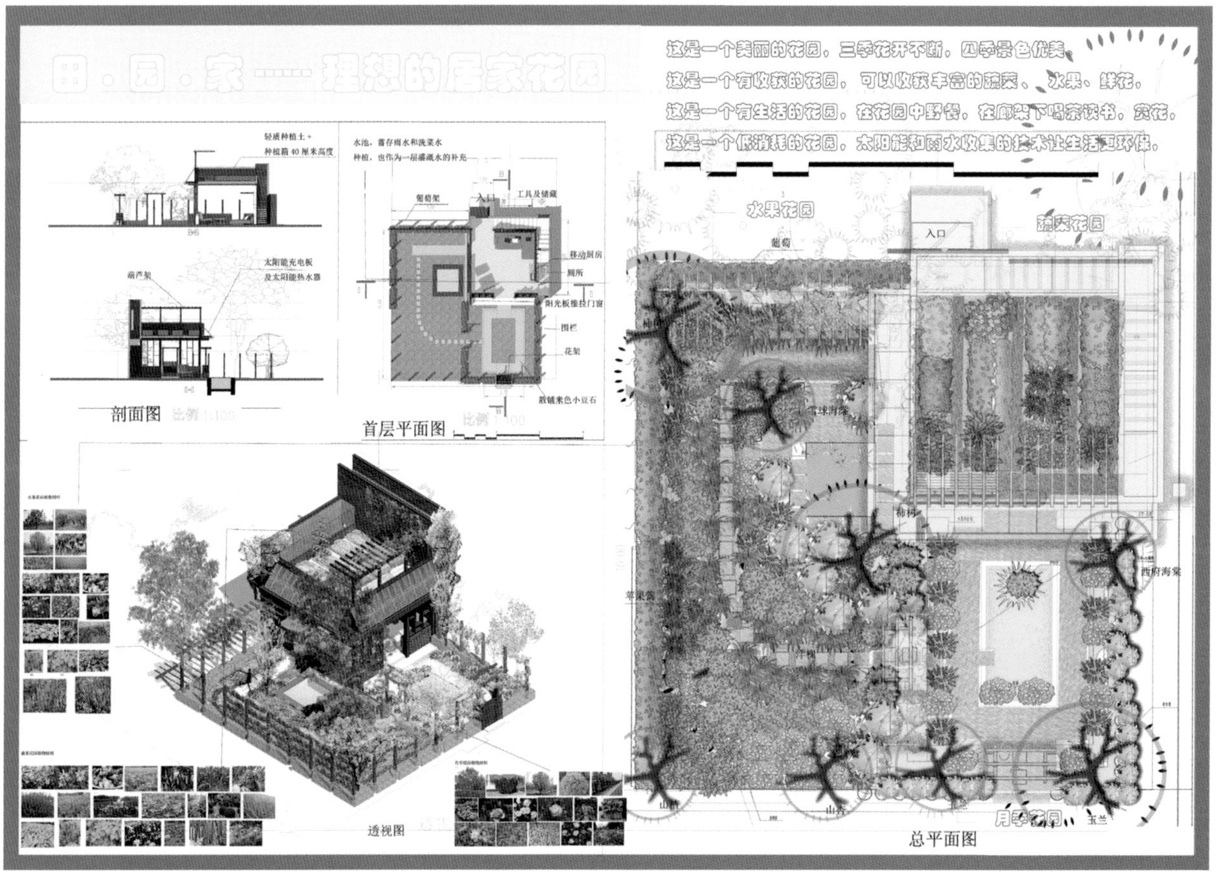
田·园·家……理想的居家花园
这是一个美丽的花园，三季花开不断，四季景色优美。
这是一个有收获的花园，可以收获丰富的蔬菜、水果、鲜花。
这是一个有生活的花园，在花园中野餐，在廊架下喝茶读书，赏花。
这是一个低消耗的花园，太阳能和雨水收集的技术让生活更环保。
轻质种植土＋
种植箱 40 厘米高度
太阳能充电板
及太阳能热水器
葫芦架
剖面图 比例 1:100
水池，蓄存雨水和洗菜水
种植，也作为一层灌溉水的补充
葡萄架
入口
工具及储藏
移动厨房
厕所
阳光板推拉门窗
围栏
花架
散铺米色小豆石
首层平面图 比例 1:100
透视图
水果花园
蔬菜花园
入口
葡萄
月季花园
总平面图

对话·门——开启『理想人居·绿色家园』之门

北京天下原色聚落景观艺术设计有限公司　设计者：牛玉竹　牛凯　孙特丽

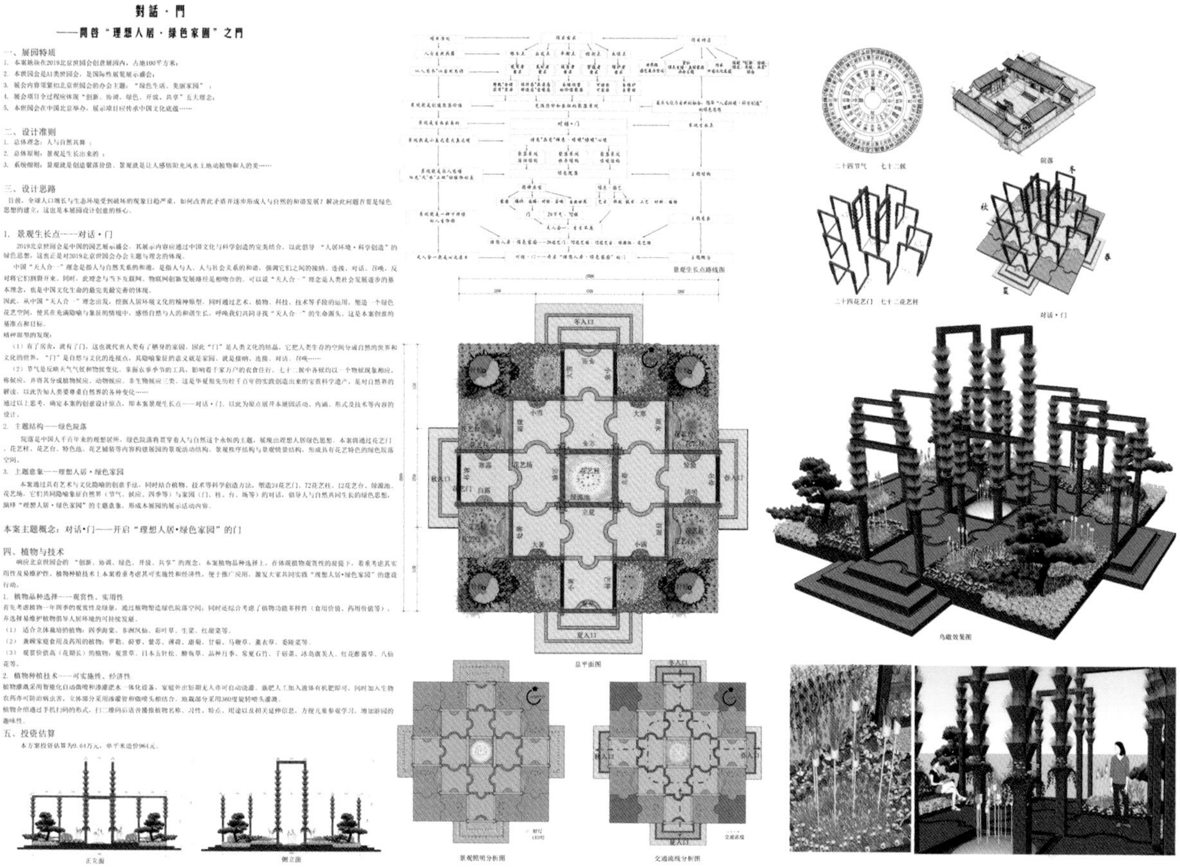

对话·门
——开启“理想人居·绿色家园”之门

星河

北京市园林科学研究院　设计者：马路遥　张楚　李泽卿

星河花园
——低碳花园景观设计方案
繁星闪烁着
深蓝的空中，
谁曾听得见他们的对话？
沉默中，微光里，
他们深深的互相颂赞了。
总平面图 1:30
剖面图 1:30

动力生态景园

北京市园林科学研究院　设计者：张楚　杜伟宁　马路遥

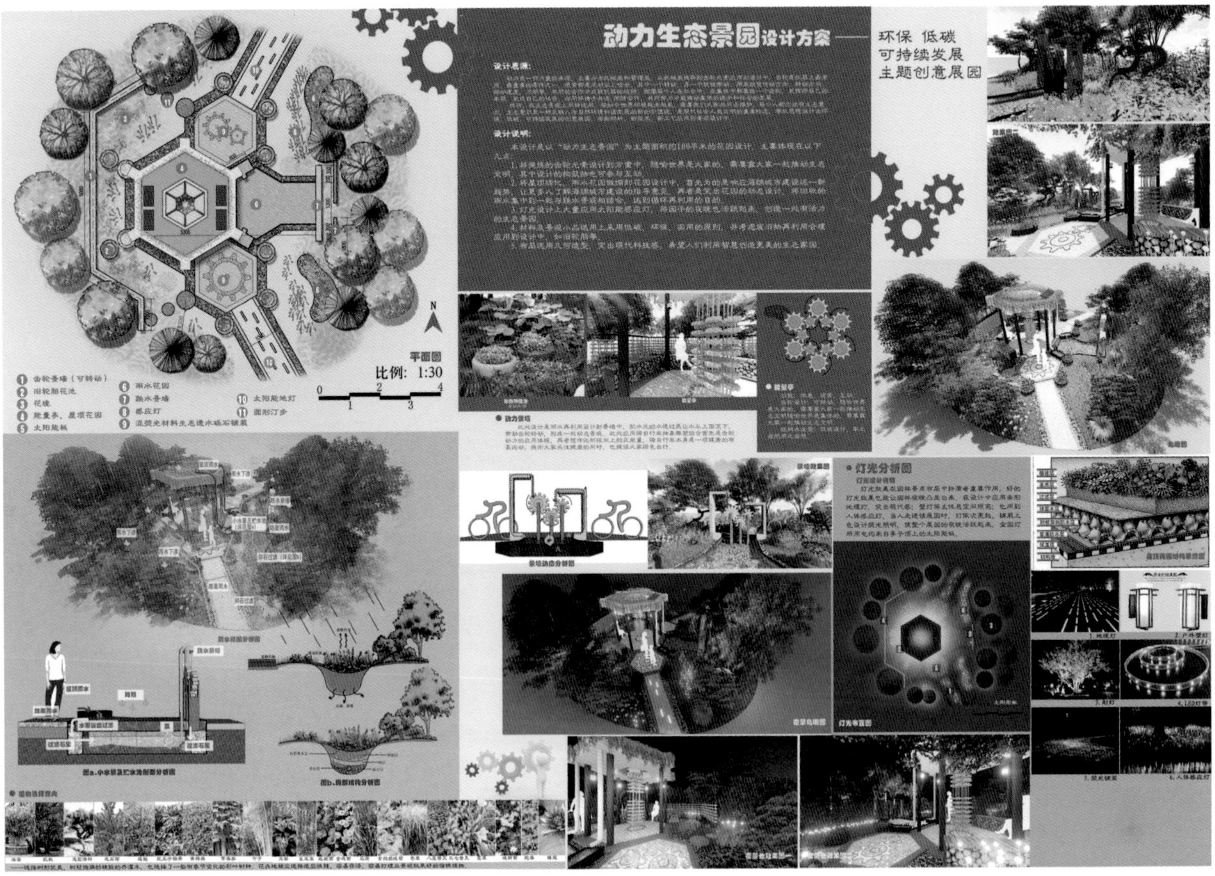
动力生态景园设计方案——环保 低碳 可持续发展 主题创意展园
平面图
比例：1:30
设计思路：
设计说明：
灯光分析图

爷爷的礼物

北京市园林科学研究院　设计者：刘婷婷　张楚　王月宾

“绿色生活 美丽家园”2019 北京世园会创意展园——心灵家园之“儿童与园艺”
前言
总平面图
创意解读
爷爷的礼物
The Secret Of Grandpa's Garden
分析图
效果图
立面图
PAGE 1
“绿色生活 美丽家园”2019 北京世园会创意展园——心灵家园之“儿童与园艺”
创意小品说明
植物配置
夜景照明
设计成本预算
效果图
灌溉方案
PAGE 2

女儿的梦——鱼飞化蝶

北京清润国际建筑设计研究有限公司

设计者：丁燕枫

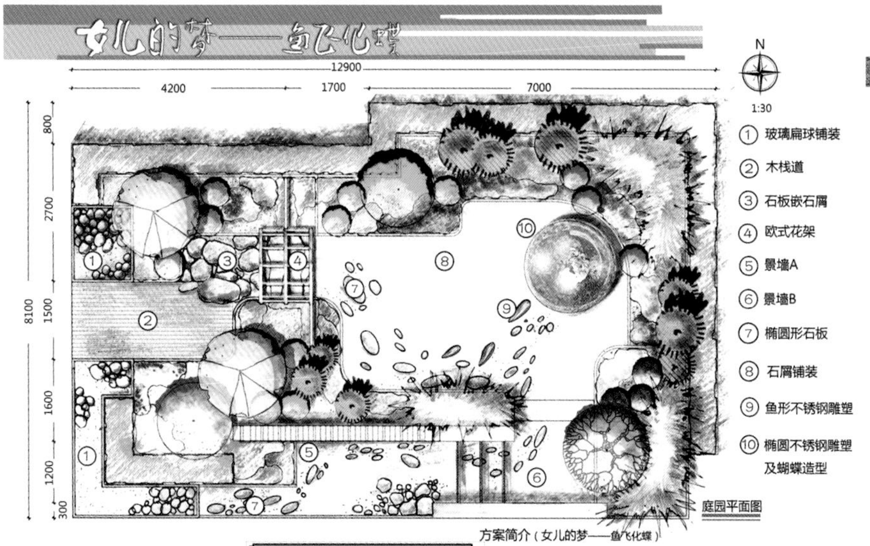
女儿的梦——鱼飞化蝶
12900
4200
1700
7000
8100
800
2700
1500
1600
1200
300
N
1:30
① 玻璃扁球铺装
② 木栈道
③ 石板嵌石屑
④ 欧式花架
⑤ 景墙A
⑥ 景墙B
⑦ 椭圆形石板
⑧ 石屑铺装
⑨ 鱼形不锈钢雕塑
⑩ 椭圆不锈钢雕塑
及蝴蝶造型
庭园平面图

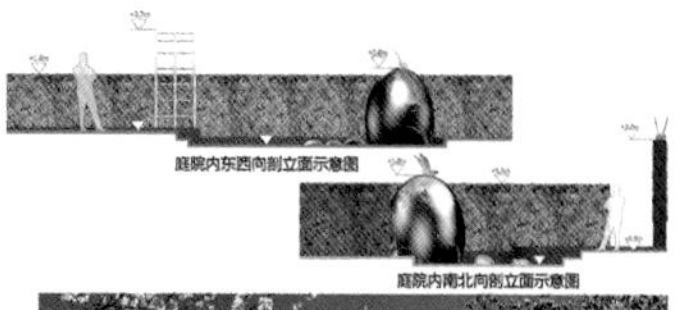
庭院内东西向剖立面示意图
庭院内南北向剖立面示意图

方案简介（女儿的梦——鱼飞化蝶）

本方案占地99.5m²。其设计灵感来自作者6岁女儿对自己梦境的描述：“一群群的小鱼游过大海，游过公主居住的城堡，游进竹林，游向天空，消失在远处的高山，最后变成了美丽的蝴蝶公主。”作者利用景观的语言，努力再现孩子的美丽梦境。

园中以混合花境设计为主，以展示新优品种为目的，打造蓝紫色、白色系为主的色彩空间。并利用地面有机覆盖物的使用，探讨、展示景观性和科学性俱佳的栽植密度。地面铺装以透水、环保的材料为主，并结合主题，在部分区域使用天然石材、木铺装和观赏性较高的现代玻璃衍装饰物。

方案强调种植空间的塑造和花卉色彩的应用，结合现代硬质装饰元素和景观照明的综合应用，打造色彩斑斓的梦幻庭园空间。

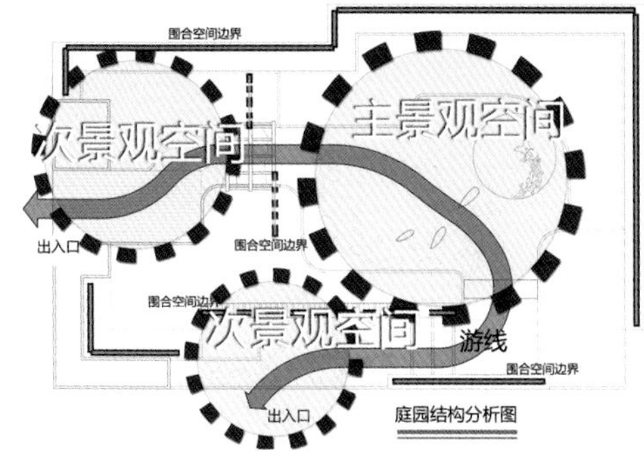
围合空间边界
次景观空间
主景观空间
出入口
围合空间边界
围合空间边界
次景观空间
游线
围合空间边界
出入口
庭园结构分析图

Living Children's Garden

北京清润国际建筑设计研究有限公司

设计者：赵娜　杜晓晴

本设计旨在利用植物特性营造充满生机和活力的儿童游戏花园，不同于普通的游乐场，这里的沙坑被植物包围，帐篷、廊架、亭子、围墙、大门由生长变化的柳树编织而成，滑梯设置在开满花草的山坡上，探索洞穿过种植着岩生花卉的土丘，树桩汀步穿梭在碎石花草间，树屋与平衡木桩在浪漫的枫树之下，犹如进入植物的梦幻空间，让孩子们在生机盎然的游戏花园中尽情玩耍。同时利用废弃的轮胎，涂上色彩，种上花草，形成充满趣味性的保护带和台阶，塑造一个充满生长与变化、活力与趣味的游戏空间。

在种植池种植金叶女贞、木槿作为绿篱，红枫点缀边界。在草坡上点缀岩石，种植岩生花卉，并将柳树以编织的形式种植在草坡边缘，形成柳帐和柳廊。在轮胎种植池种植可更换的时令花卉，汀步周围放置碎石、种植草本花卉，形成迷你花园景观。在汀步北端种植元宝枫，形成林下游戏空间。在汀步南端设置柳树编织而成的亭子，场地边缘以柳树编织的篱笆围合，入口拱门亦采用柳树编织而成，使整个空间通过植物的生长变化，充满生机。

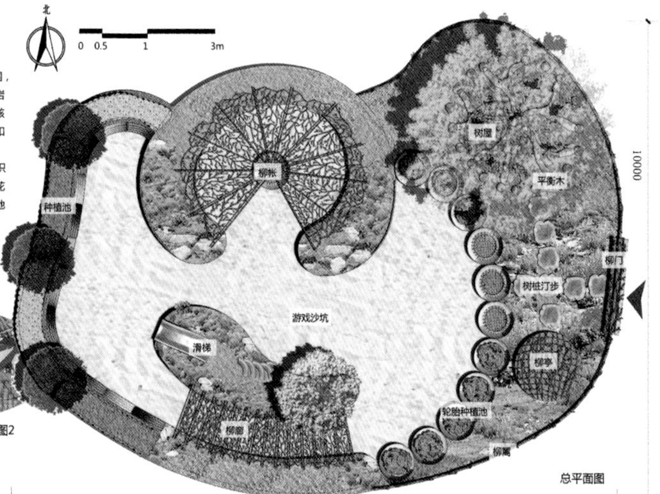
北
0 0.5 1 3m
10000
13500
柳帐
树屋
平衡木
种植池
柳门
树桩汀步
游戏沙坑
滑梯
柳亭
轮胎种植池
柳廊
柳篱
总平面图

人视效果图1
人视效果图2
鸟瞰图1
鸟瞰图2

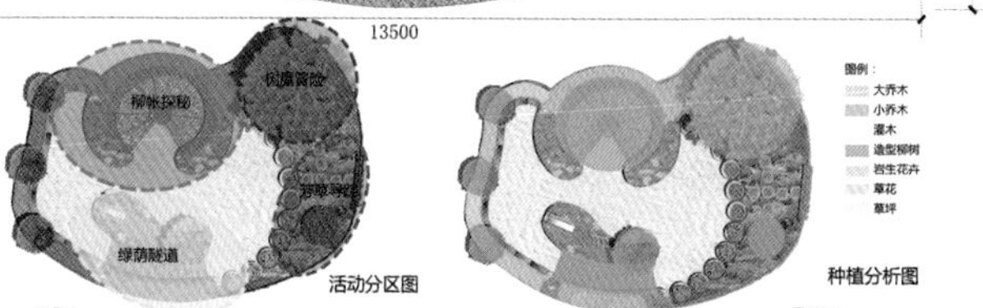
活动分区图
种植分析图

造型柳树构筑示意图

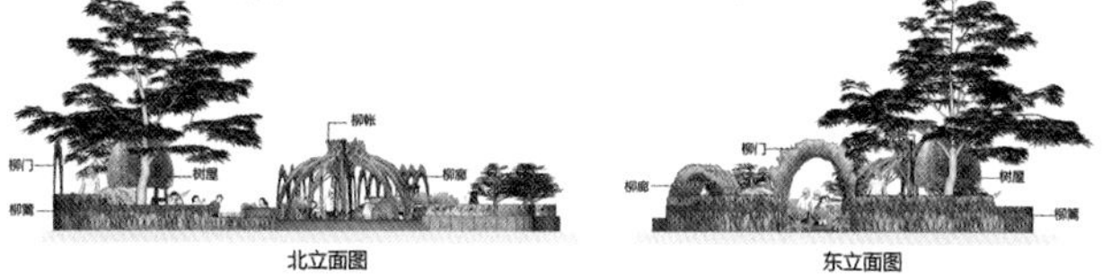
柳帐
柳门
柳篱
柳廊
树屋
北立面图
东立面图

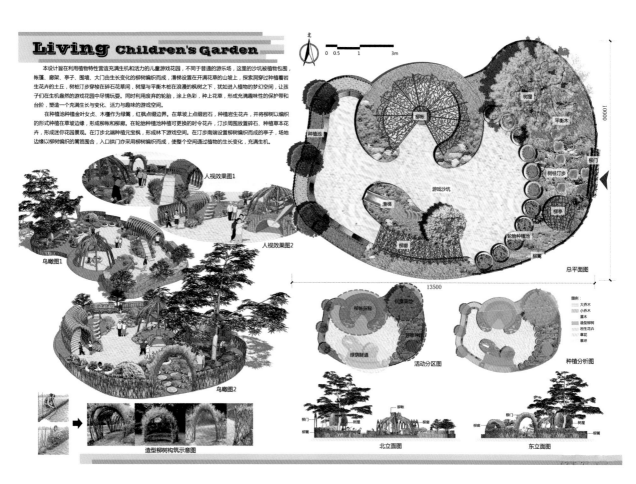

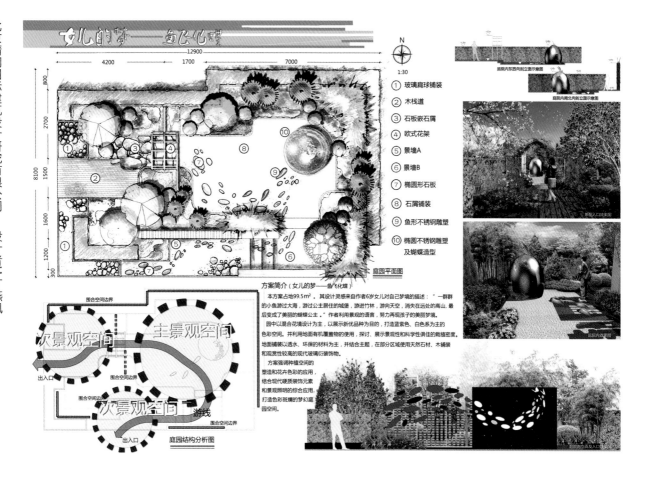

境界——无限绿色世界

笛东规划设计（北京）股份有限公司

设计者：王超　何俞宣　拓燊

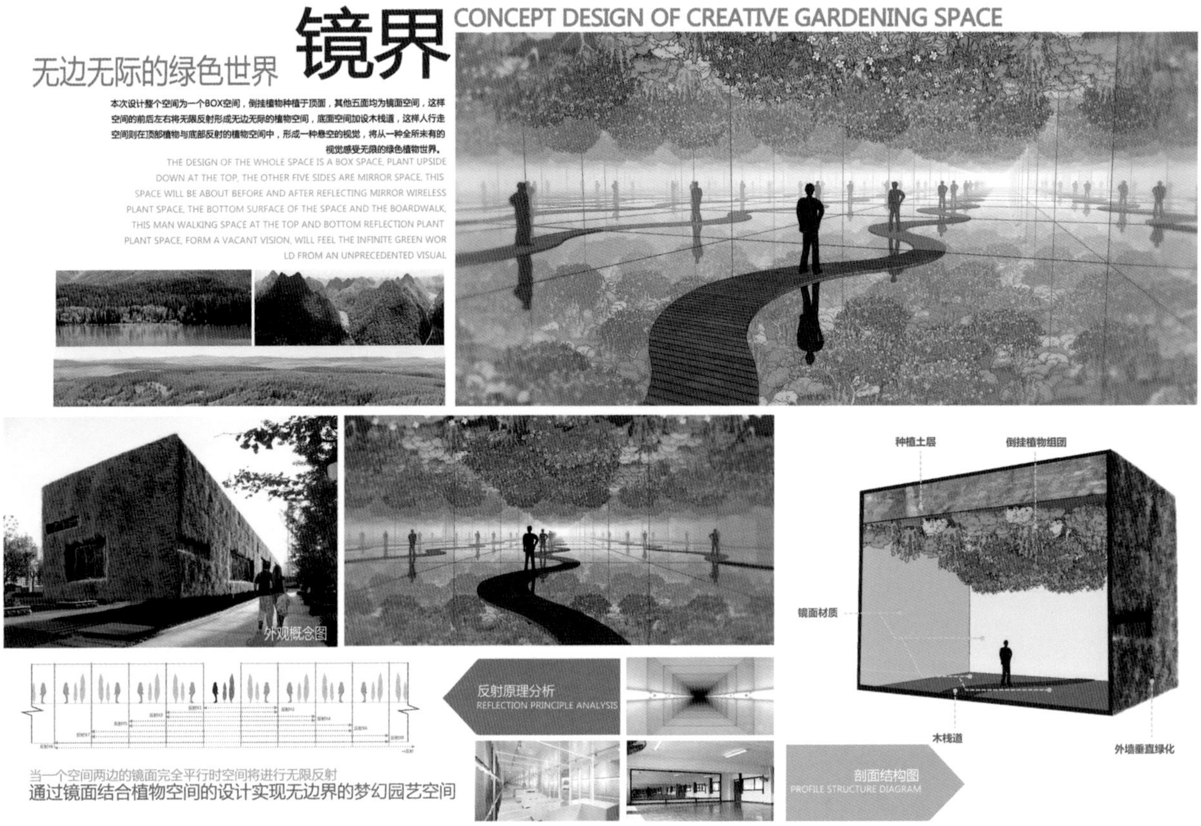
镜界
CONCEPT DESIGN OF CREATIVE GARDENING SPACE
无边无际的绿色世界
本次设计整个空间为一个BOX空间，倒挂植物种植于顶面，其他五面均为镜面空间，这样空间的前后左右将无限反射形成无边无际的植物空间，底面空间加设木栈道，这样人行走空间则在顶部植物与底部反射的植物空间中，形成一种悬空的视觉，将从一种全所未有的视觉感受无限的绿色植物世界。
THE DESIGN OF THE WHOLE SPACE IS A BOX SPACE, PLANT UPSIDE DOWN AT THE TOP, THE OTHER FIVE SIDES ARE MIRROR SPACE, THIS SPACE WILL BE ABOUT BEFORE AND AFTER REFLECTING MIRROR WIRELESS PLANT SPACE, THE BOTTOM SURFACE OF THE SPACE AND THE BOARDWALK, THIS MAN WALKING SPACE AT THE TOP AND BOTTOM REFLECTION PLANT PLANT SPACE, FORM A VACANT VISION, WILL FEEL THE INFINITE GREEN WORLD FROM AN UNPRECEDENTED VISUAL
外观概念图
种植土层
倒挂植物组团
镜面材质
木栈道
外墙垂直绿化
反射原理分析
REFLECTION PRINCIPLE ANALYSIS
剖面结构图
PROFILE STRUCTURE DIAGRAM
当一个空间两边的镜面完全平行时空间将进行无限反射
通过镜面结合植物空间的设计实现无边界的梦幻园艺空间

森林农场

笛东规划设计（北京）股份有限公司

设计者：马一鸣　宋婉竹　陆静

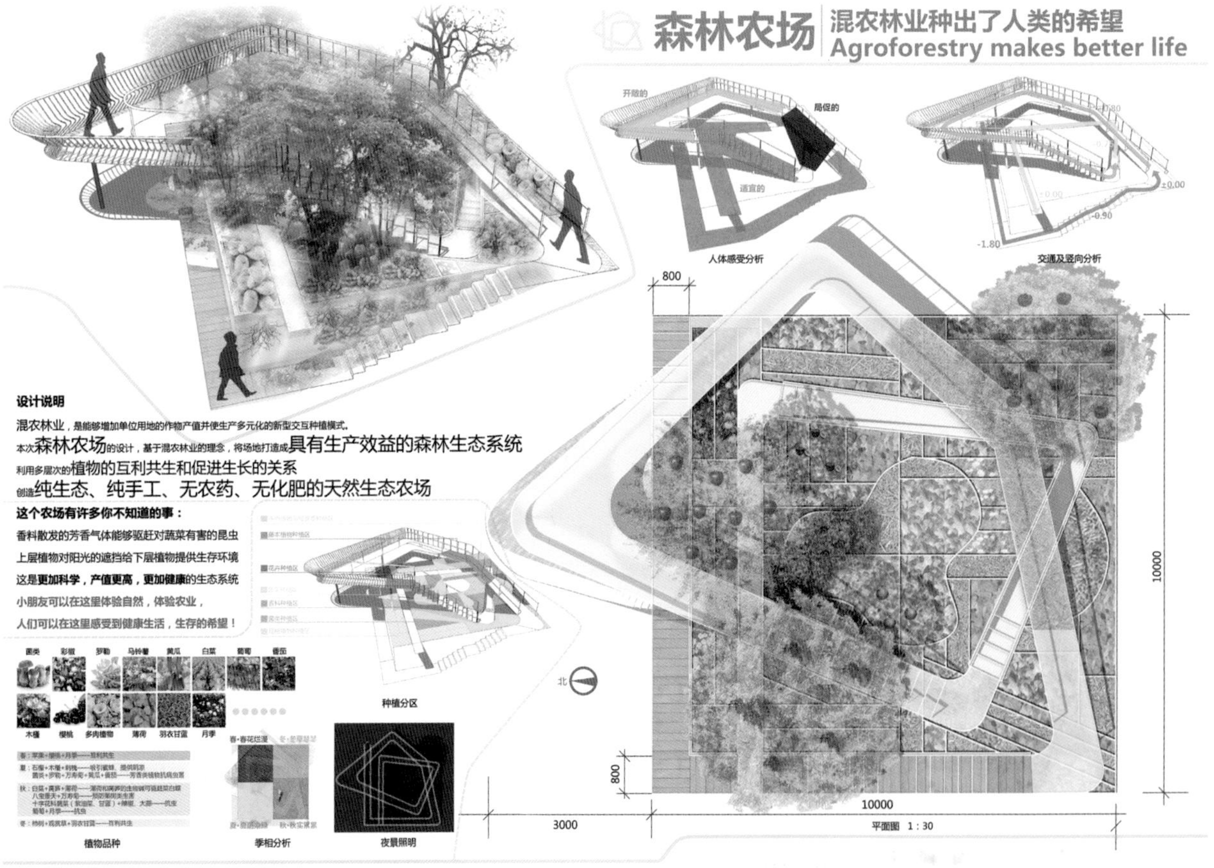
森林农场
混农林业种出了人类的希望
Agroforestry makes better life
开敞的
局促的
适宜的
人体感受分析
±0.00
-0.90
-1.80
交通及竖向分析
设计说明
混农林业，是能够增加单位用地的作物产值并使生产多元化的新型交互种植模式。
本次森林农场的设计，基于混农林业的理念，将场地打造成具有生产效益的森林生态系统
利用多层次的植物的互利共生和促进生长的关系
创造纯生态、纯手工、无农药、无化肥的天然生态农场
这个农场有许多你不知道的事：
香料散发的芳香气体能够驱赶对蔬菜有害的昆虫
上层植物对阳光的遮挡给下层植物提供生存环境
这是更加科学，产值更高，更加健康的生态系统
小朋友可以在这里体验自然，体验农业，
人们可以在这里感受到健康生活，生存的希望！
菌类
彩椒
萝勒
马铃薯
黄瓜
白菜
葡萄
番茄
木槿
樱桃
多肉植物
薄荷
羽衣甘蓝
月季
植物品种
种植分区
季相分析
夜景照明
800
800
10000
10000
3000
北
平面图 1：30

成长创意园

北京市园林古建设计研究院有限公司　设计者：牛垈

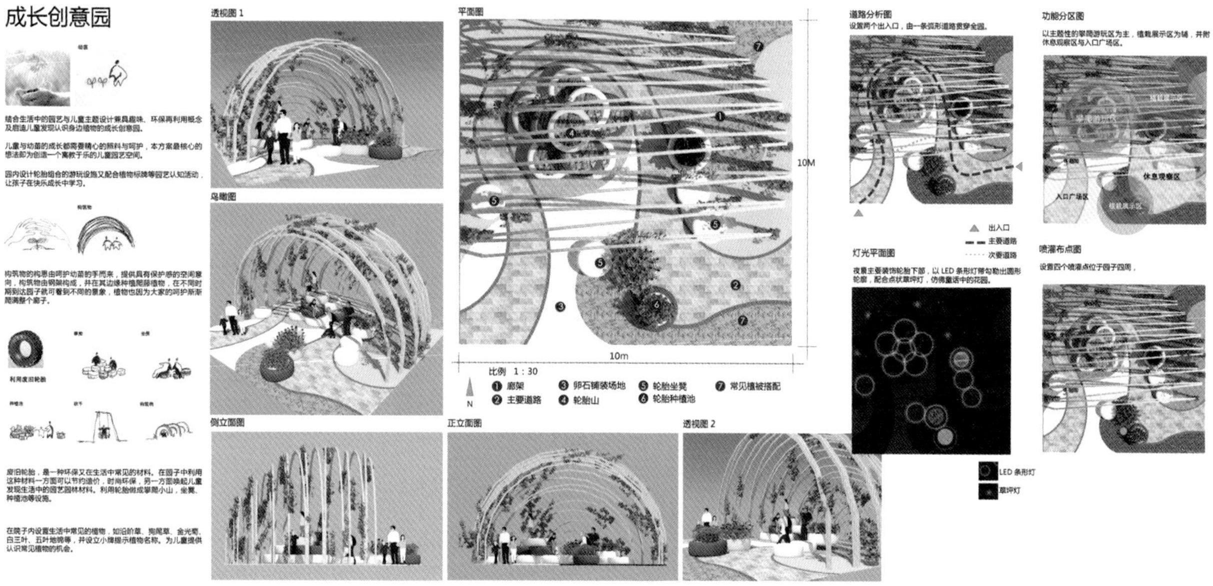

楚汉棋园

北京天下原色聚落景观艺术设计有限公司　设计者：马伟　贾天宇

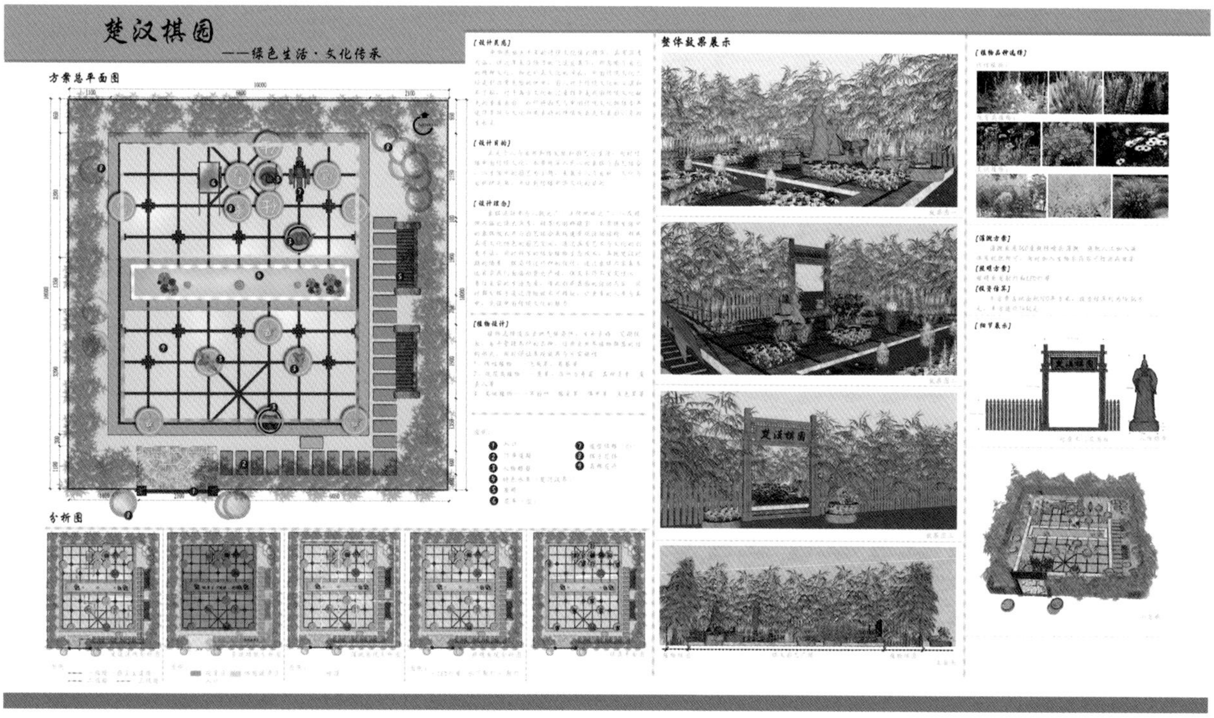

穹顶之下的呼吸

北京景观园林设计有限公司　　设计者：杜丹妮　俞童　宋伟松

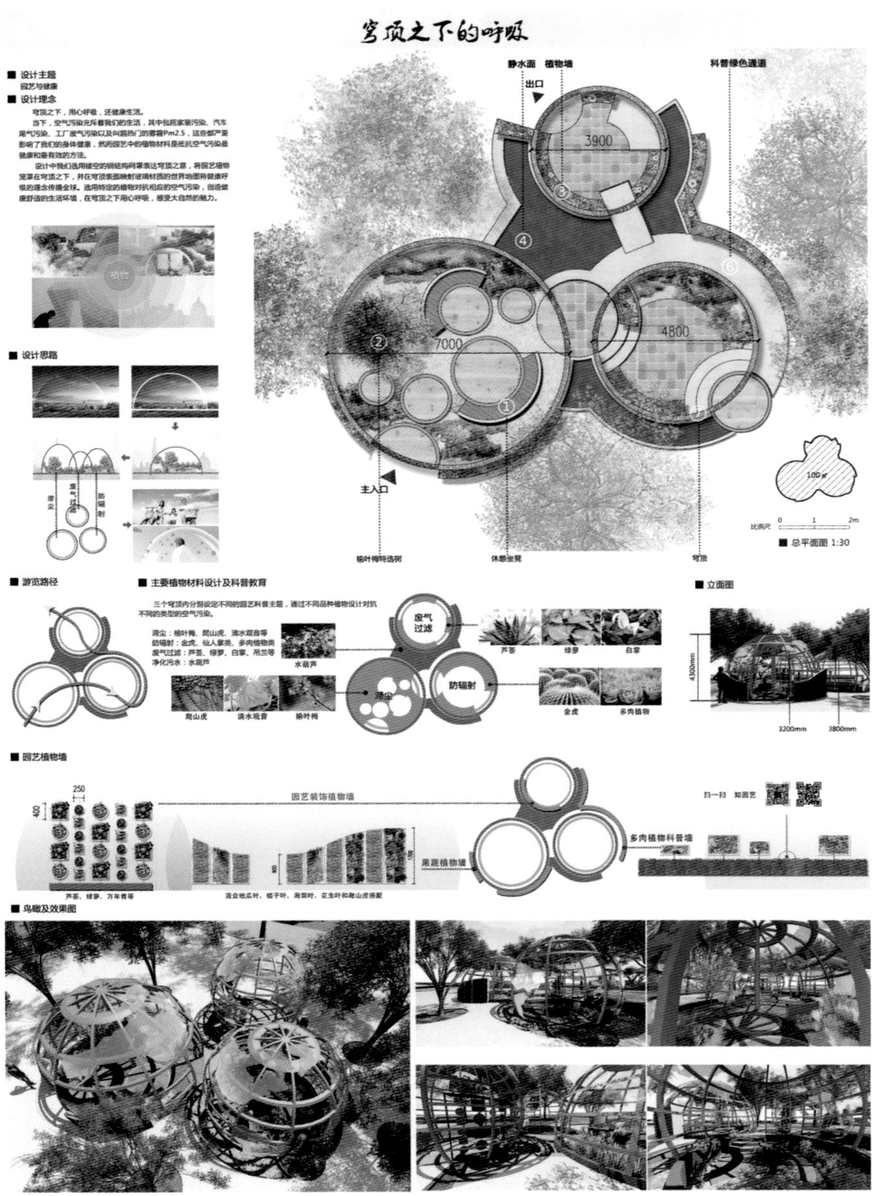

邂逅三叶草花园，回归简单漫生活

北京中外建建筑设计有限公司园林设计所　　设计者：桂琳丽　聂新龙　汤荣豪

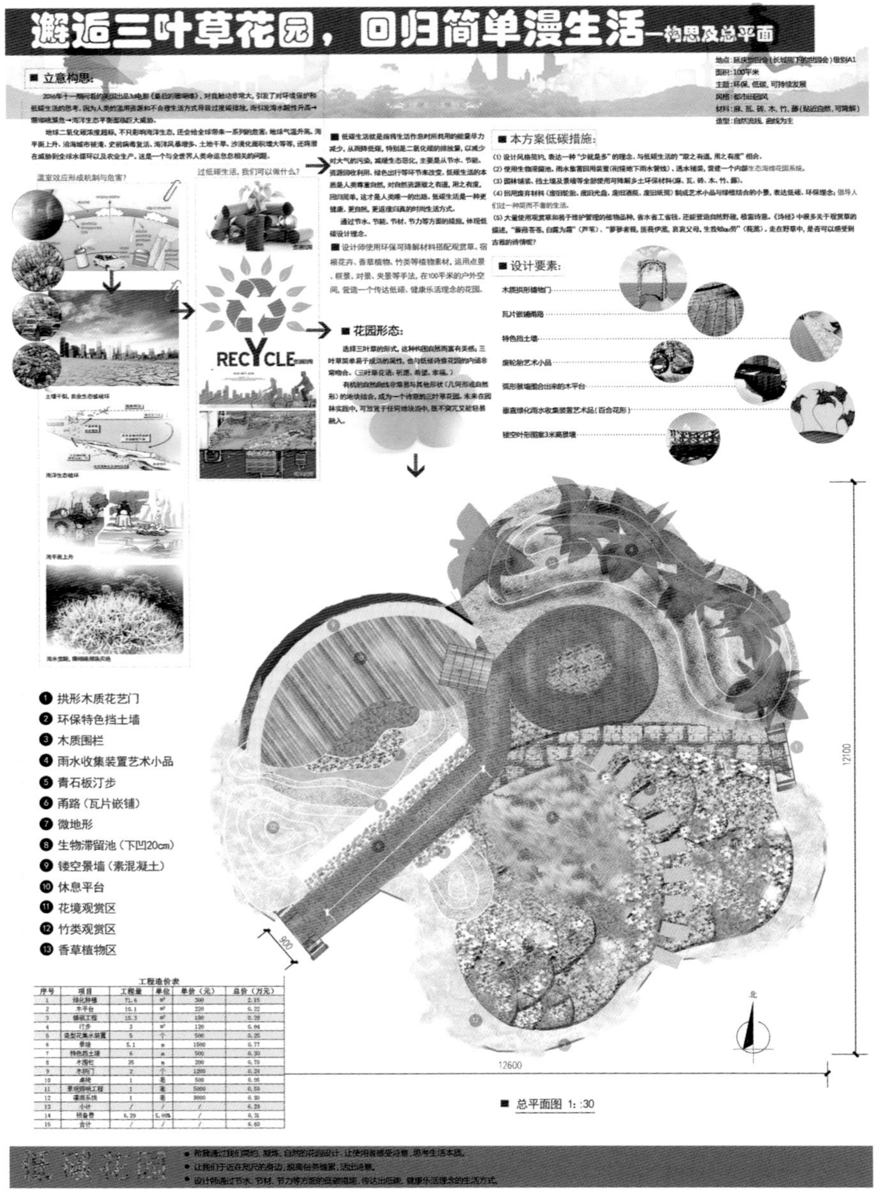

Sokoban花园

北京市园林古建设计研究院有限公司　设计者：刘辰晓

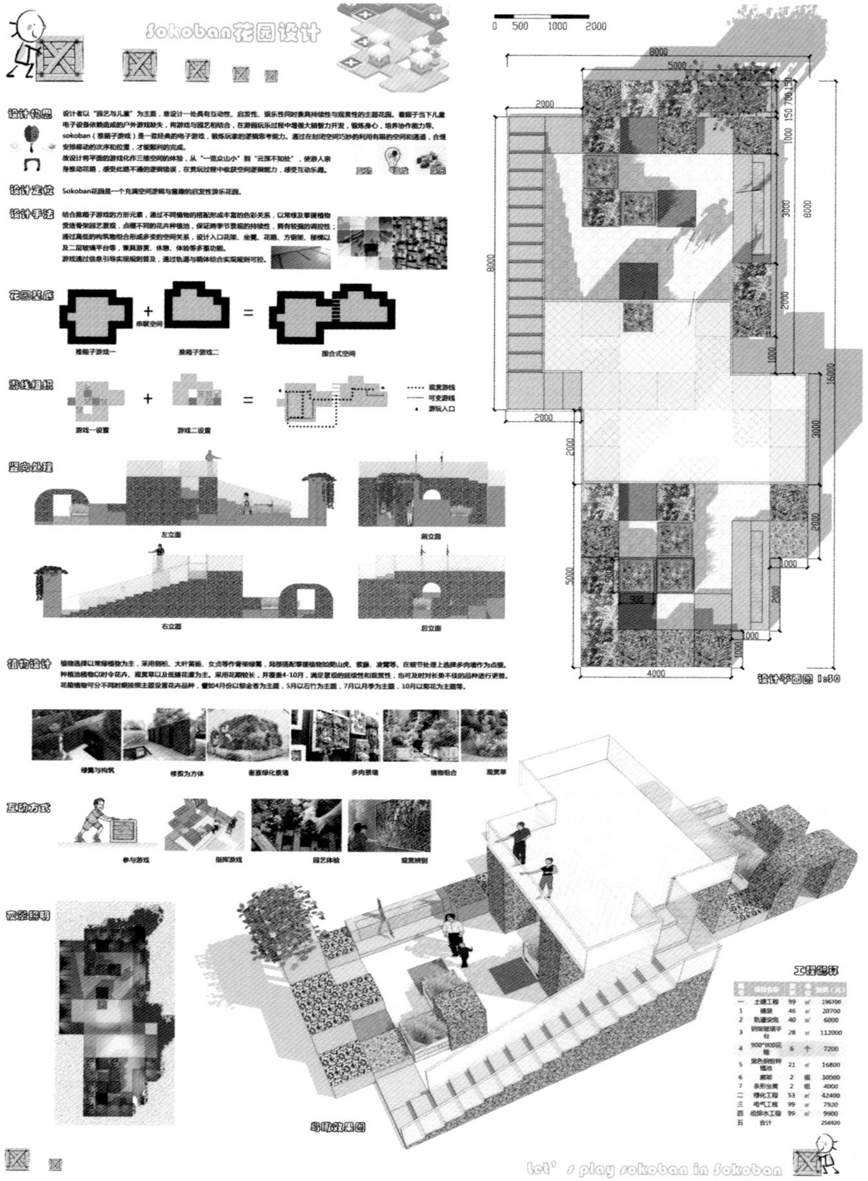

幻想国

北京景观园林设计有限公司　设计者：于梦璇　高帆

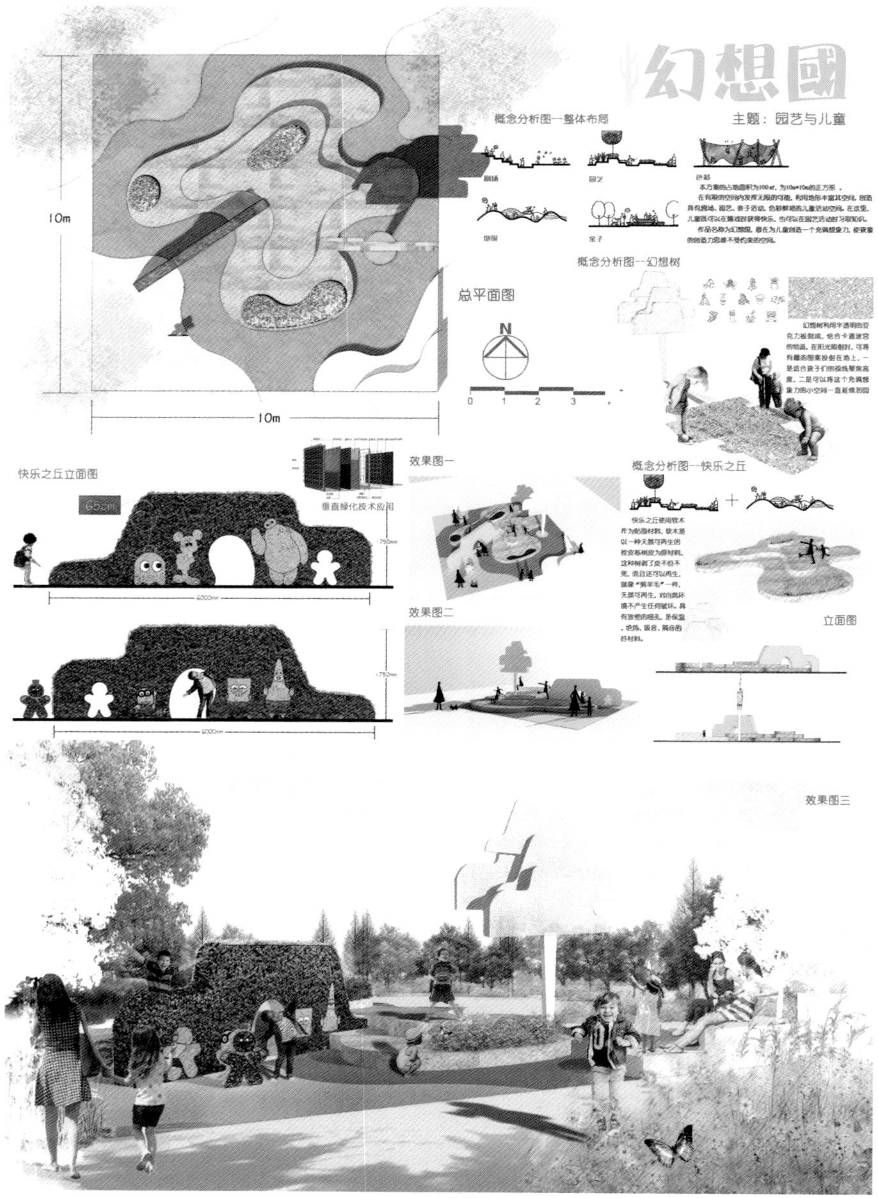

印象四季

北京市海淀园林工程设计所　设计者：张成敏

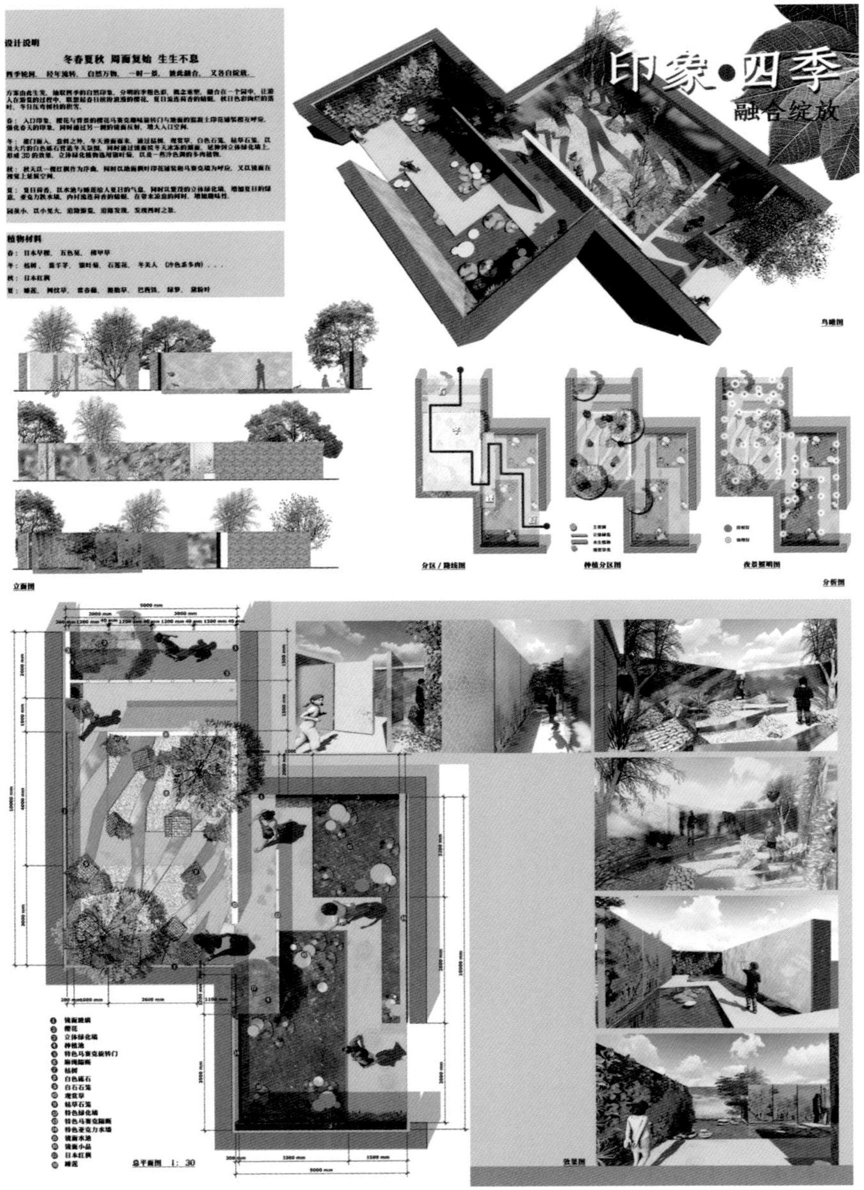

花野蝶踪——流淌的色彩花园

北京创新景观园林设计有限责任公司　设计者：董天翔

花野蝶踪
——流淌的色彩花園

以蝴蝶和花作为主题设计元素，展园由蝴蝶形铺装和条带状种植槽组成。种植槽呈波浪起伏状，栽植色彩不一的蜜源植物，形成高高低低此起彼伏的花浪景观，吸引蝴蝶到来，同时提供富有变化的视觉体验。

展园设计了三个蝴蝶主题低碳小品，作为夜景照明的主要光源。在花丛中设置多处高低不同的太阳能光柱，柱顶为蝴蝶形状的太阳能板，为展园夜间照明提供能源；此外，游人可以通过扫描其上二维码获取北京地区常见野生蝴蝶的相关信息。

展园采用自然生态的建造材料，保证场地的透水性和生态性，体现环保、低碳、可持续发展的理念。

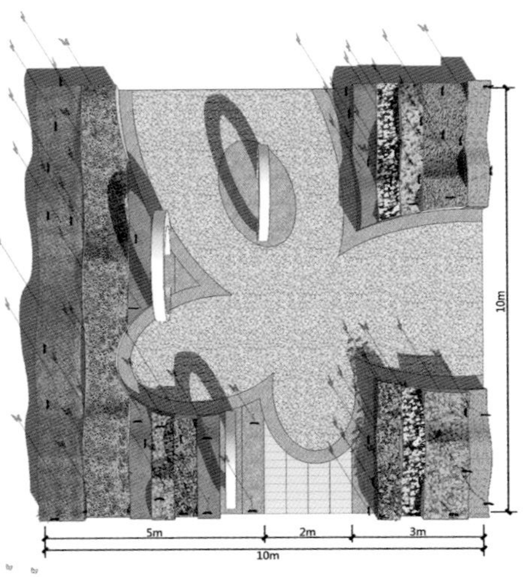

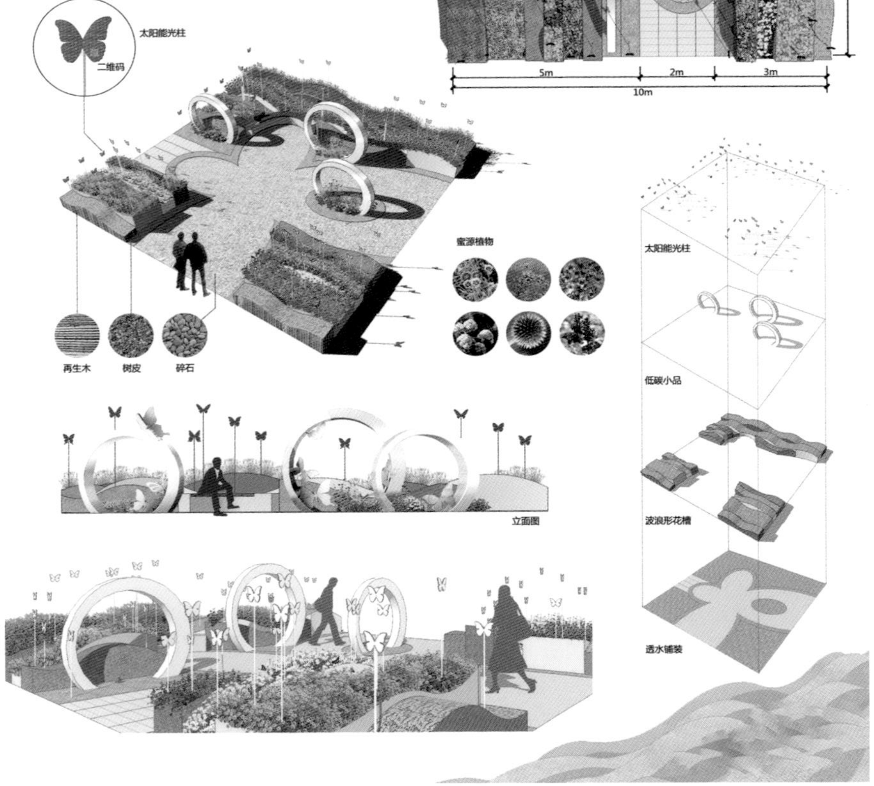

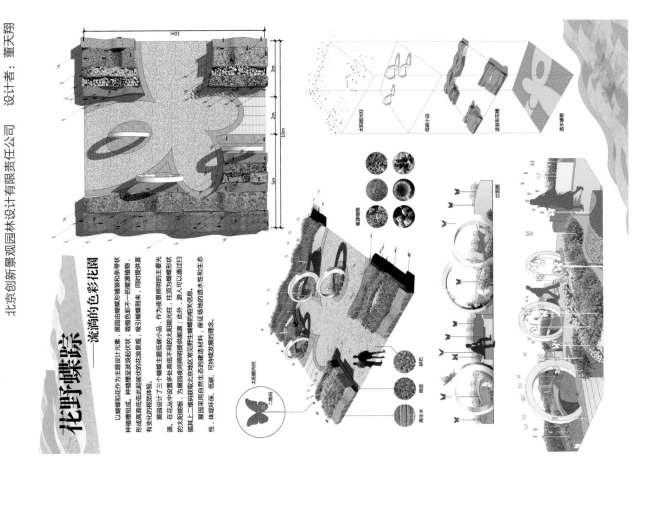

爱的萌芽——植物与健康亲子体验园

北京源树景观规划设计事务所　　设计者：王朝举　王舒欣　宋欢

纸趣

北京京林联合景观规划设计院有限公司　　设计者：谢颖芳　梁文敏

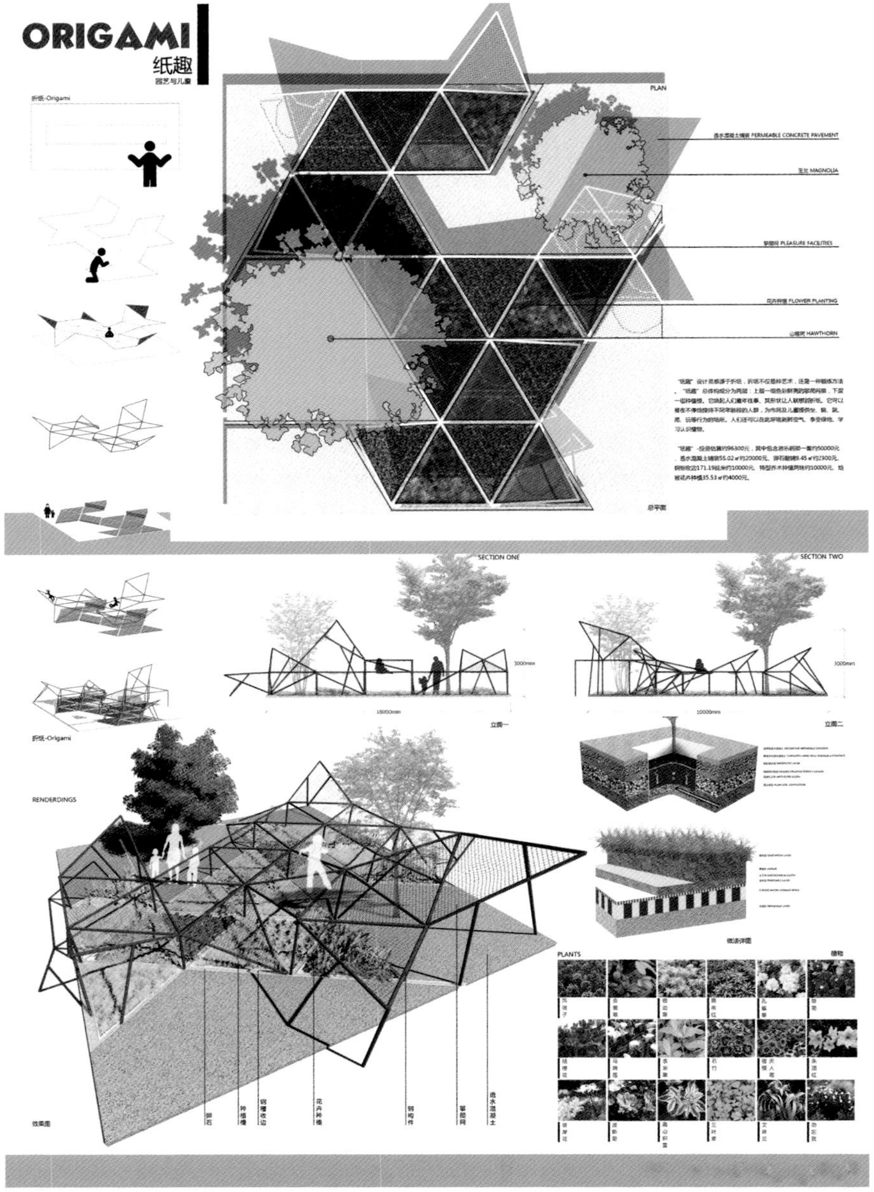

“辐荫”时代

北京源树景观规划设计事务所　设计者：刘美洋　赵冉　罗会亮

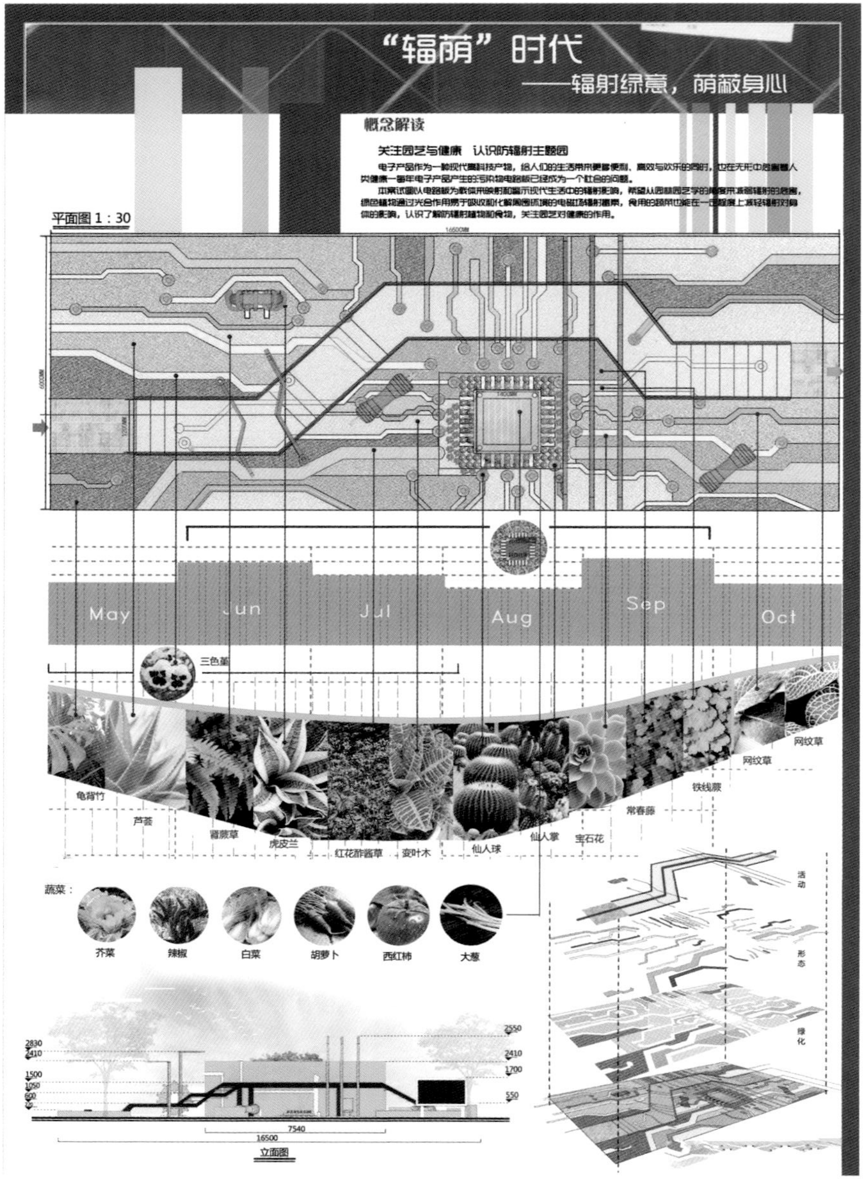

奶奶院子里的味道

北京源树景观规划设计事务所　设计者：龚春伟　刘二保　杨妍

树花园

易兰（北京）规划设计股份有限公司　　设计者：徐思婧　佘惠雯

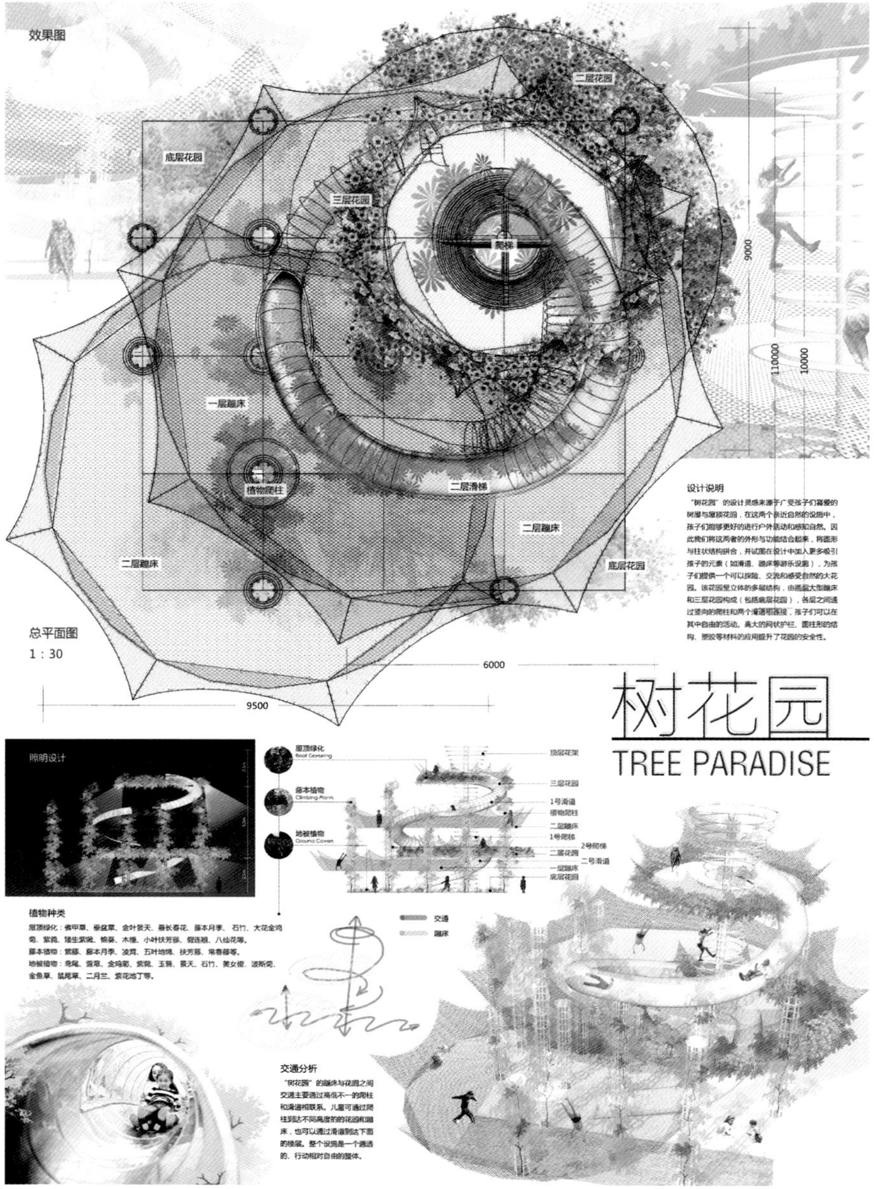
效果图
底层花园
二层花园
三层花园
一层蹦床
二层蹦床
二层滑梯
植物爬柱
底层花园
总平面图
1：30
9000
110000
10000
6000
9500
设计说明
“树花园”的设计灵感来源于广受孩子们喜爱的树屋与屋顶花园，在这两个亲近自然的设施中，孩子们能够更好的进行户外活动和感知自然。因此我们将这两者的外形与功能结合起来，将圆形与柱状结构拼合，并试图在设计中加入更多吸引孩子的元素（如滑道、蹦床等游乐设施），为孩子们提供一个可以探险、交流和感受自然的大花园。该花园呈立体的多层结构，由两层大型蹦床和三层花园构成（包括底层花园），各层之间通过竖向的爬柱和两个滑道相连接，孩子们可以在其中自由的活动。高大的网状护栏、圆柱形的结构、塑胶等材料的应用提升了花园的安全性。
树花园
TREE PARADISE
照明设计
屋顶绿化
Roof Greening
藤本植物
Climbing Plants
地被植物
Ground Covers
顶层花架
三层花园
1号滑道
植物爬柱
二层蹦床
1号爬柱
二层花园
2号爬梯
2号滑道
一层蹦床
底层花园
交通
蹦床
植物种类
交通分析
“树花园”的蹦床与花园之间交通主要通过高低不一的爬柱和滑道相联系。儿童可通过爬柱到达不同高度的花园和蹦床，也可以通过滑道到达下面的楼层。整个设施是一个通透的、行动相对自由的整体。

听雨倚翠

北京市园林科学研究院　　设计者：李泽卿　张楚　马路遥

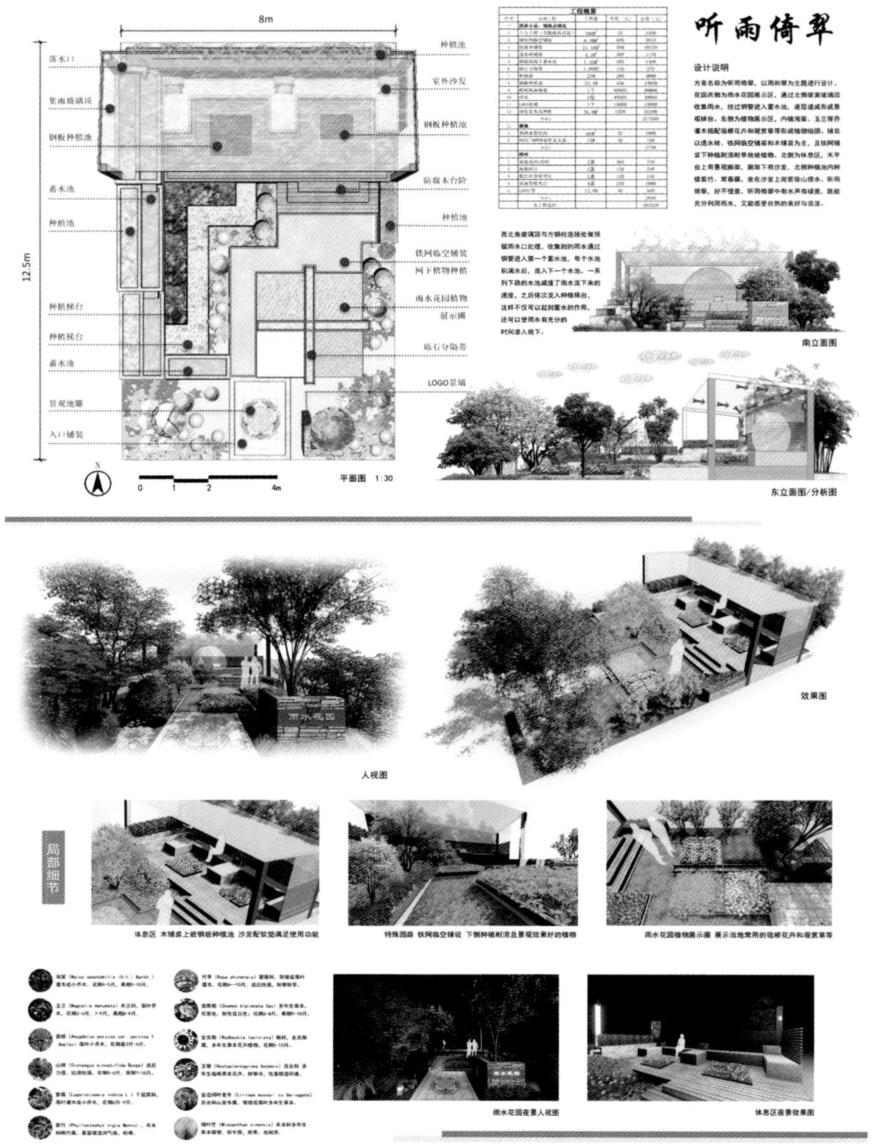
听雨倚翠
设计说明
方案名称为听雨倚翠，以雨和翠为主题进行设计。花园西侧为雨水花园展示区，通过北侧坡面玻璃顶收集雨水，经过钢管进入蓄水池，逐层递减形成景观梯台。东侧为植物展示区，内植海棠、玉兰等乔灌木搭配宿根花卉和观赏草等形成植物组团。铺装以透水砖、铁网临空铺装和木铺装为主，且铁网铺装下种植耐涝耐旱地被植物。北侧为休息区，木平台上有景观廊架，廊架下有沙发，北侧种植池内种植紫竹、常春藤，坐在沙发上宛若依山傍水、听雨倚翠，好不惬意。听雨倚翠中有水声有绿意，既能充分利用雨水，又能感受自然的美好与活泼。
工程概算
8m
12.5m
落水口
集雨玻璃顶
钢板种植池
蓄水池
种植池
种植梯台
种植梯台
蓄水池
景观地雕
入口铺装
种植池
室外沙发
钢板种植池
防腐木台阶
种植池
铁网临空铺装
网下植物种植
雨水花园植物
展示牌
砾石分隔带
LOGO景墙
平面图　1:30
南立面图
东立面图/分析图
效果图
人视图
局部细节
休息区　木铺装上嵌钢板种植池　沙发配软垫满足使用功能
特殊园路　铁网临空铺设　下侧种植耐涝且景观效果好的植物
雨水花园植物展示墙　展示当地常用的宿根花卉和观赏草等
雨水花园夜景人视图
休息区夜景效果图

归源 · 恬居

北京腾远建筑设计有限公司　　设计者：宋岩　马俊会　冯锐

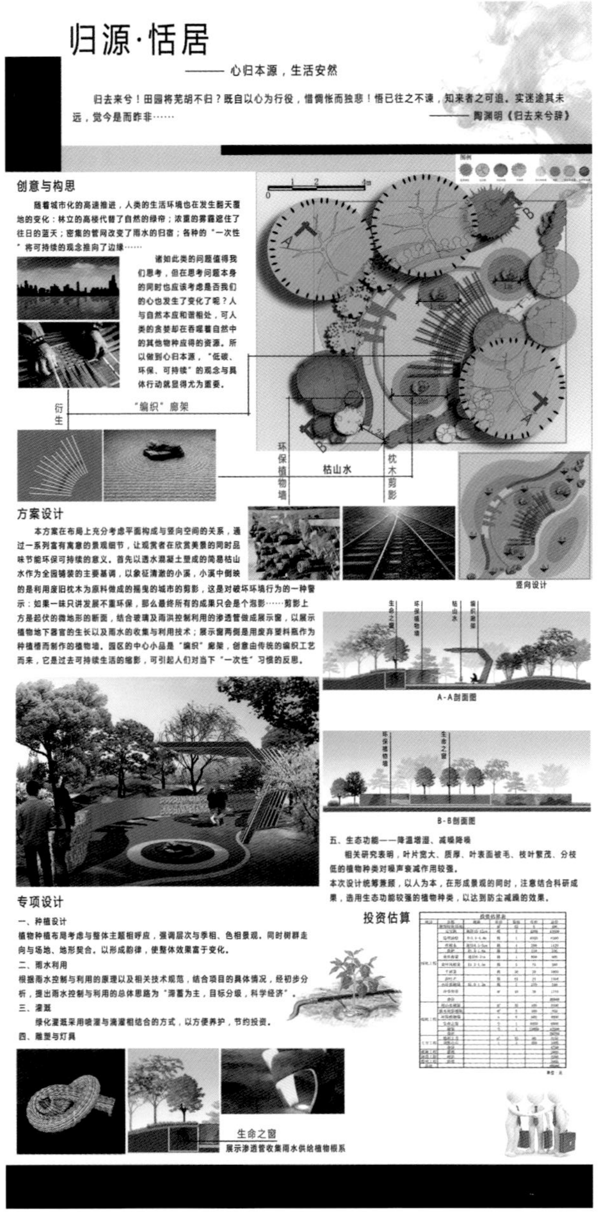
归源·恬居
——— 心归本源，生活安然
归去来兮！田园将芜胡不归？既自以心为行役，惜惆怅而独悲！悟已往之不谏，知来者之可追。实迷途其未远，觉今是而昨非……
——— 陶渊明《归去来兮辞》
创意与构思
随着城市化的高速推进，人类的生活环境也在发生翻天覆地的变化：林立的高楼代替了自然的绿帘；浓重的雾霾遮住了往日的蓝天；密集的管网改变了雨水的归宿；各种的“一次性”将可持续的观念推向了边缘……
诸如此类的问题值得我们思考，但在思考问题本身的同时也应该考虑是否我们的心也发生了变化了呢？人与自然本应和谐相处，可人类的贪婪却在吞噬着自然中的其他物种应得的资源。所以做到心归本源，“低碳、环保、可持续”的观念与具体行动就显得尤为重要。
衍生
“编织”廊架
环保植物墙
枯山水
枕木剪影
竖向设计
方案设计
本方案在布局上充分考虑平面构成与竖向空间的关系，通过一系列富有寓意的景观细节，让观赏者在欣赏美景的同时品味节能环保可持续的意义。首先以透水混凝土塑成的简易枯山水作为全园铺装的主要基调，以象征清澈的小溪，小溪中倒映的是利用废旧枕木为原料做成的摇曳的城市的剪影，这是对破坏环境行为的一种警示：如果一味只讲发展不重环保，那么最终所有的成果只会是个泡影……剪影上方是起伏的微地形的断面，结合玻璃及雨洪控制利用的渗透管做成展示窗，以展示植物地下器官的生长以及雨水的收集与利用技术；展示窗两侧是用废弃塑料瓶作为种植槽而制作的植物墙。园区的中心小品是“编织”廊架，创意由传统的编织工艺而来，它是过去可持续生活的缩影，可引起人们对当下“一次性”习惯的反思。
生命之窗
环保植物墙
枯山水
编织廊架
A-A剖面图
环保植物墙
生命之窗
B-B剖面图
五、生态功能——降温增湿、减噪降噪
相关研究表明，叶片宽大、质厚、叶表面被毛、枝叶繁茂、分枝低的植物种类对噪声衰减作用较强。
本次设计统筹兼顾，以人为本，在形成景观的同时，注意结合科研成果，选用生态功能较强的植物种类，以达到防尘减噪的效果。
专项设计
一、种植设计
植物种植布局考虑与整体主题相呼应，强调层次与季相、色相景观。同时树群走向与场地、地形契合。以形成韵律，使整体效果富于变化。
二、雨水利用
根据雨水控制与利用的原理以及相关技术规范，结合项目的具体情况，经初步分析，提出雨水控制与利用的总体思路为“滞蓄为主，目标分级，科学经济”。
三、灌溉
绿化灌溉采用喷灌与滴灌相结合的方式，以方便养护，节约投资。
四、雕塑与灯具
投资估算
生命之窗
展示渗透管收集雨水供给植物根系

天空之城

北京市园林古建设计研究院有限公司　　设计者：李青靓　钱峰　廖凌冰

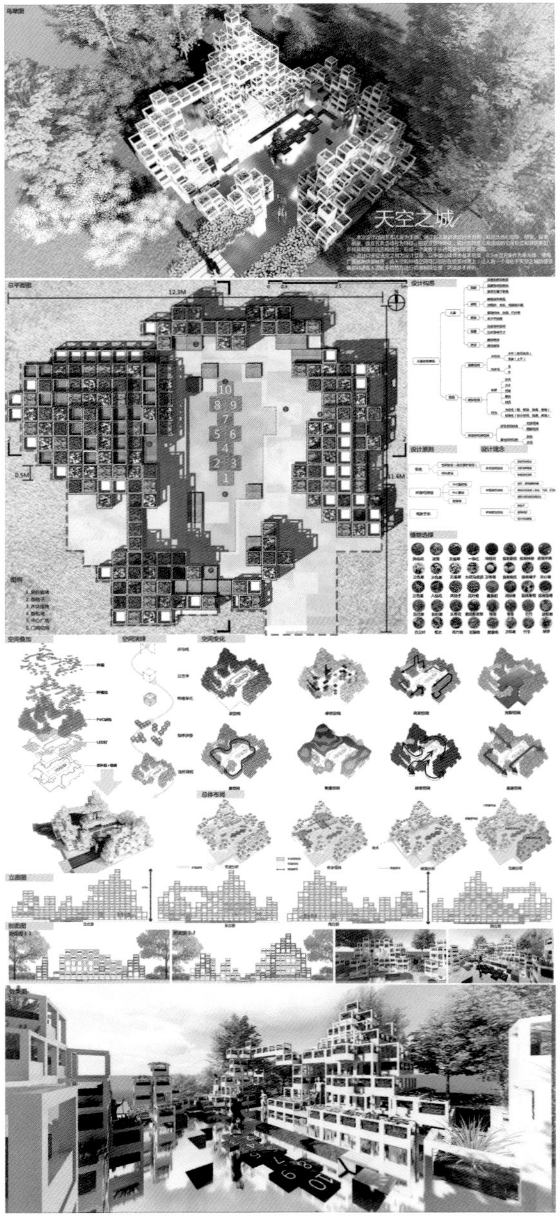
天空之城

儿童堡——甘蓝类植物展园

北京都会规划设计院　设计者：刘洋洋

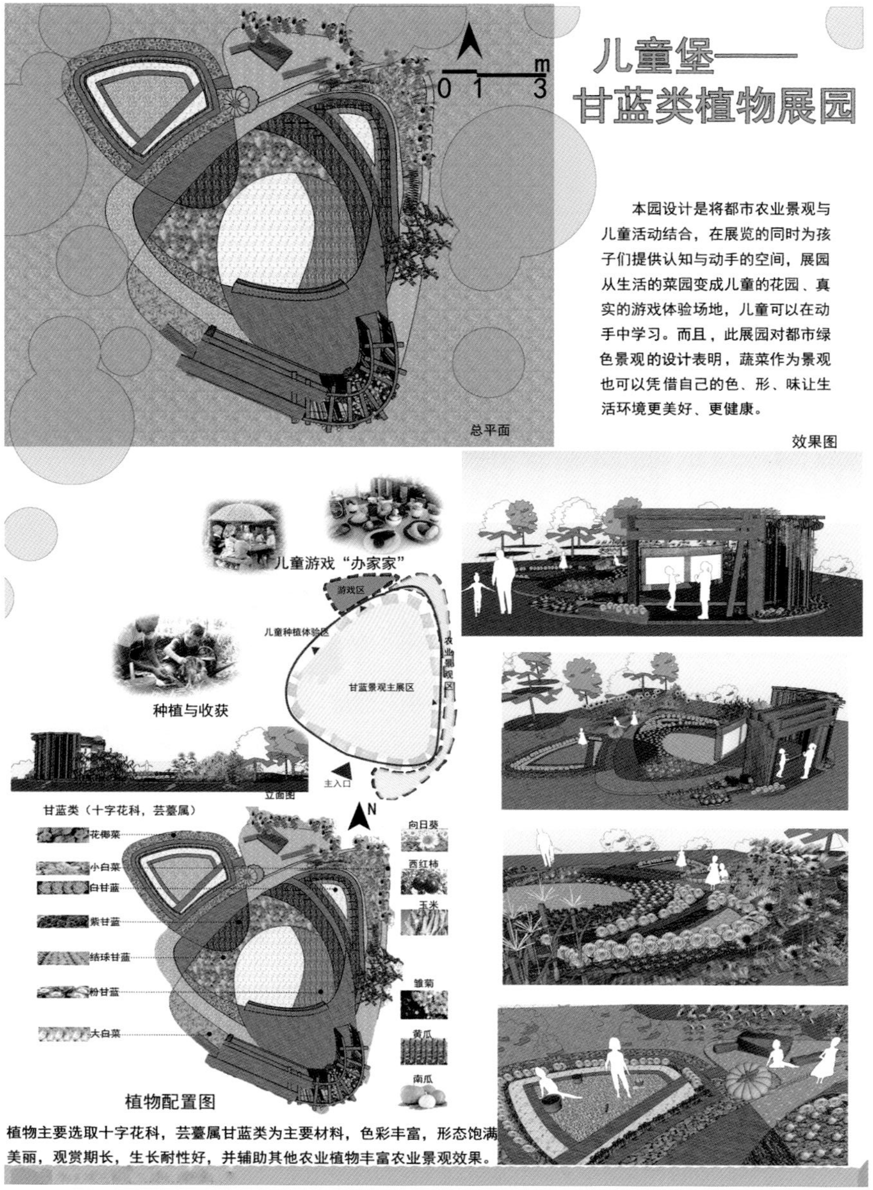

儿童堡——
甘蓝类植物展园
0 1 3 m
本园设计是将都市农业景观与儿童活动结合，在展览的同时为孩子们提供认知与动手的空间，展园从生活的菜园变成儿童的花园、真实的游戏体验场地，儿童可以在动手中学习。而且，此展园对都市绿色景观的设计表明，蔬菜作为景观也可以凭借自己的色、形、味让生活环境更美好、更健康。
总平面
效果图
儿童游戏“办家家”
游戏区
儿童种植体验区
甘蓝景观主展区
农业景观区
主入口
种植与收获
立面图
甘蓝类（十字花科，芸薹属）
花椰菜
小白菜
白甘蓝
紫甘蓝
结球甘蓝
粉甘蓝
大白菜
向日葵
西红柿
玉米
雏菊
黄瓜
南瓜
N
植物配置图
植物主要选取十字花科，芸薹属甘蓝类为主要材料，色彩丰富，形态饱满美丽，观赏期长，生长耐性好，并辅助其他农业植物丰富农业景观效果。

生命沙漏

笛东规划设计（北京）股份有限公司　设计者：邹余浩　陈曦

LIFE HOURGLASS 生命沙漏
1800
3100
2200
1200 1200 7000 1200 1200
地与天
地面

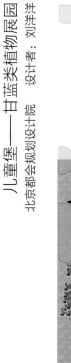

国内专业设计团队和个人设计师、园艺爱好者及达人组

“葫”中天地

上海市园林设计院有限公司　设计者：袁洪福　丁怡瑾　张醇琦

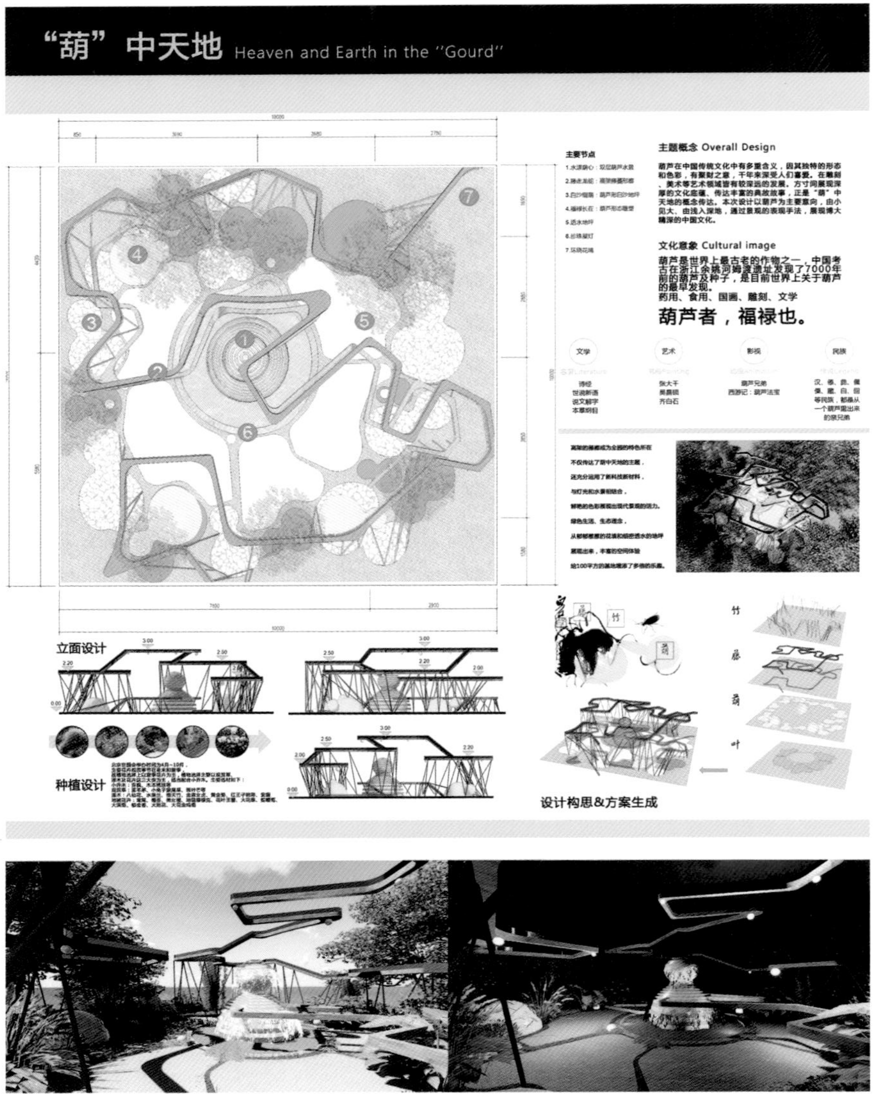

孩子们的积木花园

上海市政工程设计研究总院（集团）有限公司　设计者：吴浩源　宗士良

缤纷乐园

北京山水心源景观设计院有限公司　　设计者：肖瑶

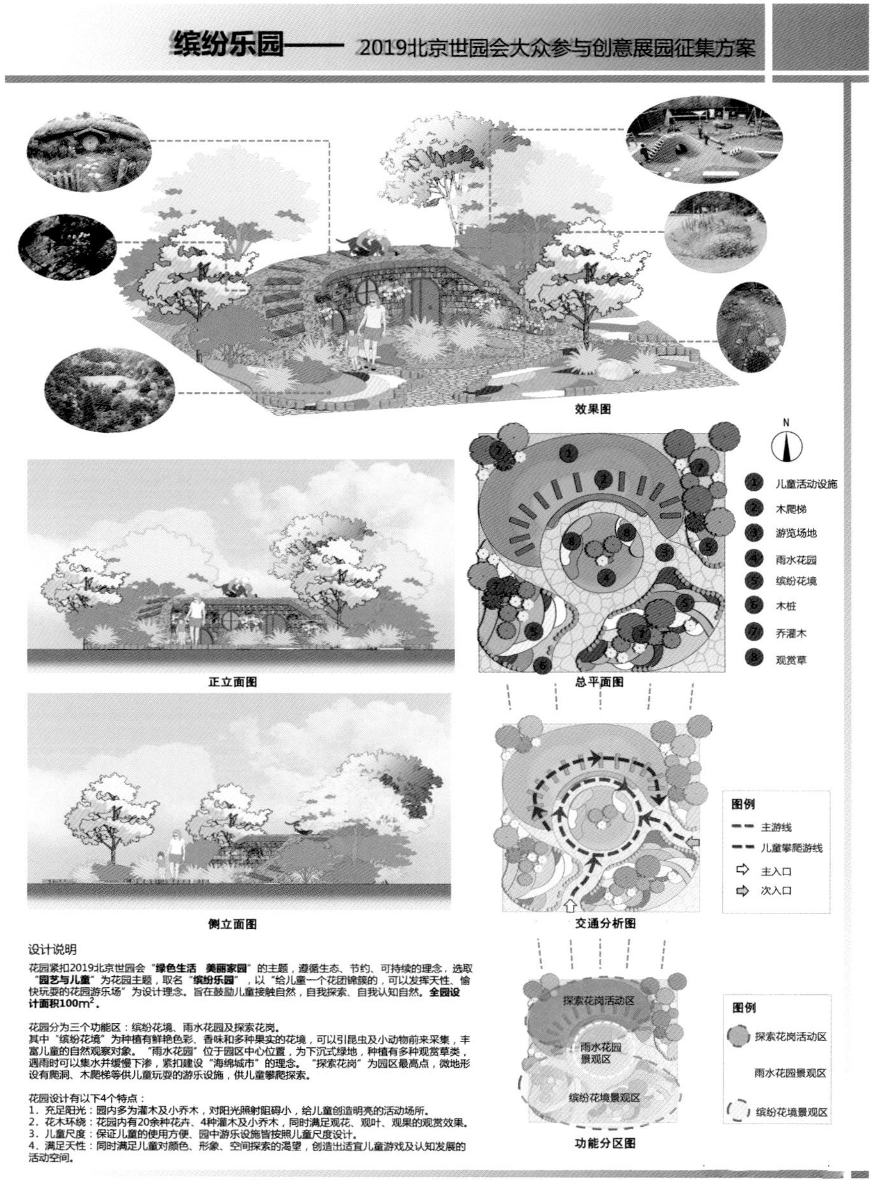

缤纷乐园——2019北京世园会大众参与创意展园征集方案
效果图
正立面图
侧立面图
总平面图
N
1 儿童活动设施
2 木爬梯
3 游览场地
4 雨水花园
5 缤纷花境
6 木桩
7 乔灌木
8 观赏草
交通分析图
图例
主游线
儿童攀爬游线
主入口
次入口
功能分区图
探索花岗活动区
雨水花园景观区
缤纷花境景观区
图例
探索花岗活动区
雨水花园景观区
缤纷花境景观区
设计说明
花园紧扣2019北京世园会“绿色生活　美丽家园”的主题，遵循生态、节约、可持续的理念，选取“园艺与儿童”为花园主题，取名“缤纷乐园”，以“给儿童一个花团锦簇的，可以发挥天性、愉快玩耍的花园游乐场”为设计理念。旨在鼓励儿童接触自然，自我探索、自我认知自然。全园设计面积100m²。
花园分为三个功能区：缤纷花境、雨水花园及探索花岗。
其中“缤纷花境”为种植有鲜艳色彩、香味和多种果实的花境，可以引昆虫及小动物前来采集，丰富儿童的自然观察对象。“雨水花园”位于园区中心位置，为下沉式绿地，种植有多种观赏草类，遇雨时可以集水并缓慢下渗，紧扣建设“海绵城市”的理念。“探索花岗”为园区最高点，微地形设有爬洞、木爬梯等供儿童玩耍的游乐设施，供儿童攀爬探索。
花园设计有以下4个特点：
1．充足阳光：园内多为灌木及小乔木，对阳光照射阻碍小，给儿童创造明亮的活动场所。
2．花木环绕：花园内有20余种花卉、4种灌木及小乔木，同时满足观花、观叶、观果的观赏效果。
3．儿童尺度：保证儿童的使用方便、园中游乐设施皆按照儿童尺度设计。
4．满足天性：同时满足儿童对颜色、形象、空间探索的渴望，创造出适宜儿童游戏及认知发展的活动空间。

渲·绚

济南园林集团景观设计有限公司　　设计者：李斌　题兆健　赵萌

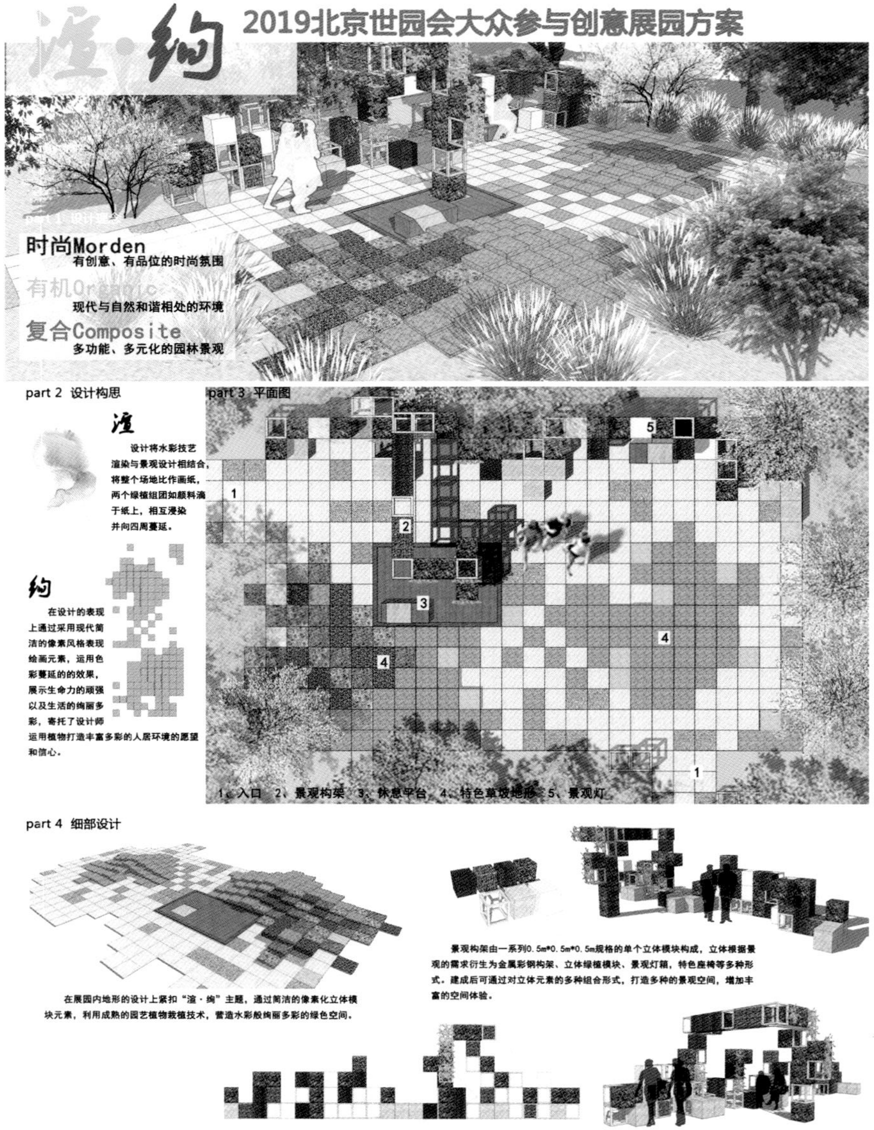

渲·绚
2019北京世园会大众参与创意展园方案
时尚Morden
有创意、有品位的时尚氛围
有机Organic
现代与自然和谐相处的环境
复合Composite
多功能、多元化的园林景观
part 2 设计构思
渲
设计将水彩技艺渲染与景观设计相结合，将整个场地比作画纸，两个绿植组团如颜料滴于纸上，相互浸染并向四周蔓延。
绚
在设计的表现上通过采用现代简洁的像素风格表现绘画元素，运用色彩蔓延的效果，展示生命力的顽强以及生活的绚丽多彩，寄托了设计师运用植物打造丰富多彩的人居环境的愿望和信心。
part 3 平面图
1、入口 2、景观构架 3、休息平台 4、特色草坡地形 5、景观灯
part 4 细部设计
在展园内地形的设计上紧扣“渲·绚”主题，通过简洁的像素化立体模块元素，利用成熟的园艺植物栽植技术，营造水彩般绚丽多彩的绿色空间。
景观构架由一系列0.5m*0.5m*0.5m规格的单个立体模块构成，立体根据景观的需求衍生为金属彩钢构架、立体绿植模块、景观灯箱，特色座椅等多种形式。建成后可通过对立体元素的多种组合形式，打造多种的景观空间，增加丰富的空间体验。

大漠魅影

新疆城乡规划设计研究院有限公司　设计者：刘晓凡　米正廷　闫绿南

2019北京世园会大众参与创意展园方案设计

拾园

园艺达人　设计者：潘雪

国内专业设计团队和个人设计师、园艺爱好者及达人组

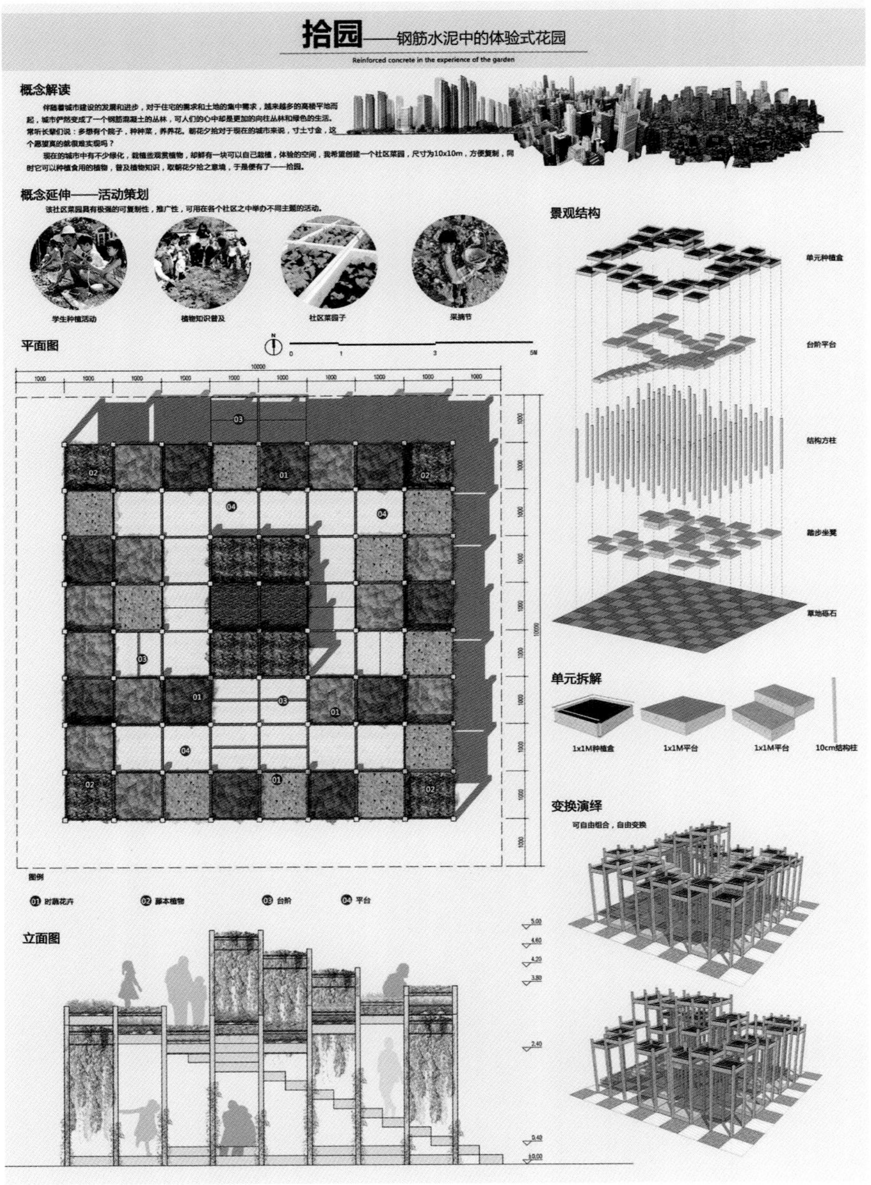

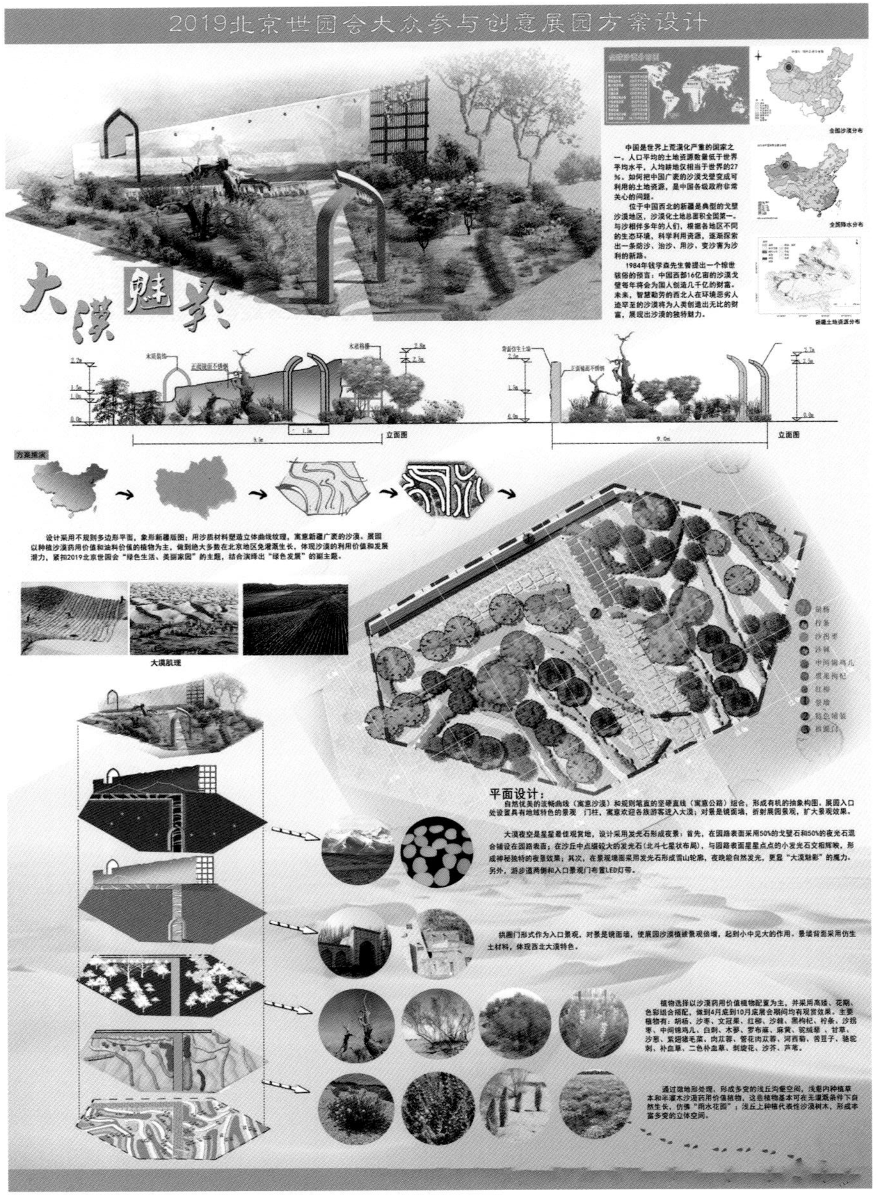

儿童乐园更新

新疆农业大学　设计者：唐长军

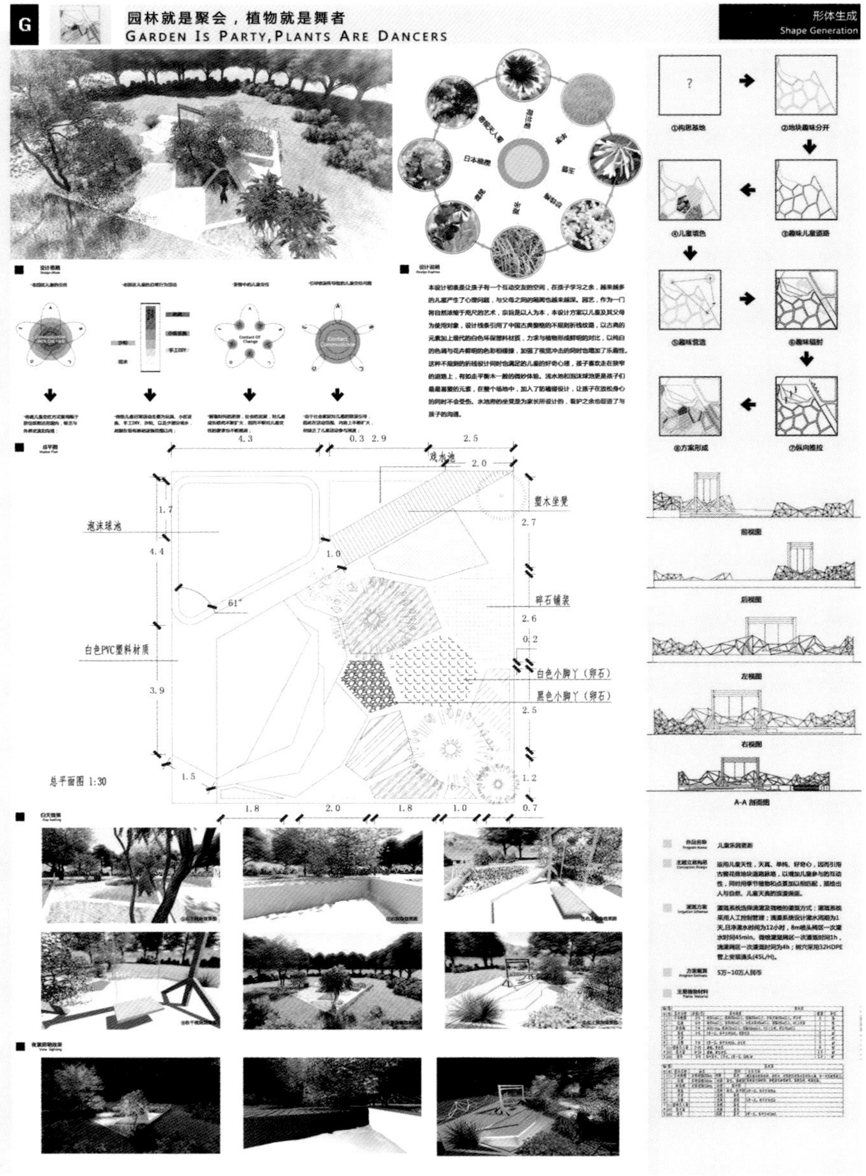

让儿童与植物一起成长主题乐园

园艺达人　设计者：葛超　张吉虎

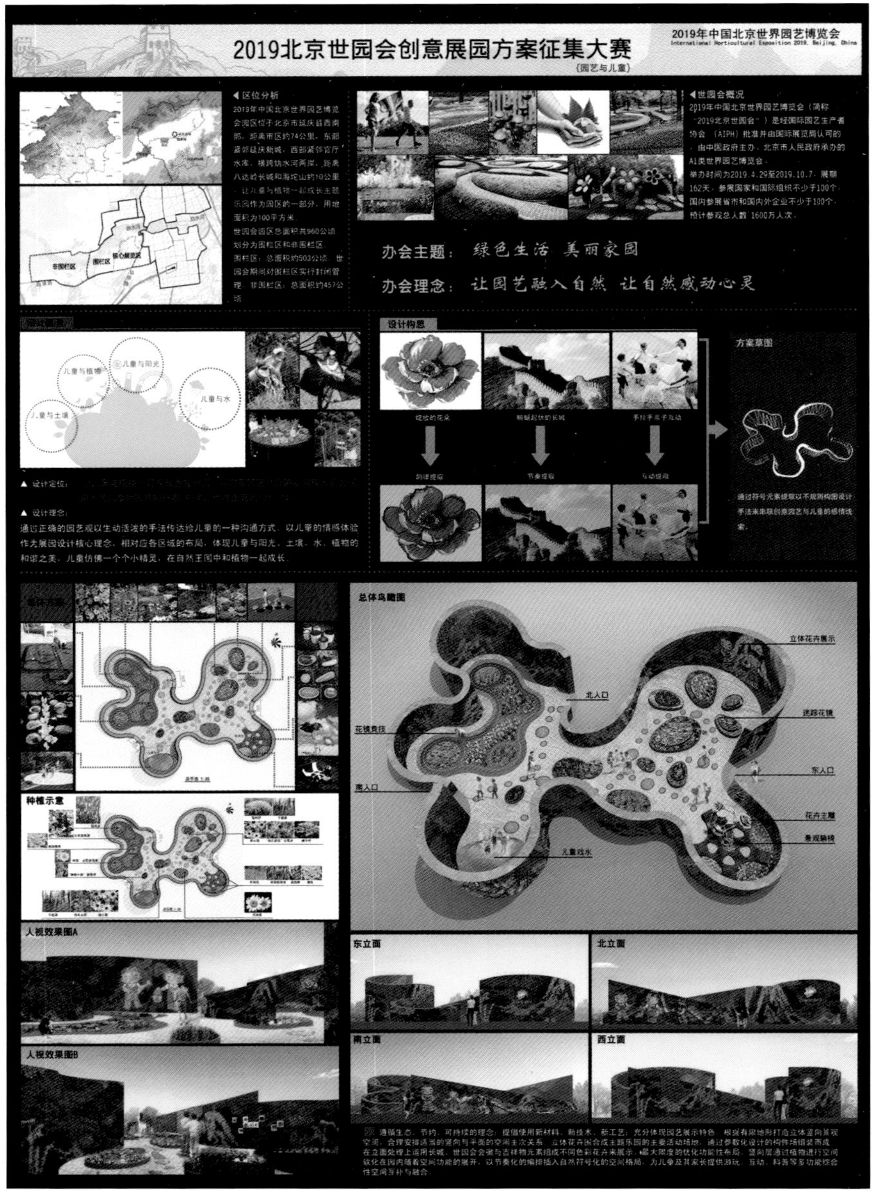

国内专业设计团队和个人设计师、园艺爱好者及达人组

海之歌

广州园林建筑规划设计院　设计者：曾荟馨　谢静瑶

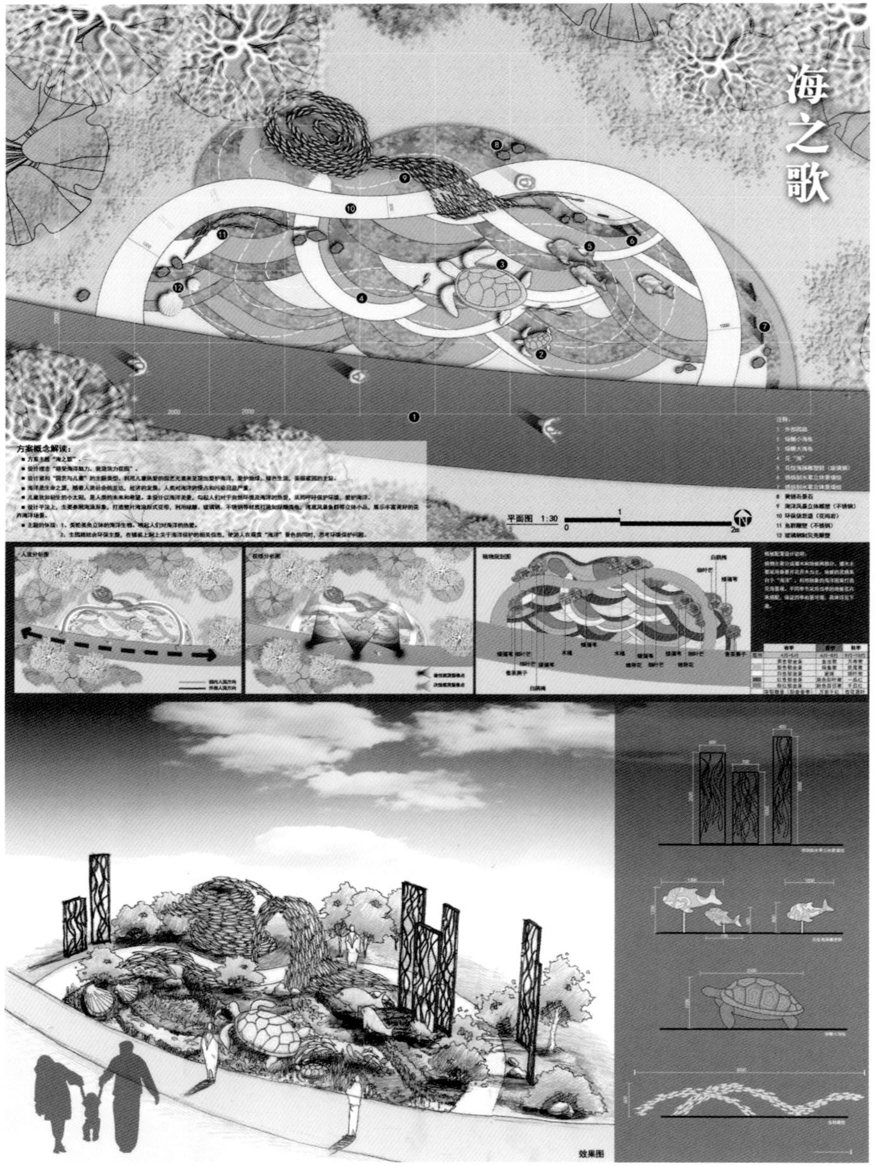

后乐园

苏州园林设计院有限公司　设计者：裴杰　李金婷

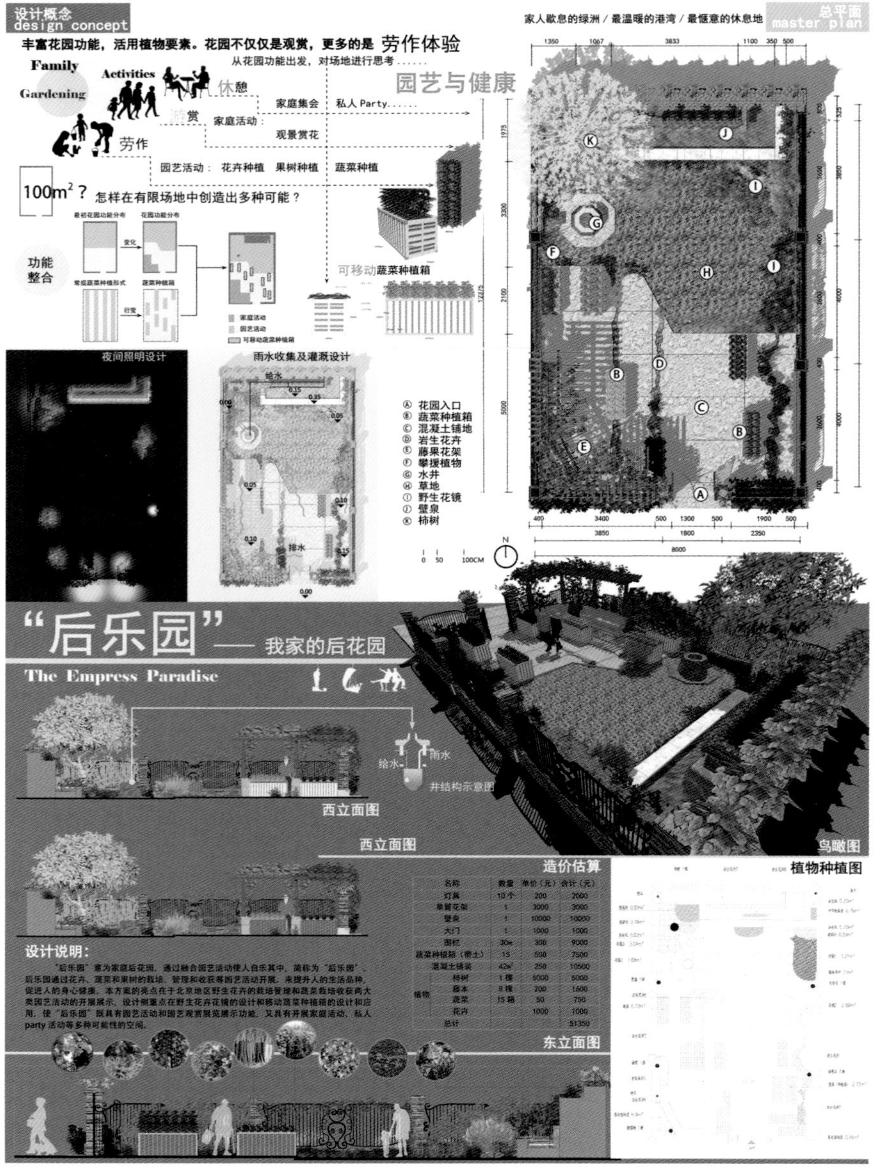

感官花园

中国城市规划设计研究院　设计者：盖若玫　王剑　徐丹丹

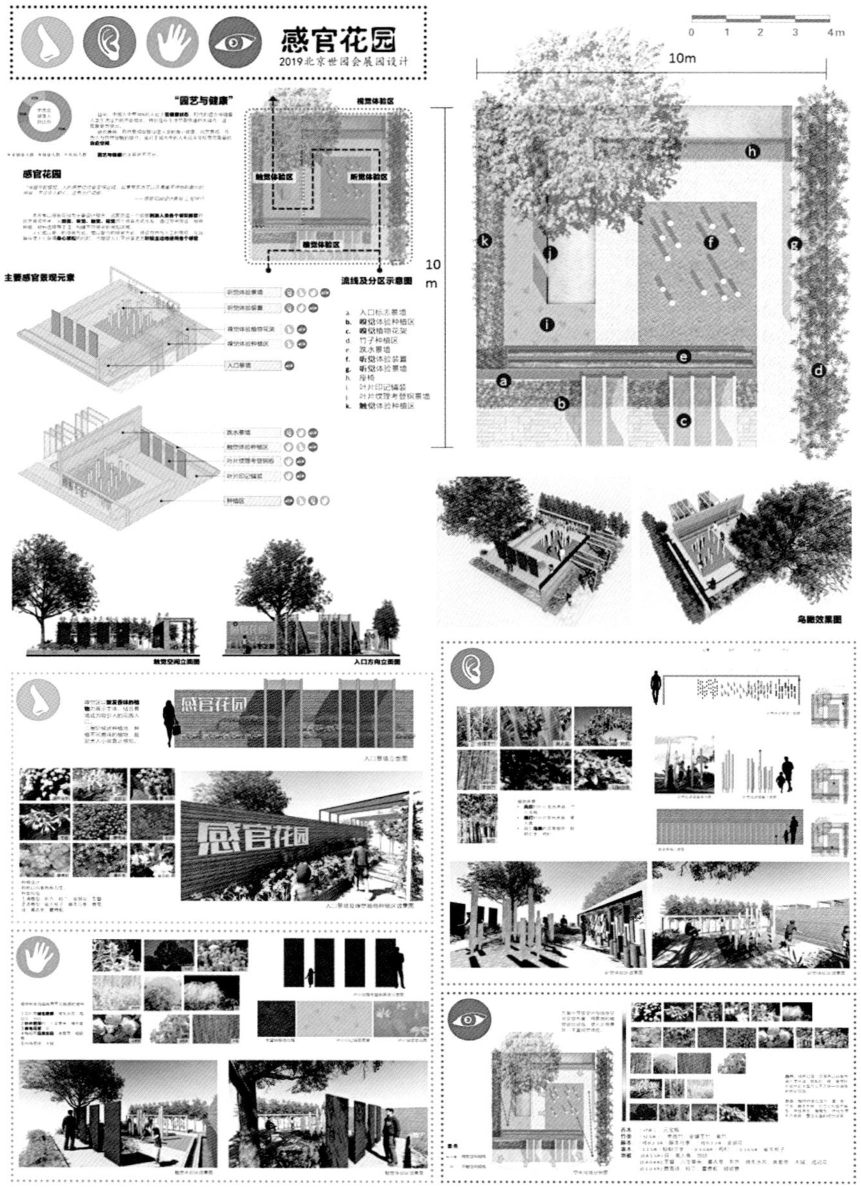
感官花园
2019北京世园会展园设计
10m
10 m
主要感官景观元素
流线及分区示意图
鸟瞰效果图
入口方向立面图

Rose & Prince

易兰（北京）规划设计股份有限公司　设计者：张赫男

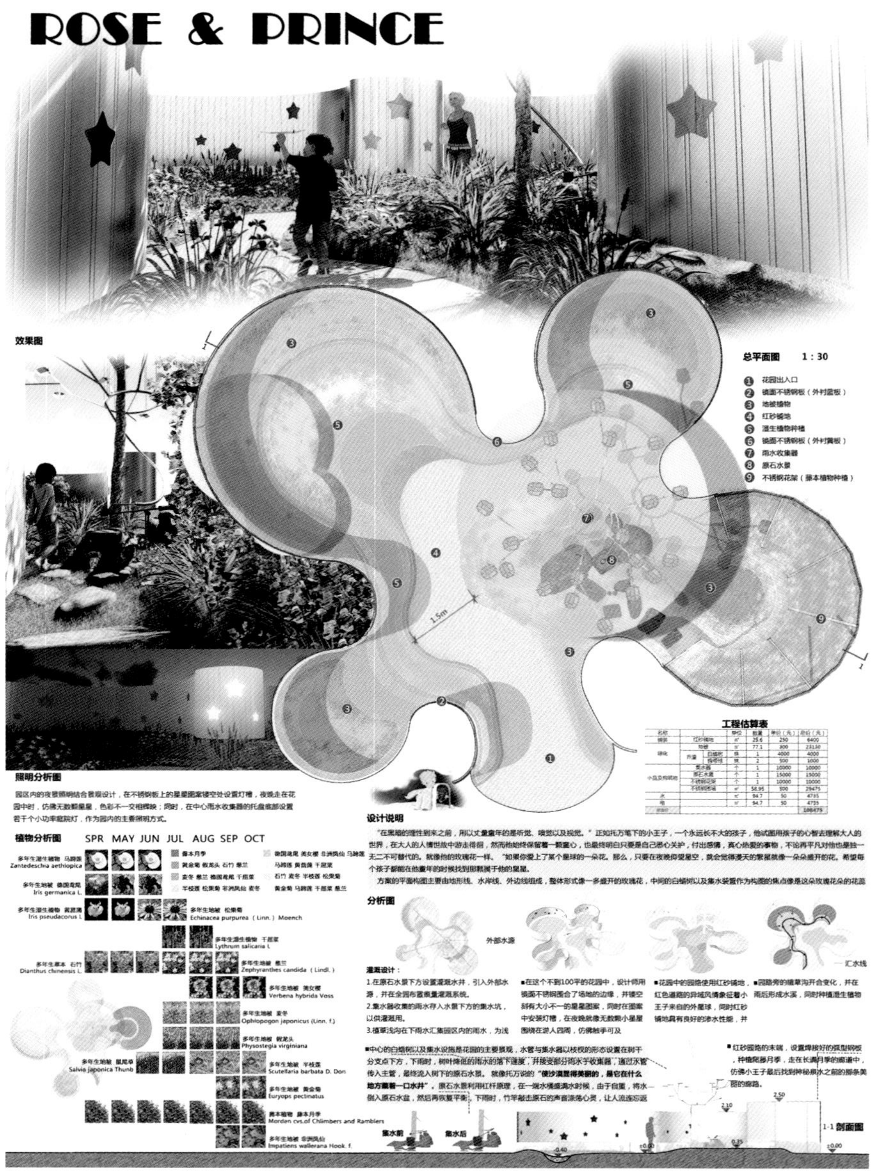
ROSE & PRINCE
效果图
总平面图 1:30
工程估算表
照明分析图
植物分析图
SPR MAY JUN JUL AUG SEP OCT
设计说明
分析图
1-1 剖面图

归源田聚

华南农业大学林学与风景园林学院　设计者：刘磊　赖嘉娱　张玉坤

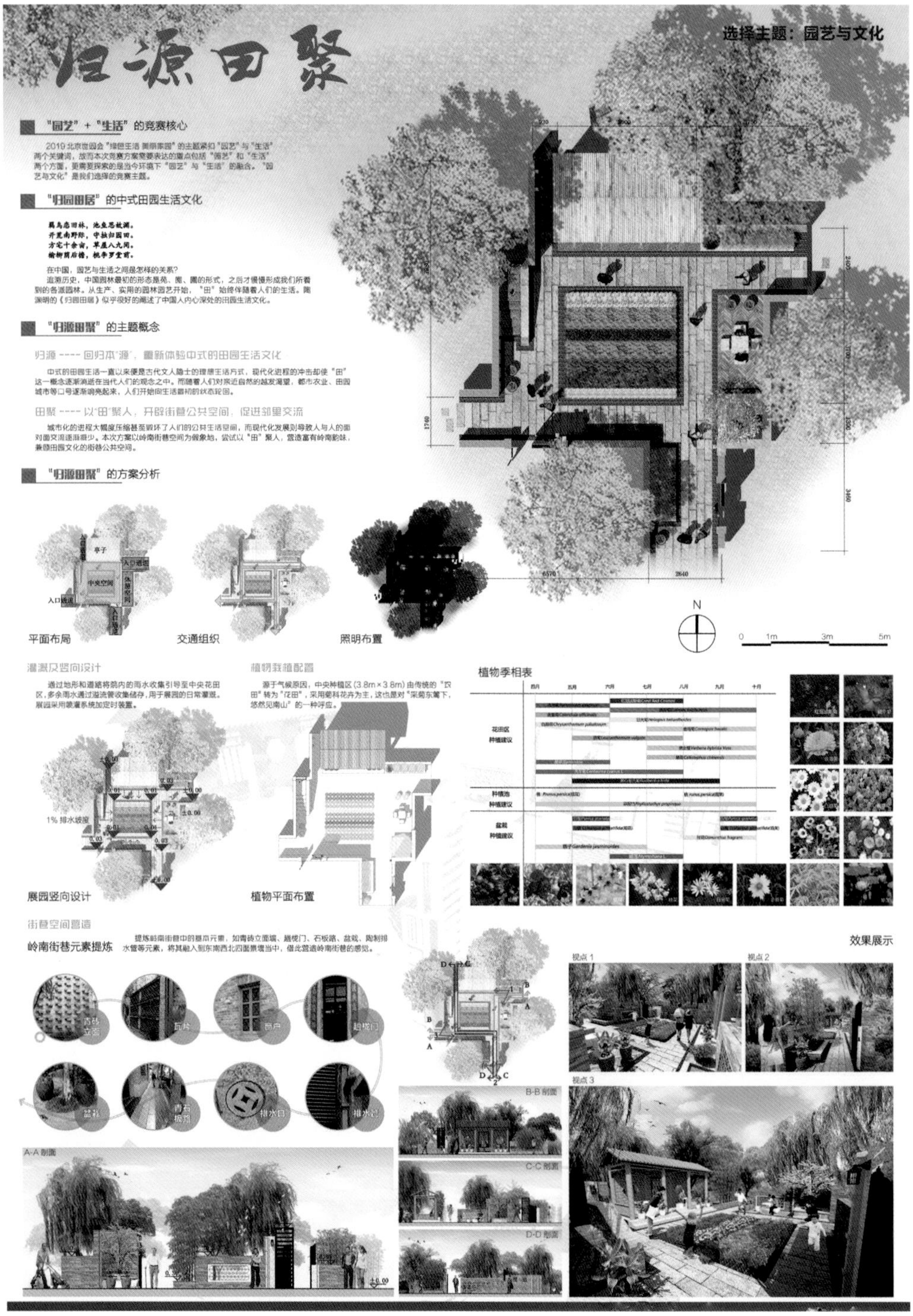

选择主题：园艺与文化
归源田聚
"园艺"+"生活"的竞赛核心
2019北京世园会"绿色生活 美丽家园"的主题紧扣"园艺"与"生活"两个关键词，故而本次竞赛方案需要表达的重点包括"园艺"和"生活"两个方面，更需要探索的是当今环境下"园艺"与"生活"的融合。"园艺与文化"是我们选择的竞赛主题。
"归园田居"的中式田园生活文化
羁鸟恋旧林，池鱼思故渊。
开荒南野际，守拙归园田。
方宅十余亩，草屋八九间。
榆柳荫后檐，桃李罗堂前。
在中国，园艺与生活之间是怎样的关系？
追溯历史，中国园林最初的形态是苑、囿、圃的形式，之后才慢慢形成我们所看到的各派园林。从生产、实用的园林园艺开始，"田"始终伴随着人们的生活。陶渊明的《归园田居》似乎很好的阐述了中国人内心深处的田园生活文化。
"归源田聚"的主题概念
归源 ---- 回归本"源"，重新体验中式的田园生活文化
中式的田园生活一直以来便是古代文人隐士的理想生活方式，现代化进程的冲击却使"田"这一概念逐渐消逝在当代人们的观念之中。而随着人们对亲近自然的越发渴望，都市农业、田园城市等口号逐渐响亮起来，人们开始向生活最初的状态轮回。
田聚 ---- 以"田"聚人，开辟街巷公共空间，促进邻里交流
城市化的进程大幅度压缩甚至毁坏了人们的公共生活空间，而现代化发展则导致人与人的面对面交流逐渐减少。本次方案以岭南街巷空间为假象地，尝试以"田"聚人，营造富有岭南韵味，兼顾田园文化的街巷公共空间。
"归源田聚"的方案分析
亭子
入口通道
中央空间
休憩空间
平面布局
交通组织
照明布置
N
0 1m 3m 5m
灌溉及竖向设计
通过地形和道路将院内的雨水收集引导至中央花田区，多余雨水通过溢流管收集储存，用于展园的日常灌溉。展园采用喷灌系统加定时装置。
±0.00
0.03
0.01
1% 排水坡度
展园竖向设计
植物栽植配置
源于气候原因，中央种植区（3.8m×3.8m）由传统的"农田"转为"花田"，采用菊科花卉为主，这也是对"采菊东篱下，悠然见南山"的一种呼应。
植物平面布置
植物季相表
花田区
种植建议
种植池
种植建议
盆栽
种植建议
街巷空间营造
岭南街巷元素提炼
提炼岭南街巷中的基本元素，如青砖立面墙、趟栊门、石板路、盆栽、陶制排水管等元素，将其融入到东南西北四面景墙当中，借此营造岭南街巷的感觉。
青砖立面
瓦片
窗户
趟栊门
排水口
A-A 剖面
B-B 剖面
C-C 剖面
D-D 剖面
效果展示
视点 1
视点 2
视点 3

获奖作品

国内园林、风景园林
及相关专业在校学生组

一等奖

（排序不分先后）

水光绿影，半亩方塘

方·壶——壶中天地与报废公交车再利用探索

呼吸社区——园艺展园设计

水光绿影，半亩方塘

北京林业大学　设计者：王博娅　郑慧　指导教师：刘志成

设计构思

"半亩方塘一鉴开，天光云影共徘徊"，在十米见方的池塘里，自然与艺术齐芳。静谧的水面作为多肉植物的展示平台，水光跳跃，绿影相随。纯净的脚手架作为游人的活动舞台，画面随机，互动生辉。设计尤其注重三维空间体验，镜面、水面互相映照，通过反射把周围景观纳入园内，置身半亩方塘中，体验虚幻与消解，启迪游人的思考。

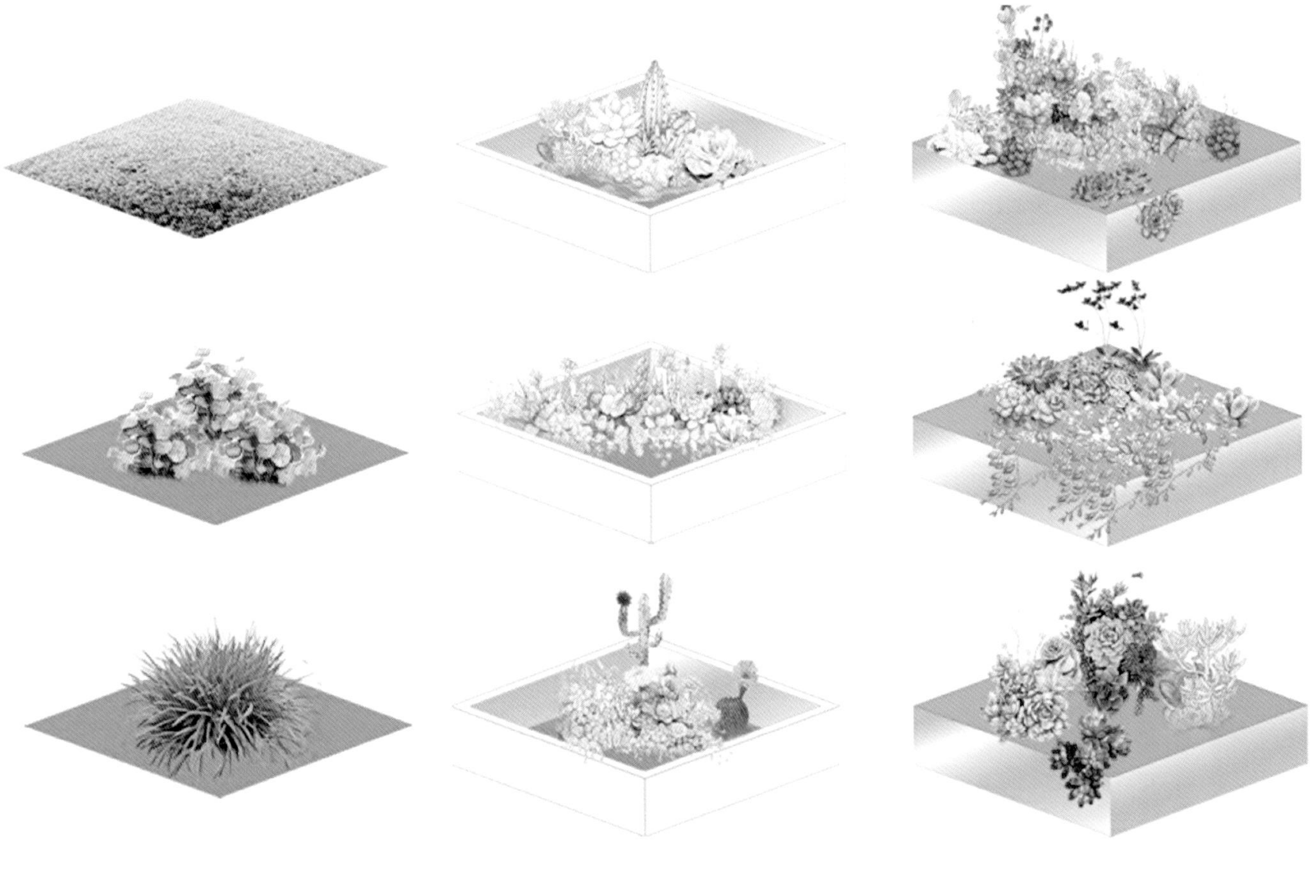

岛中绿植展示　　水中绿植展示　　镜中绿植展示

水光绿影 半亩方塘

0m
1m
2m
N

平面图

2m
8m
旋转植物墙 旋转镜面 垂吊植物栅格 水中绿植 半透明观景台 镜面天幕 岛中绿植 镜中绿植

设计说明

漫步在城市的钢筋水泥森林里，人们离绿色和自然越来越遥远。而在这座从水中拔地而起的白色“城市”里，硬质的墙体被消解，变成一个虚幻的多重实体空间；植物则以多种形式生长其中，是最亲切与亮眼的一抹绿色，人们可以从多种角度来观赏植物并进行互动，从而发现植物之美。

在10米X10米的方形地块上，建立起模数化小空间，采用抬升、下沉、围合、镂空等多种形式来进行分割，并通过镜子、水面、半透明材料等来进一步营造虚幻效果。植物材料则以多肉植物为主，种植在水中、水面、墙面、框架上，并用多种形式组合，使模数化空间具有更加丰富的立面变化，从而成为一个人们可观、可玩的真实的城市森林，一个绿色的心灵花园。

概念演替

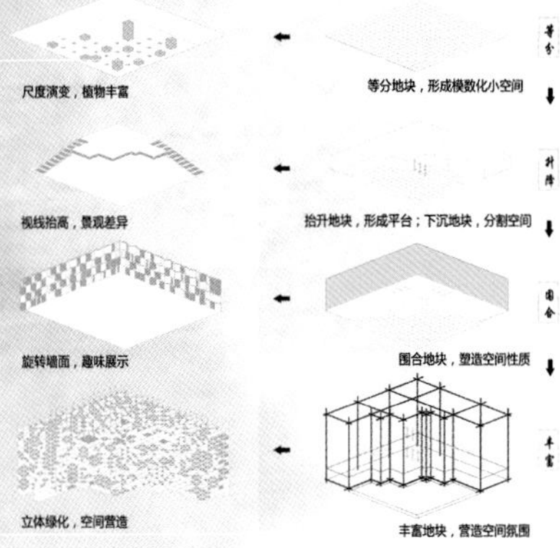
尺度演变，植物丰富
等分地块，形成模数化小空间
视线抬高，景观差异
抬升地块，形成平台；下沉地块，分割空间
旋转墙面，趣味展示
围合地块，塑造空间性质
立体绿化，空间营造
丰富地块，营造空间氛围

立面展示

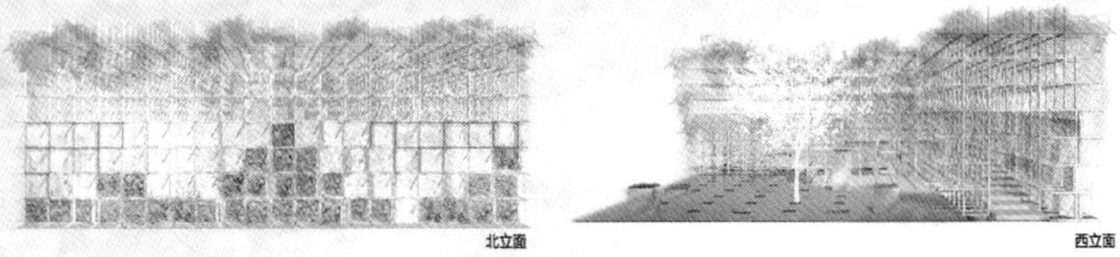
北立面
西立面

植物材料

佛甲草 观音莲 姬莲 白美人 蓝石莲 黄丽锦 静夜 薄雪万年草
三角琉璃莲 黄丽 凝脂莲 水晶掌 绿铃 山地玫瑰 紫玄月 姬玉露
冬美人 白牡丹 乙女心 唐印 皮氏石莲 厚叶花月夜 红景天 初恋

效果展示

南立面
南立面

植物配置展示方式

岛中绿植展示
水中绿植展示
镜中绿植展示
旋转墙绿植展示
影中绿植展示

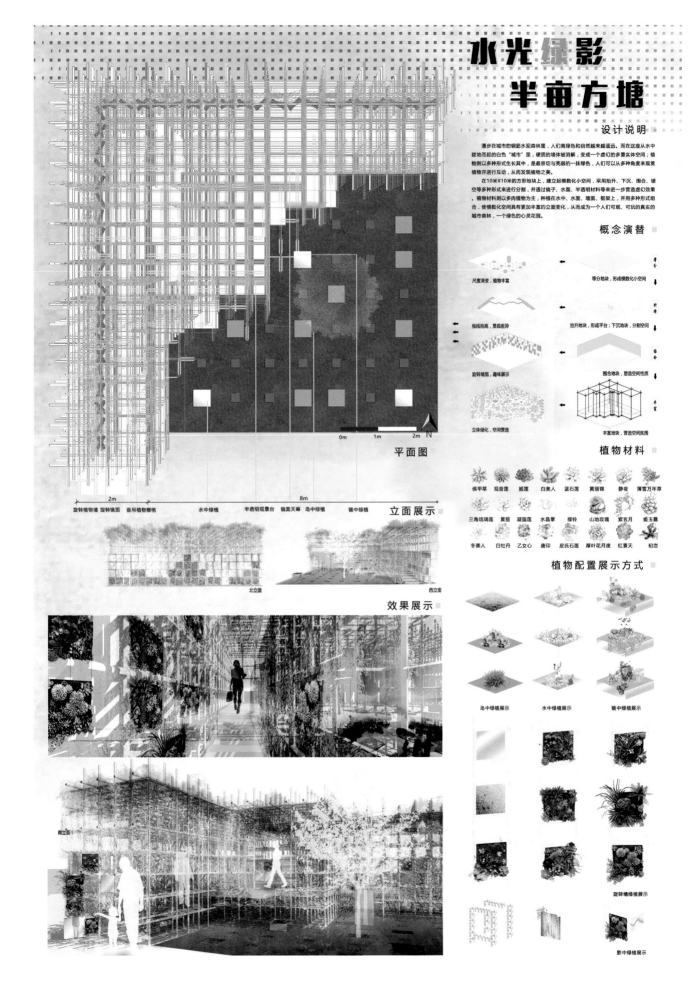

方 · 壶——壶中天地与报废公交车再利用探索

北京林业大学　设计者：何亮　指导教师：刘晓明

设计构思　中国古典园林的精髓在于空间的变化，追求在于小中见大，意境在于壶中天地。本作品以此为着眼点，对报废公交车进行整体再利用，将雨水花园的功能包含进去，在实现空间变化、意境再现的同时也对雨水进行收集，对花园内的植物进行灌溉，使其成为低能耗、低成本的设计。

编号	中文名	拉丁名	备注
1	佛甲草	*Sedum lineare*	
2	结缕草	*Zoysia japonica*	
3	野牛草	*Buchloe dactyloides*	
4	黄菖蒲	*Iris pseudacorus*	黄色花
5	马蔺	*Iris lactea var.chinensis*	紫色花
6	羽衣甘蓝	*Brassica oleracea var. acephala f.tricolor*	粉色花
7	八宝景天	*Sedum spectabile*	宿根花卉
8	四季秋海棠	*Begonia semperflorens*	宿根花卉
9	肾蕨	*Nephrolepis auriculata*	蕨类
10	常春藤	*Hedera nepalensis var. sinensis*	木质藤本
11	三色堇	*Viola tricolor*	黄紫色花
12	紫松果菊	*Echinacea purpurea 'alba*	白色花
13	侧柏	*Platycladus orientalis*	
14	红枫	Acer palmatum f.	常年红色叶
15	帚形桃	*Prunus persica var. persica f. pyramidalis*	树形俏立

呼吸社区——园艺展园设计

北京林业大学　设计者：董乐　李得瑞　李东宸　指导教师：姚明

设计构思

作品的选址假定于居住小区内，立意定为“园艺式交流”，营造会“呼吸的社区”，希望通过新型材料，搭建园艺模块，为小区居民搭建一个互相交流的平台，居民们通过绿色种植的方式，丰富社区交流，让园艺活动走进视野，走入人们的生活。

呼吸社区 园艺展园设计 Breathing

1. 概念分析 MAIN STRATEGY

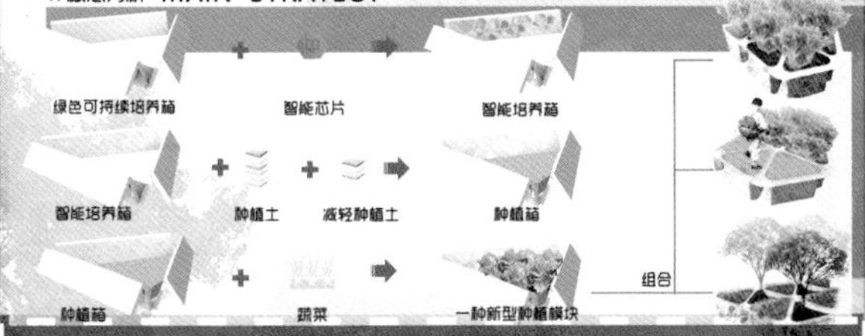

绿色可持续培养箱
智能芯片
智能培养箱
智能培养箱
种植土
减轻种植土
种植箱
种植箱
蔬菜
一种新型种植模块
组合

2. 设计说明 DESIGN INSTRUCTION

随着社会的发展，人们的生活水平越来越高，邻里之间的交流也越来越匮乏，应世园会“绿色生活·美丽家园”的主题，我们思考如何利用园艺的手段，增加邻里交流，让园艺越来越多的成为生活的常态，使人们的生活更加美好。

本次展园设计立意定为“园艺式交流”，在展园内以三角形、六边形可移动园艺模块为基础，通过模块的拼接组装，形成多种观赏模式，供游玩的人欣赏。模块内结合立体绿化等多种园艺种植方式，种植蔬菜、花卉、观赏草等，模块可在展园内直接进行购买组装，让园艺走入社区走进生活。展园的选址在公园内靠近公园管理处等建筑的位置，用以提示小区内也可以像公园一样环境美好。

本设计特别注意雨水收集与再利用的问题，整个场地采用透水材料，在场地下部设置涵养水源装置，并在所有装置的底层都预留有可供雨水流入的小口，使雨水可以很好的留存并用于浇灌。

3 雨水收集分析 ANALYSIS OF RAIN

4. 立面分析 ANALYSIS OF FACADE

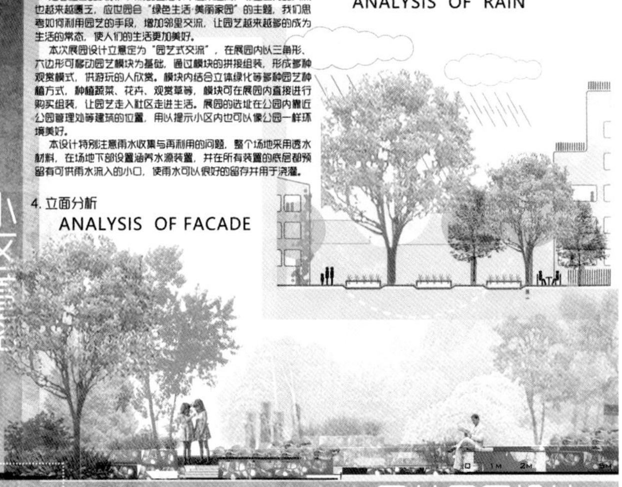

12m
现状保留树种
1.5m
雨水收集模块
活动场地
10m
种植模块
小区道路
社区建筑
N
0
1
2

平面图
5 MASTER PLAN

5. 园艺模块分析 ANALYSIS OF GREEN MODULE

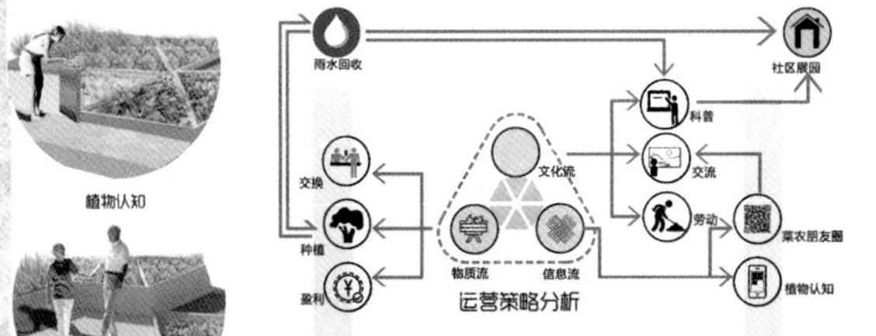

植物认知
生活交往
儿童娱乐
雨水回收
社区展园
科普
交流
文化流
交换
种植
劳动
菜农朋友圈
物质流
信息流
盈利
植物认知

运营策略分析

6 植物分析 ANALYSIS OF PLANT

一二年生花卉
主要种植蔬菜
被子植物
裸子植物
被子植物

植物材料为我们本次设计的主要展示对象，考虑植物景观的延续性，我们选择了一二年生草本花卉与蔬菜种植相结合的方式，同时结合多种乔木灌木交替种植，做到4月底到10月底展会期间均有观赏效果，具体植物配植和搭配方式在作品说明书中均有体现.

园艺模块
Gardening Mode

获奖作品

国内园林、风景园林
及相关专业在校学生组

二等奖

（排序不分先后）

归一之园

蛰

素若流光

半晴半雨，一水一山

回——基于叙事蒙太奇手法的桃花源再现

归一之园

四川农业大学
设计者：黄尹姝　王燮茹　魏薇
指导教师：江明艳　刘光立

设计构思

万物变幻，九九归一。在长11米、宽9米、总面积99平方米的花园中，演绎一场生命的轮回。园西花草葱茏而妖娆；园东草木萧瑟而恬静；中心抱守归一，孕育新生，在此设置“仪式景观”，每人可取一木槿种子，栽种于中央植物种植墙内。木槿种子取自上古时期三位花神的故事，她们原本是常见的木槿树，后为报答虞舜救命之恩，取虞舜之讳为姓，并且成仙。以此上古传说来彰显生命可贵。贯穿全园的“心跳”座凳亦描绘着生命跃动的曲线，将园内点缀得静中有动、生机盎然！

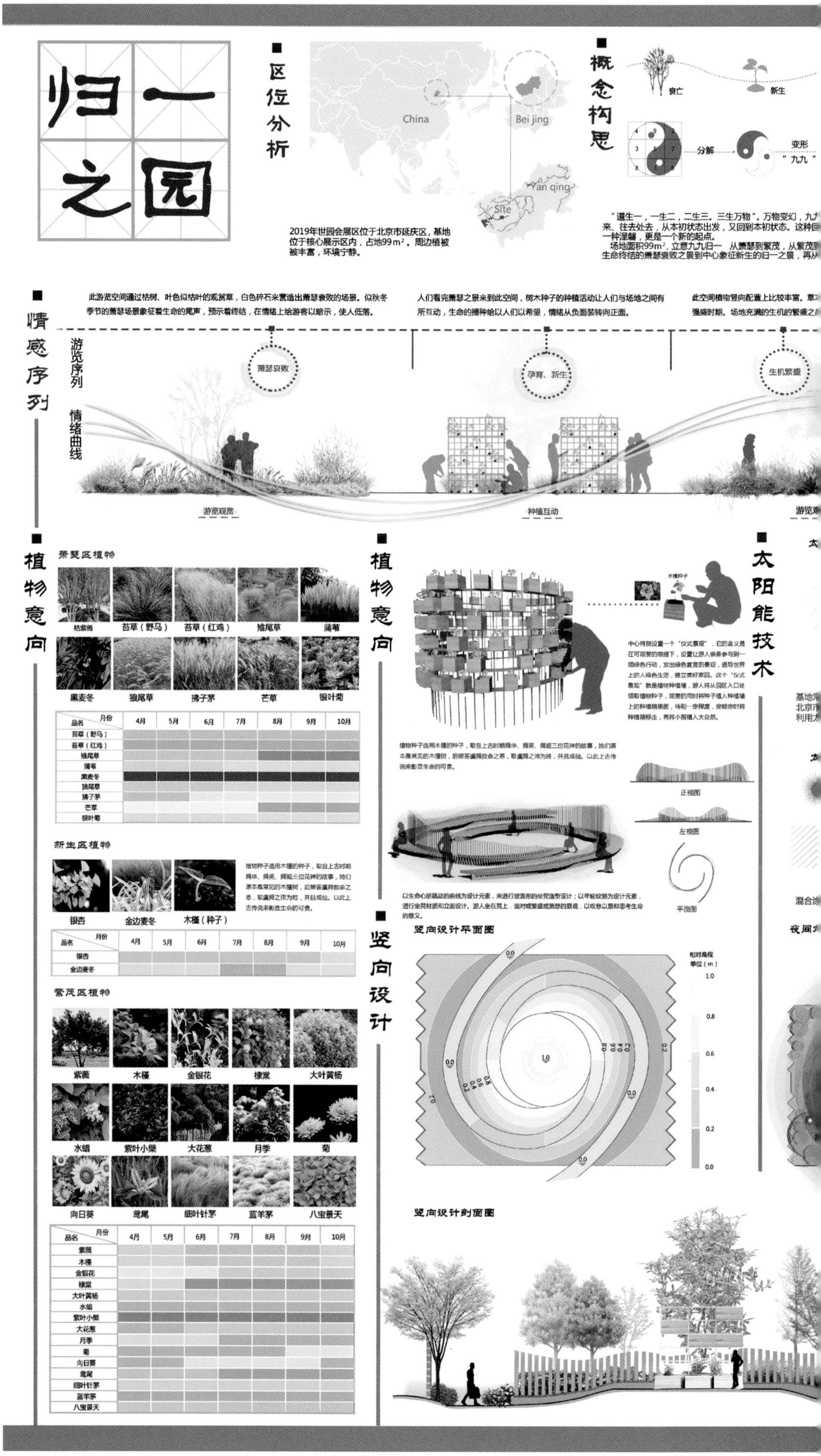

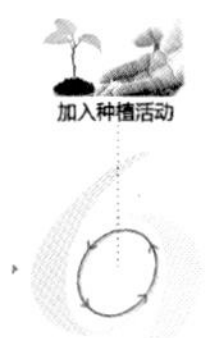
加入种植活动

九九归一是从来处
种升华，一种再造，
景观序列为以象征
命的轮回主题。

征着生命进入

情绪高涨
情绪低落

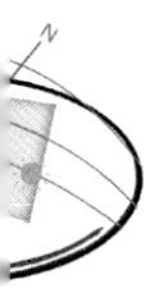

年日照2800小时，位于
场地周围有太阳能板收集
从而突出绿色的主题。

电能

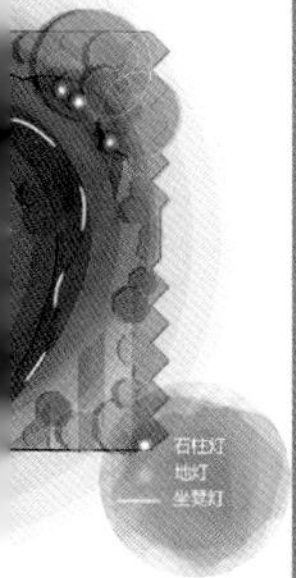

总体布局

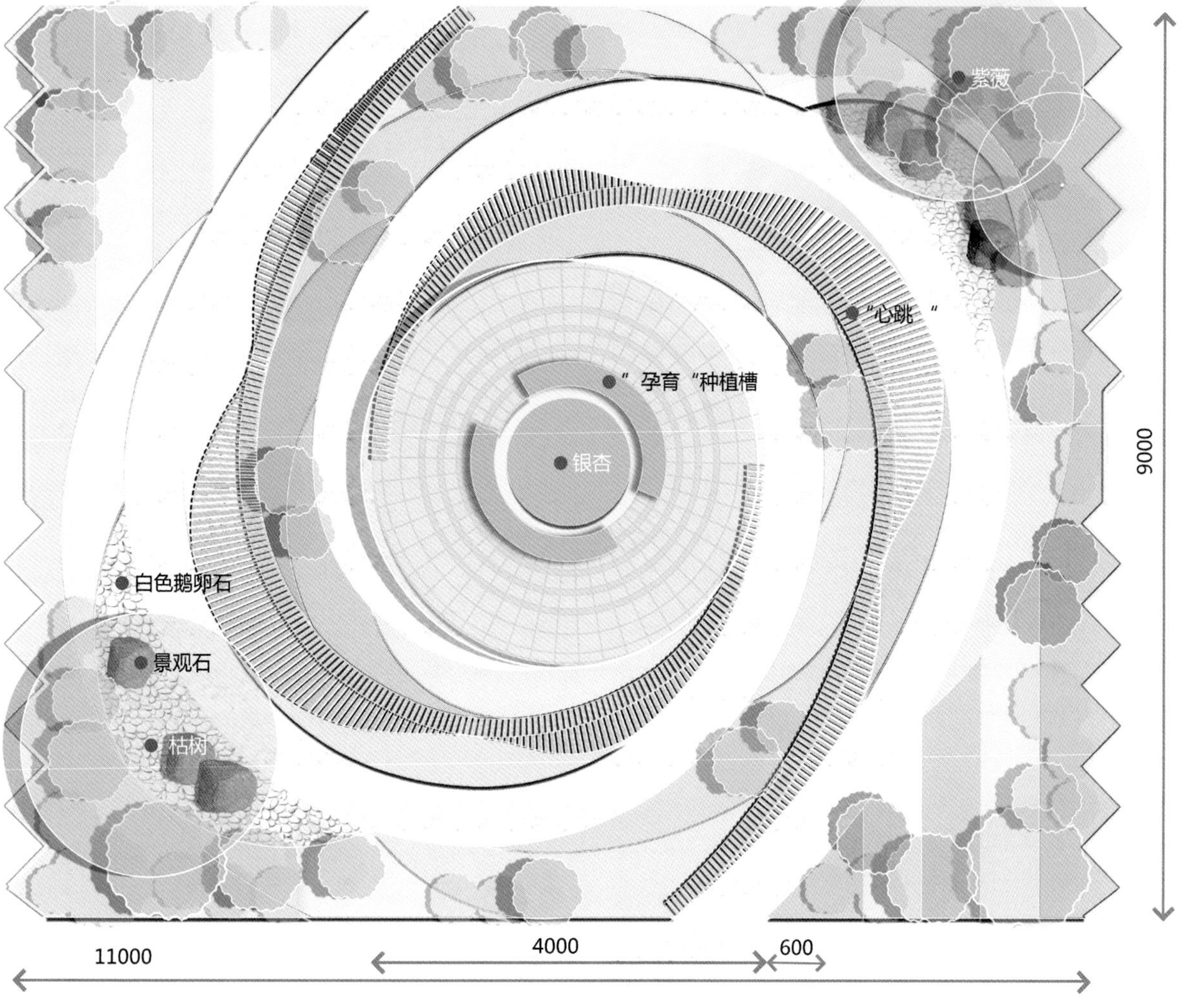
紫薇
"心跳"
"孕育"种植槽
银杏
白色鹅卵石
景观石
枯树
9000
11000
4000
600

场地鸟瞰

设计分析

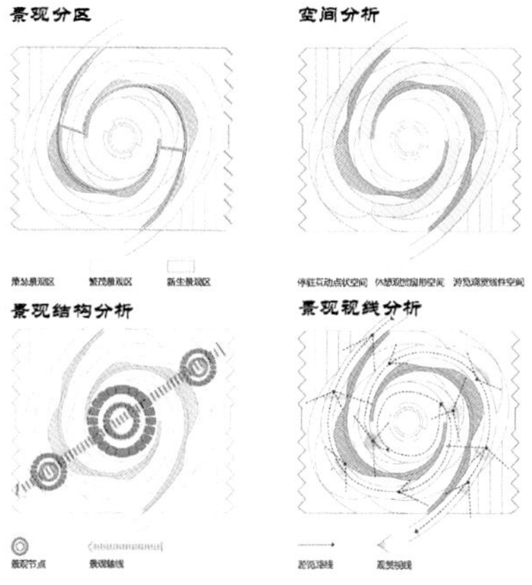
景观分区
空间分析
景观结构分析
景观视线分析

萧瑟之景

新生之景

繁茂之景

蛰

北京林业大学
设计者：宋宜凡　杨浪
指导教师：郑曦

设计构思

现代快节奏的生活，使人们的压力越来越大，脚步越来越沉，容易在现代都市里迷失方向。

人们通过感官感知周围环境，大脑处理信息，通过神经调控、指挥免疫系统，产生不同的情绪。因此，此花园主要通过刺激感官，使参与者在其中漫步，进行园艺操作、交流、休憩，从而达到治疗治愈的效果。

蛰 园艺疗法花园——冲破黎明前的最后一丝黑暗

2019 世园会创意展
场地大小：100 m2
位置：北京安定医

设计说明

原：

随着现代快节奏的生活，人们的压力越来越大，脚步越来越沉，容易在现代都市里迷失方向，更会产生抑郁、轻生的想法，严重的到无法救赎自己的地步；又有些人来到这个世上则是有缺陷的，无法通过与外界交流来填补，只能通过无数的药物维持着对世界的最后认知。

人通过感官感知周围环境，大脑处理信息通过神经调控指挥免疫系统产生不同的情绪。因此，此花园主要通过刺激感官来达到治疗效果，又包括听觉、触觉、嗅觉、味觉、视觉，使参与者在其中漫步、园艺操作、交流、休憩，从而刺激感官达到治疗治愈的效果。

为：

花园100m²左右，位于北京安贞医院内，主要为心理疾病患者和精神障碍患者服务。

花园以园艺疗法为主旨，对于有必要在其心理以及精神方面进行改善的人们，利用植物栽培与园艺操作活动从其社会、教育、心理以及身体诸方面进调整更新。花园以香草植物和不同材质景观环境结合，发挥治疗和康复的功效，即园艺操作动态治疗和景观环境静态治疗结合，形成园艺栽培操作、休息交流、刺激感官为一体的花园，由此对参与者产生积极康复作用。

果：

也许参与者眼前的“黑暗”暂时还存在，希望通过这个花园的治疗，让万物复苏，让参与者能够重新积极面对生活。

蛰伏于此，破茧成蝶。

设计元素

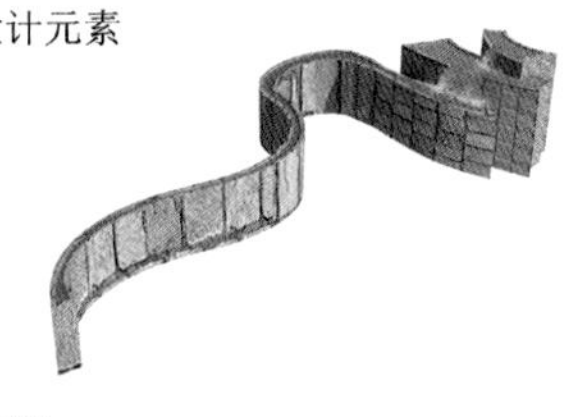

a. 曲水流觞
石砌水台跌水的水声的声音也能让人安静，曲水流觞贯穿使得流水声音贯穿全园，产生闻声觅水的好奇心，同时和动物或是鸟类的叫声来结合，使人心情平复，感受自然。

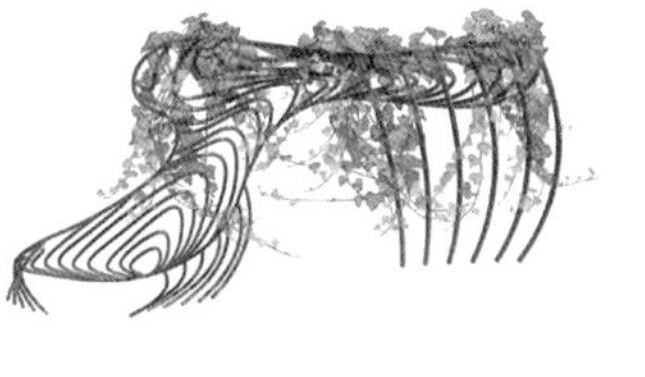

b. 藤本廊架
藤架为参与者提供垂直空间的封闭感，藤本植物和富有流动感的廊架可以在阳光的映射下为游人制造出光影斑驳神秘宁静的气氛，同时达到遮荫和芳香藤本攀爬的作用。

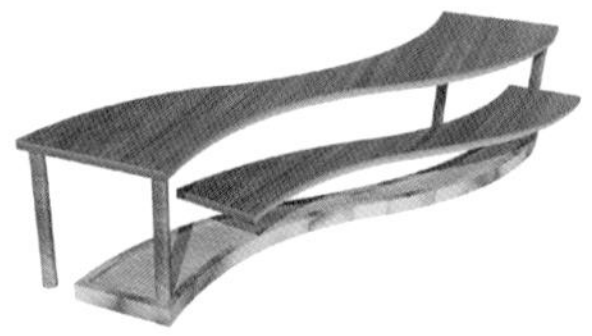

c. 园艺制作台
为参与者提供休息、制作园艺作物和感受水流的场所，希望参与者一边欣赏周围植物、一边制作食材、一边可以将双足放至流动水的水池中，感受水的柔软质感。

d. 昆虫旅馆
花园西北边设计了靠墙的昆虫旅馆，使用一些的圆柱或长条块木头，经过一定美学设计堆砌而成，即美观又为昆虫提供休息区，丰富了花园的多样性，使人们感受自然乐趣，同时又是废物利用，节约成本。

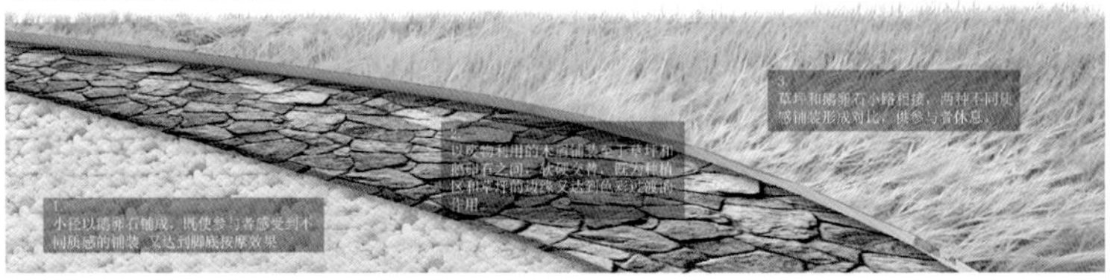

应用植物名录表

编号	中文名	学名
	草本	
1	绵毛水苏	*Stachys byzantina*
2	‘白天鹅’松果菊	*Echinacea purpurea 'Wh*
4	屈曲花	*Iberis amara*
5	‘雪山’林荫鼠尾草	*Salvia×nemorosa 'Schne*
6	山韭	*Allium senescens*
7	细香葱	*Allium schoenoprasum*
8	肥皂草	*Saponaria officinals*
9	‘面包师’厚叶福禄考	*Phlox carolina 'Bill Baker*
10	‘折纸’耧斗菜	*Agquilegia caerulea 'Ori*
11	‘奇幻’落新妇	*Astilbe×arendsii 'Astary'*
12	山桃草	*Gaura lindheimeri*
13	缬草	*Valeriana officinalis*
14	‘克里斯托菲’大花葱	*Allium giganteum'Christ*
15	块根糙苏	*Phlomis tuberosa*
16	‘红樱桃’川续断	*Knautia Macedonica 'Re*
17	香叶天竺葵	*Pelargonium graveolens*
18	旱金莲	*Tropaeolum majus*
19	黄菖蒲	*Iris pseudacorus*
20	西伯利亚橐吾	*Ligularia sibirica*
21	‘以利亚蓝色’蓝羊茅	*Festuca glauca 'Elijah Bl*
22	‘闪耀玫瑰’西伯利亚鸢尾	*Iris sibirica 'Sparking Ros*
23	柳叶马鞭草	*Verbena bonariensis*
24	菊苣	*Cichorium intybus*
25	‘蓝山’林荫鼠尾草	*Salvia×nemorosa 'Blauh*
26	阔叶风铃草	*Campanula latifolia*
27	‘泰加’滨藜叶分药花	*Perovskia atriplicifolia 'T*
28	‘蓝色忧伤’荆芥	*Nepeta 'Walker's Low'*
29	‘蓝运’藿香	*Agastache 'Blue Fortune*
30	‘蓝蝶’蓝盆花	*Scabiosa columbaria 'Bu*
31	并头黄芩	*Scutellaria scordifolia*
32	宿根亚麻	*Linum perenne*
33	花叶羊角芹	*Aegopodium podagraria*
34	草莓	*Fragaria × ananassa*
35	‘甜心辣妹’黄水枝	*Tiarella 'Sugar and Spice*
36	荚果蕨	*Matteuccia struthiopteris*
37	‘银瀑’华东蹄盖蕨	*Athyrium niponicum 'Sil*
38	匍匐百里香	*Thymus mongolicus*
39	罗勒	*Ocimum basilicum*
40	迷迭香	*Rosmarinus officinalis*
41	留兰香	*Mentha spicata*
42	牛至	*Origanum vulgare*
43	‘抉择’柔毛羽衣草	*Alchemilla mollis 'Select'*
44	菖蒲	*Acorus calamus*
45	‘灰色卡门’灯心草	*Juncus patens 'Carmen's*
46	‘重金属’柳枝稷	*Panicum virgatum 'Heav*
47	‘卡尔’拂子茅	*Calamagrostis×acutifoli*
	藤本	
1	金银花	*Lonicera japonica*
2	啤酒花	*Humulus lupulus*
3	常春藤	*Hedera nepalensis*
	木本	
1	‘陆奥’苹果	*Malus pumila 'Mutsu'*
2	金叶莸	*Caryopteris×clandonensis 'V*
3	大花醉鱼草	*Buddleja colvilei*
4	穗花牡荆	*Vitex agnus-castus*

植物设计

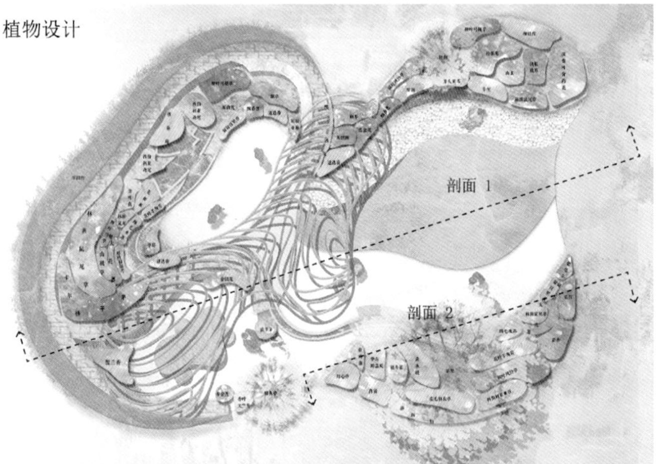

剖面 1

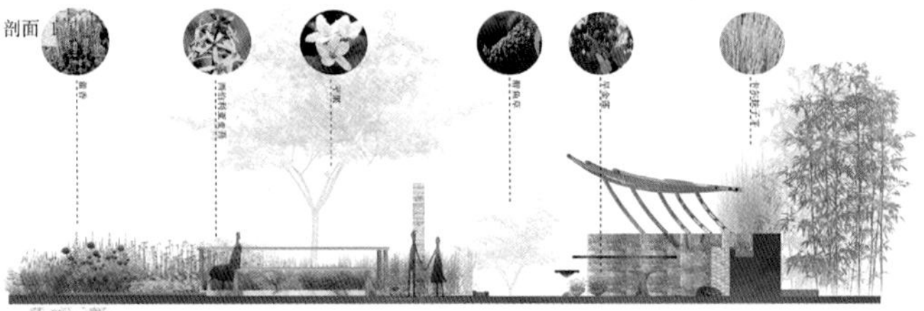

剖面 2

植物组团

组团 1

以不同质感的植物相互交错种植 竖线条植物平面型植物相互交错，形成一定的视觉冲击感，但是又不过于夸张，使参与者眼前一亮，心生好感 。

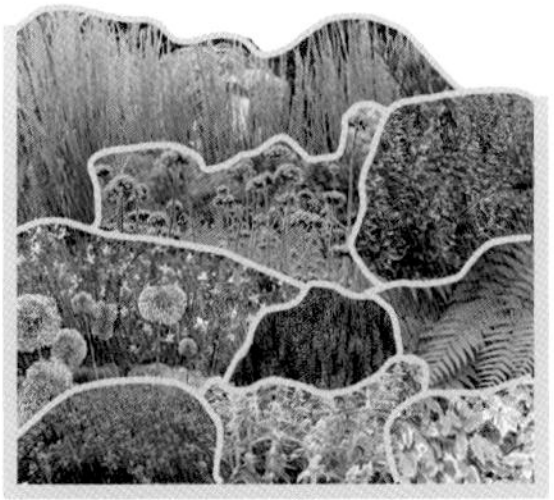

组团 2

以香草植物和观花植物交错分散种植的方式，既使花境充满芳香和乐趣达到治疗目的，在景观上又相形宜章、相互呼应、达到安静温暖的视觉效果 。

组团 3

以背后的昆虫旅馆为背景，使用吸引昆虫的香花植物，层次简洁明了，既有治愈的视觉效果，又为昆虫旅馆吸引“客人”，增加自然乐趣以治愈参与者 。

植物观

高/cm	颜色
40	白
40	白
40	白
45	白
20	白绿
30	浅粉
60	浅粉
40	粉
25	白蓝
30	浅粉
60	粉
60	粉
35	粉紫
50	粉紫
45	红
60	红
35	橙红
25	黄
30	黄
23	浅棕
40	紫
50	紫
30	紫
45	蓝紫
50	蓝紫
40	蓝紫
90	蓝紫
60	蓝紫
30	蓝紫
40	紫
30	紫
30	白绿
40	绿
35	粉绿
60	绿
35	绿
20	绿
45	绿
40	绿
60	绿
40	绿
45	绿
50	绿
80	绿
80	绿
80	绿
	浅黄 绿 绿
-600	绿
130	蓝
-250	蓝紫
-250	蓝紫

总平面图

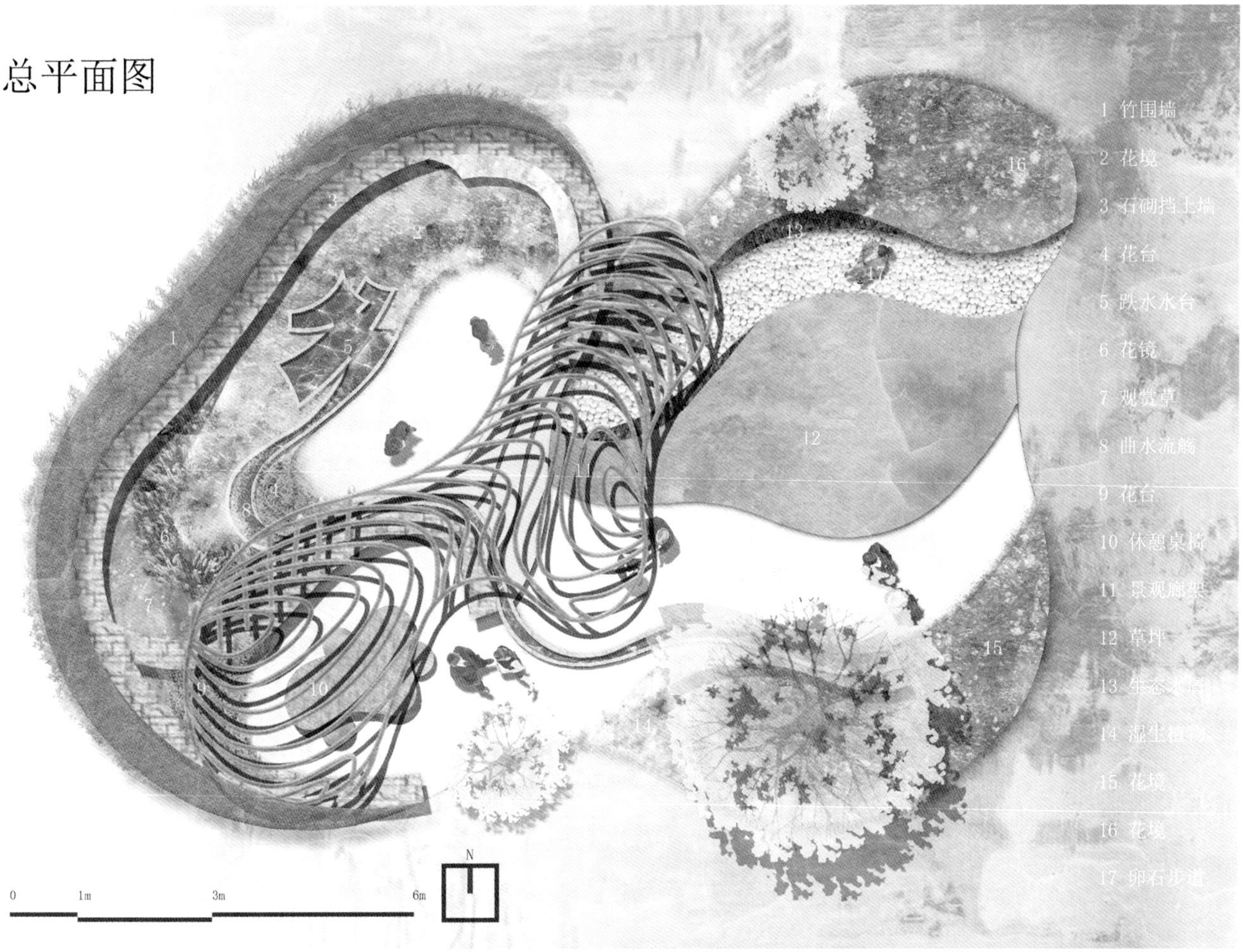

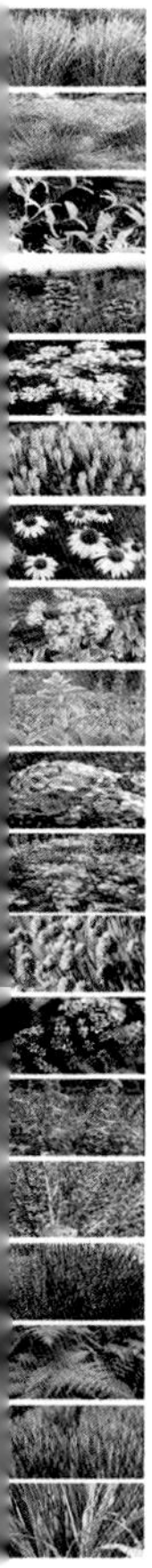

效果图一

效果图二

全景图

素若流光

东北林业大学　设计者：冯亚琦　安文雅　孙蓉佳　指导教师：胡尚春

设计构思　生活虽然平凡，但总在朴素中焕发美丽的光芒。本方案从“平凡”的生活入手，展现其与众不同的趣味与美好。以“时间”作为设计主题，用一天中不同时段的不同场景作为花园的具体表现形式，将生活与自然相互融合，利用一些废弃的办公用品制造景观、装点生活。新的点子给生活以简单的欢愉，将绿色融入日常生活。

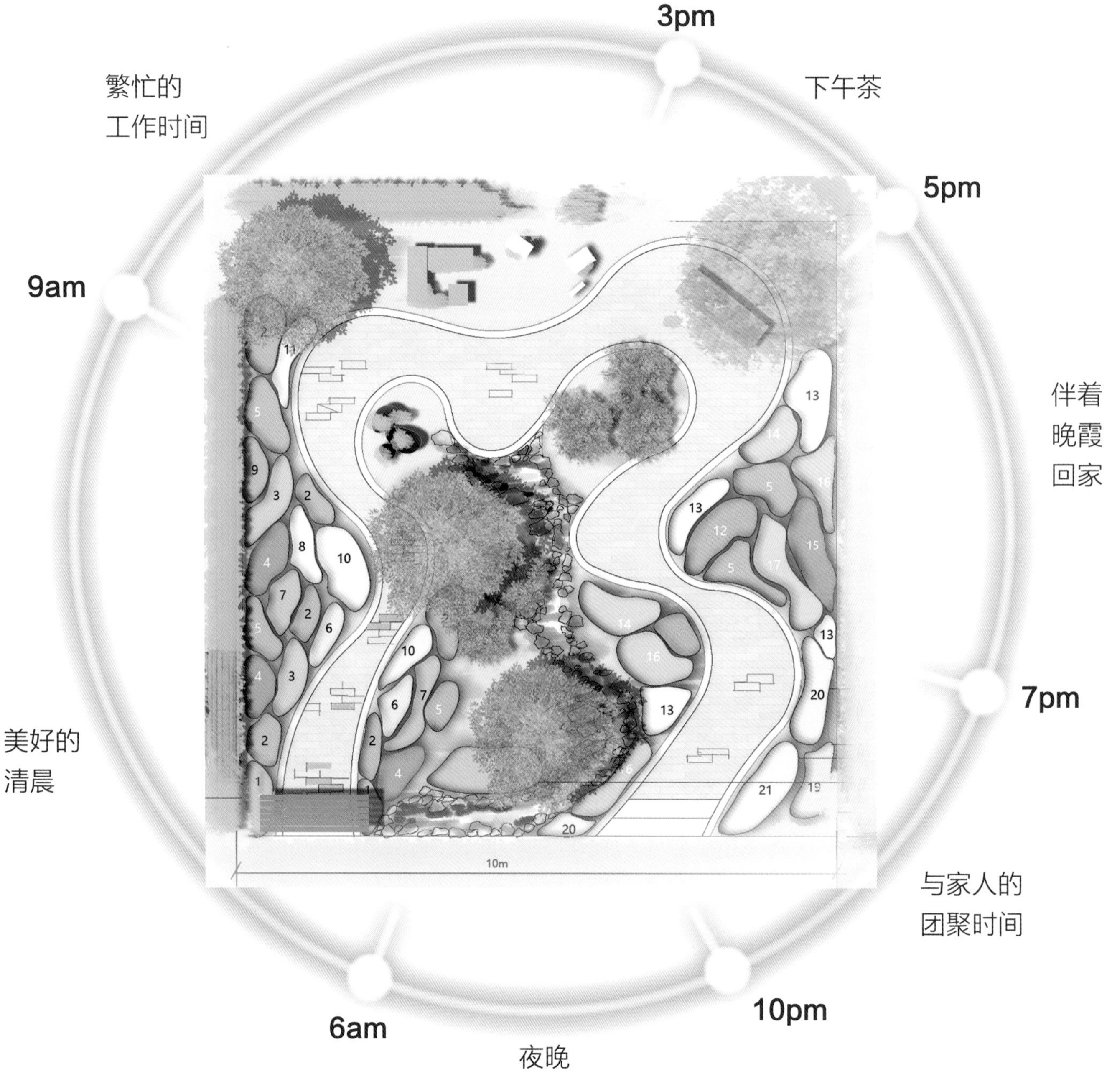

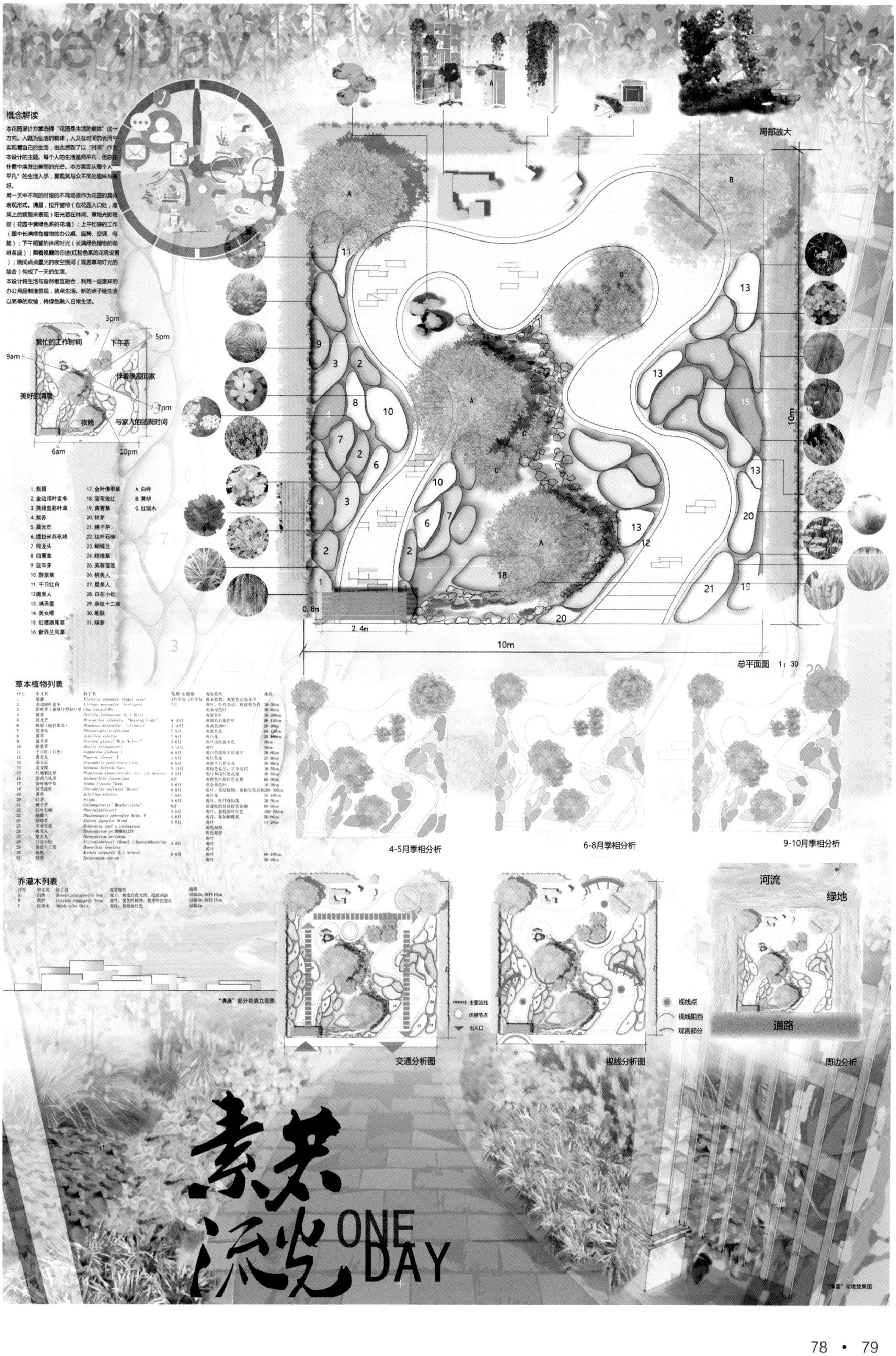
One Day
概念解读
本花园设计方案选择"花园是生活的载体"这一方向。人既为生活的载体，人又在时间的长河中实现着自己的生活，由此想到了以"时间"作为本设计的主题。每个人的生活虽然平凡，但总在朴素中焕发出美丽的光芒。本方案即从每个人平凡"的生活入手，展现其与众不同的趣味与美好。
用一天中不同的时段的不同场景作为花园的具体表现形式。清晨，拉开窗帘（在花园入口处，廊架上的紫藤来表现）阳光洒在林间、草地光影斑驳（花园中黄绿色系的花境）；上午忙碌的工作（园中长满绿色植物的办公桌、座椅、空调、电脑）；下午短暂的休闲时光（长满绿色植物的咖啡茶座）；踩着晚霞的归途(红粉色系的花境设置）；晚间点点星光的夜空银河（观赏草与灯光的结合）构成了一天的生活。
本设计将生活与自然相互融合，利用一些废弃的办公用品制造景观，装点生活。新的点子给生活以简单的欢愉，将绿色融入日常生活。
3pm
5pm
繁忙的工作时间
下午茶
9am
伴着晚霞回家
美好的清晨
7pm
夜晚
与家人的团聚时间
6am
10pm
1. 紫藤
2. 金边阔叶麦冬
3. 黄绿型彩叶草
4. 紫苏
5. 晨光芒
6. 提拉米苏矾根
7. 假龙头
8. 白蓍草
9. 蓝羊茅
10. 酢浆草
11. 千日红白
12虞美人
13. 满天星
14. 美女樱
15. 红穗狼尾草
16. 新西兰风草
17. 金佛甲草
18. 蒲苇玫红
19. 黄蓍草
20. 针茅
21. 拂子茅
22. 红叶石楠
23. 蝴蝶兰
24. 结缕草
25. 芙蓉雪莲
26. 桃美人
27. 星美人
28. 白花小松
29. 条纹十二卷
30. 地肤
31. 绿萝
A. 白桦
B. 黄栌
C. 红瑞木
局部放大
0.8m
2.4m
10m
10m
总平面图 1：30
4-5月季相分析
6-8月季相分析
9-10月季相分析
"清晨"部分花境立面图
主要流线
休憩节点
出入口
视线点
视线阻挡
观赏部分
河流
绿地
道路
交通分析图
视线分析图
周边分析
素君流光 ONE DAY
"清晨"花境效果图

草本植物列表

序号	中文名	拉丁名	花期/出穗期	观赏特性	株高
1	紫藤	Wisteria sinensis (Sims) sweet	4月中旬-5月中旬	藤本植物，观紫色总状花序	
2	金边阔叶麦冬	Liriope muscari cv. Variegata	7月	观叶，叶具金边，观葶紫色花	20-30cm
3	彩叶草（黄绿叶型彩叶草）	ChartreuseDPb		观黄绿色叶	50-80cm
4	紫苏	Perilla frutescens (L.) Britt		观紫色叶	30-200cm
5	晨光芒	Miscanthus sinensis 'Morning Light'	8-10月	观细长具银色叶	80-120cm
6	矾根（提拉米苏）	Heuchera micrantha 'Tiramisu'	4-10月	观黄色调叶	20-30cm
7	假龙头	Physostegia virginiana	7-9月	观紫色花	60-120cm
8	蓍草	Achillea sibirca	7-9月	观白花	35-100cm
9	蓝羊茅	Festuca glauca "Blue Select"	5-6月	观叶浅蓝灰色	30cm
10	酢浆草	Oxalis triangularis	4-11月	观叶	30cm
11	千日红（白色）	Gomphrena globosa L	6-9月	观白色圆形头状花序	20-60cm
12	虞美人	Papaver rhoeas L	3-8月	观红色花	25-90cm
13	满天星	Gypsophila paniculata Linn	6-8月	观密生白色小花	30-80cm
14	美女樱	Verbena hybrida Voss	5-11月	观粉色花序，呈伞房状	10-50cm
15	红穗狼尾草	Pennisetum alopecuroides var. viridescens	5-9月	观叶和深红色花穗	40-50cm
16	新西兰风草	Anemanthele lessoniana	8月	观棕色叶和红色花穗	60-90cm
17	金叶佛甲草	Sedum lineare Thunb	5-6月	观金黄色叶	10-20cm
18	蒲苇玫红	Cortaderia selloana 'Rosea'	8-9月	观叶，常绿植物，观粉红色花穗	200-300cm
19	蓍草	Achillea sibirca	7-9月	观红花	35-100cm
20	针茅	Stipa	5-6月	观叶，叶纤细如线	30-50cm
21	拂子茅	Calamagrostis 'Brachytricha'	8月	观蓬松的珍珠粉色花穗	60-80cm
22	红叶石楠	Photiniafraseri	4-5月	观叶，新枝新叶红色	100-200cm
23	蝴蝶兰	Phalaenopsis aphrodite Rchb. F	4-6月	观花，花如蝴蝶状	50-60cm
24	结缕草	Zoysia japonica Steud	5-8月	观叶	14-20cm
25	芙蓉雪莲	Echeveria laui x lindsayana		观色观形	
26	桃美人	Pachyphytum cv.MOMOBIJIN		观色观形	
27	星美人	Pachyphytum oviferum		观叶	
28	白花小松	Villadiahatesii (Hemsl.) Baehni&Macbride	4-5月	观叶	
29	条纹十二卷	Haworthia fasciata		观叶	
30	地肤	Kochia scoparia (L.) Schrad	6-9月	观叶	60-100cm
31	绿萝	Epipremnum aureum		观叶	30-40cm

乔灌木列表

序号	中文名	拉丁名	观赏特性	规格
A	白桦	Betula platyphylla Suk	观干，树皮白色光滑，纸状剥落	冠幅2m，胸径10cm
B	黄栌	Cotinus coggygria Scop	观叶，变色叶树种，秋季叶色变红	冠幅3m，胸径13cm
C	红瑞木	Swida alba Opiz	观枝，枝秆血红色	冠幅1m

半晴半雨，一水一山

北京林业大学　设计者：李方正　李艺琳　严妮　指导教师：李雄

设计构思

在方寸之间营造变化，需要考虑生境的类型、晴雨的变化、意境的层次，于是“半晴半雨，一水一山”的轮廓浮现出来，晴雨是庭院与外部联系的氛围，山水是游园者眼见和心映的意象。古有庭院以石、池造山水的传统，而山中、水上都有种植。因此，选择瓦这种让人能联想到传统院落的材料，以斜出的构筑作山，又在亭中集雨为水，再将庭院中檐下、瓦间、池上三处可以种植的空间放大，配以当地适生的植物，共同形成一个有收有放、似断似连的空间。

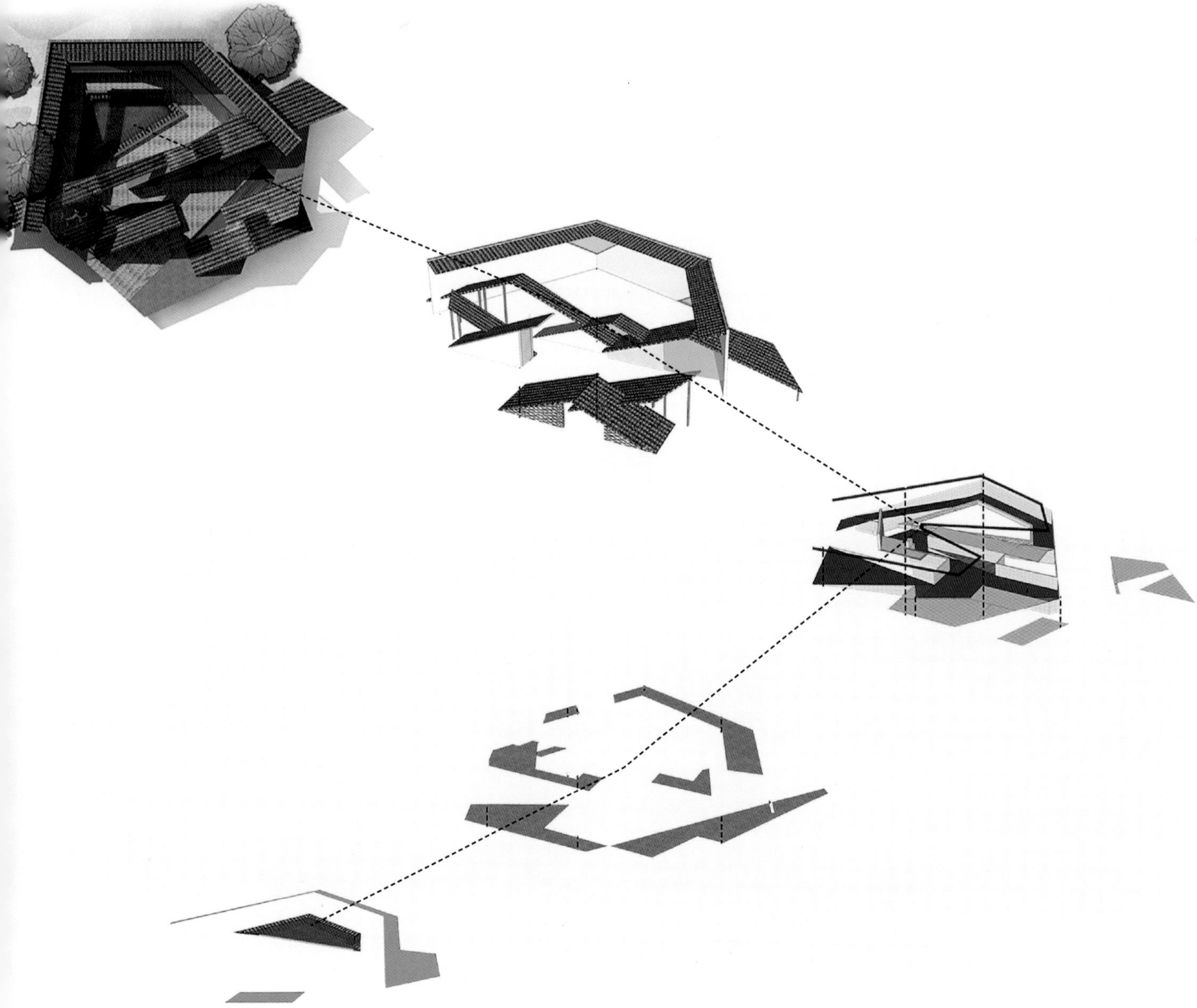

半晴半雨，一水一山

——2019北京世园会大众参与创意展园方案

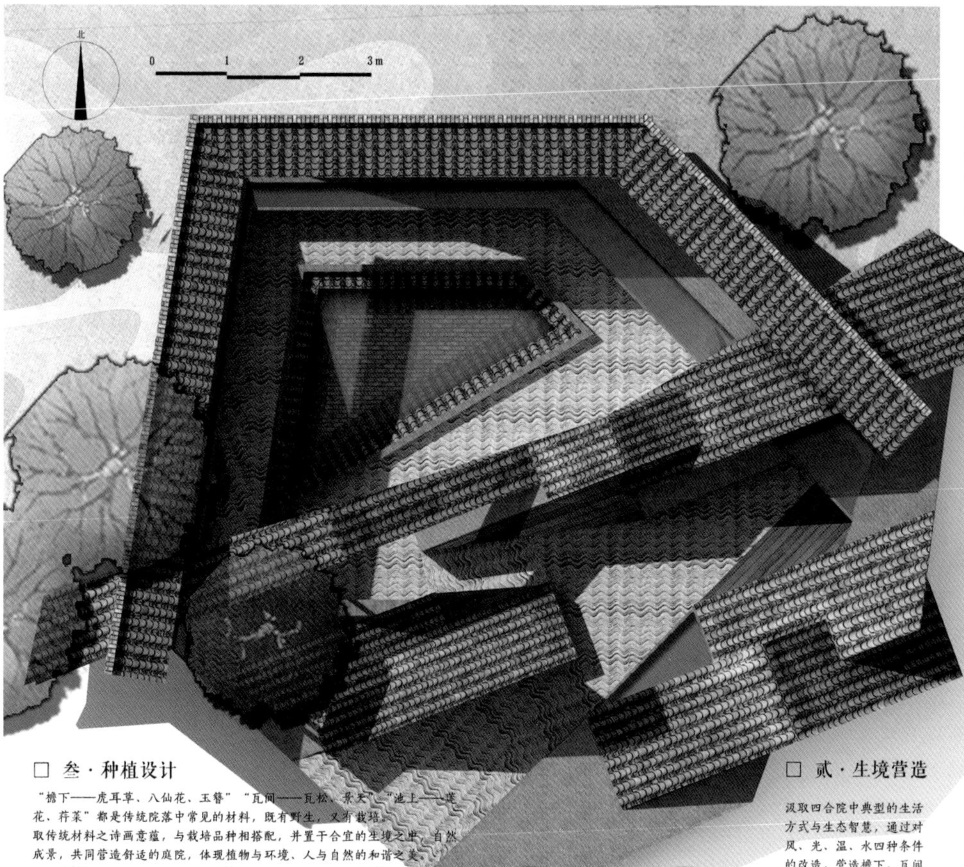

北
0
1
2
3m

□ 壹·概念阐释

传统的四合院落尺度虽小，却有丰富的生境和空间：半晴半雨——檐花细滴、瓦上见晴；一水一山——开窗近山，围池临水。在100㎡空间内，结合传统智慧与现代技术，营造不同的境、景、情。

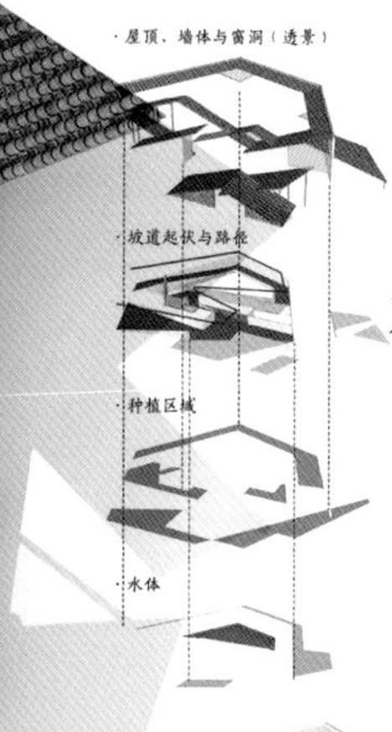

·屋顶、墙体与窗洞（透景）
·坡道起伏与路径
·种植区域
·水体

□ 叁·种植设计

“檐下——虎耳草、八仙花、玉簪”“瓦间——瓦松、景天”“池上——莲花、荇菜”都是传统院落中常见的材料，既有野生，又有栽培。

取传统材料之诗画意蕴，与栽培品种相搭配，并置于合宜的生境之中，自然成景，共同营造舒适的庭院，体现植物与环境、人与自然的和谐之美。

□ 贰·生境营造

汲取四合院中典型的生活方式与生态智慧，通过对风、光、温、水四种条件的改造，营造檐下、瓦间和池上三种不同的生境，既展示植物，又创造富有传统特色的景观化空间。

结合延庆的地热能资源，南花北种，将案头碗莲置于水院中展示，继承之中又有创新。

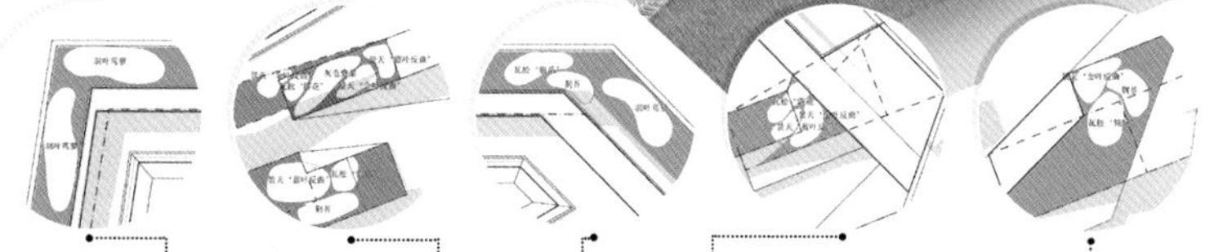

瓦间种植蔓生的羽叶茑萝。
屋檐交汇处搭配瓦松和景天。

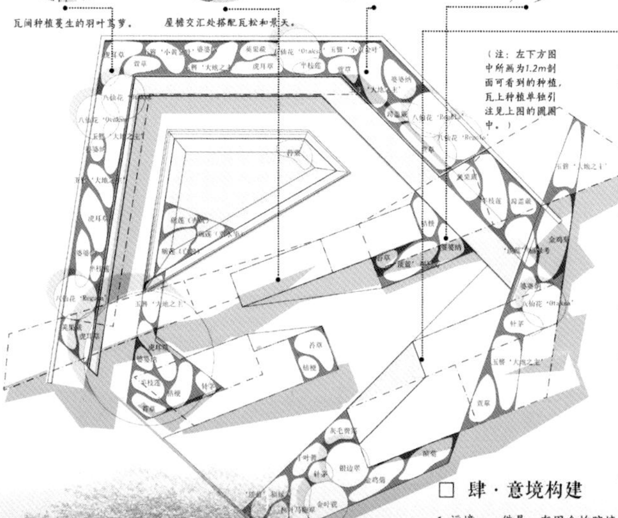

（注：左下方图中所画为1.2m剖面可看到的种植，瓦上种植单独引注见上图的圆圈中。）

类型	名称	品种
檐下花（半荫）	八仙花	奥塔克萨
		尼古拉
	萱草	金色回旋
	玉簪	大地之主
		小黄金叶
	荚果蕨	-
	蹄盖蕨	银瀑
	虎耳草	-
	褛婆纳	皇家蜡烛
	半枝莲	-
	桔梗	初恋
瓦间花（旱地）	瓦松	钝叶
		塔花
		狼爪
	景天	金叶反曲
		蓝叶反曲
	灰毛费菜	精灵
	荆芥	蓝色忧伤
	羽叶茑萝	-
池上花（水生）	碗莲	白鹤
		杏黄
		重水华
	荇菜	-
其他	大叶早樱	-
	银边翠	-
	金叶莸	-
	宿根福禄考	淡蓝
	千叶蓍	夏日浆果
	针茅	天使秀发
	披针叶苔草	-
	柳叶马鞭草	-
	滨菊	阳光
	金鸡菊	重瓣

□ 檐下花（半荫）

抄手游廊中，雨从四面屋顶汇入院落，阶沿石间长出植物。

□ 瓦间花（旱地）

瓦间集聚的少量土壤和水分，成为瓦松的生长空间。

□ 池上花（南花北种）

四合院中常有一池，借高墙遮风降噪，种花养鱼。再以地热系统调温调湿，既展示地热能特色，又是南花北种的尝试。

□ 肆·意境构建

1. 远境——借景：在围合的院墙上开一大一小两盏漏窗，引入远山和近处的土丘。2. 空境——雨帘和水雾：地热使水池周围形成袅袅婷婷的白雾，而层层屋檐在雨中又有水帘，静谧旷远。3. 乐境——对置于花的墙体布置镜面、瓦作的矮墙开不同的漏花，俯仰之间，看到肆意生长的花卉，是山水之乐也。

雨水顺屋檐而下，汇入长水池。
经地上的小水渠，流入池中造景蓄水。
晴日如缺水，可顺渠引灌。
晴雨相依。
出口
入口

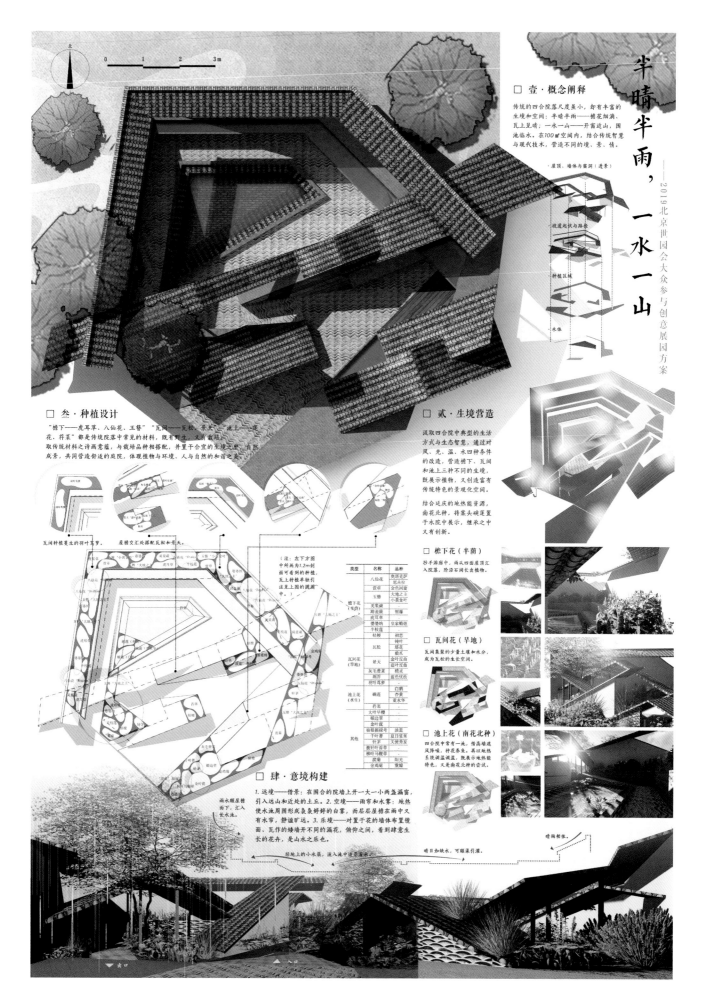

回——基于叙事蒙太奇手法的桃花源再现

四川大学　设计者：王怡云　葛修海　宋世华　指导教师：毛颖

设计构思

设计围绕“芳菲花语，毓秀诗境”主题，思考在100平方米的空间内如何充分体现“天人合一”的哲学观和中华文化的诗情画意。桃花源素来是古人歌颂的净土，以“桃花源”为文化意象，展园将呈现这浮华之中方寸一梦。全园简洁而又深刻地将桃花源凝练为溪上曲径、桃林夹岸、林旷石古、良田美池四个篇章，运用蒙太奇叙事手法营造起承转合的阶段式梦境体验。

空间设计采用螺旋形布置，并采用镜面反射、玻璃折射呈现如梦如幻的场景，丰富小面积空间体验，使观赏者经过游赏空间的情绪孕育，到中心冥想空间的意韵升华，感受中国传统的含蓄之美。布景中，曲径、置石微缩天然山水，层层叠叠的玻璃映衬纷飞的花瓣，将水墨桃源图嵌于半透明的画屏，透着良田美池的均衡美学。植料多以地被花卉及观赏草为主，配合地面铺装呈现精致的空间。立面的半透明材料与砖墙虚实相间，创造隐现回转的视觉效果。顶面覆盖婆娑的桃花枝条，解释桃园之源和着生生不息的桃源梦，使人在有限的空间里感受无限的桃源仙境。

方案效果展示 PERSPECTIVE VIEW

方案概念解读 CONCEPT DESIGN

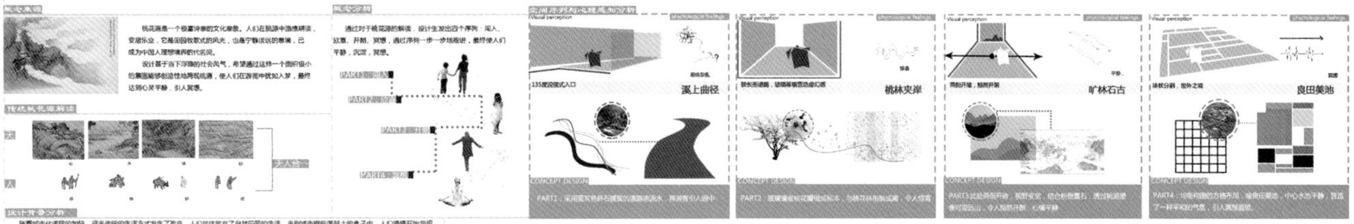

回，包含两层意涵，一是物质空间上的“回”，指回环，迂回，曲折，使得空间富有层次与变化，步移景异。
二是精神意义上的”回 ”，人们通过物质空间上的迂回游览中完成了时空回溯，梦回桃花源，回到了一个清明澄澈的世界，平和宁静。

回——基于叙事蒙太奇手法的桃花源再现

BACK TO THE ANCIENT DREAM

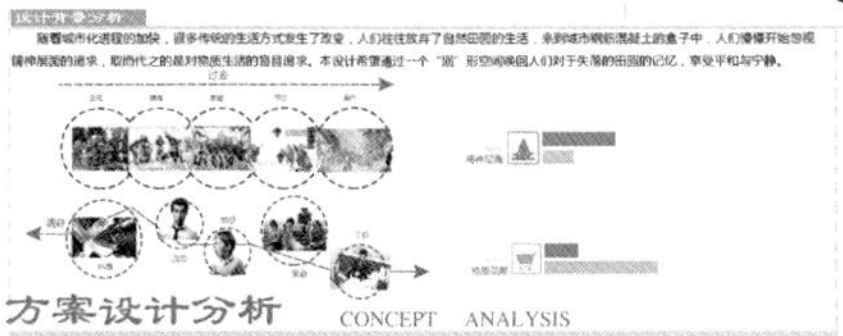

方案设计分析 CONCEPT ANALYSIS

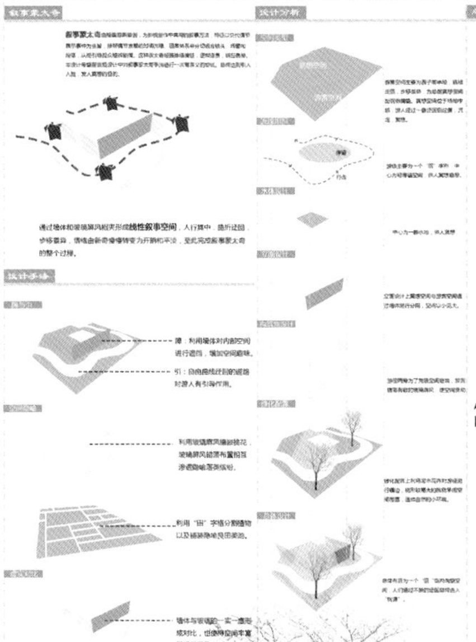

A——A剖面图 1：50

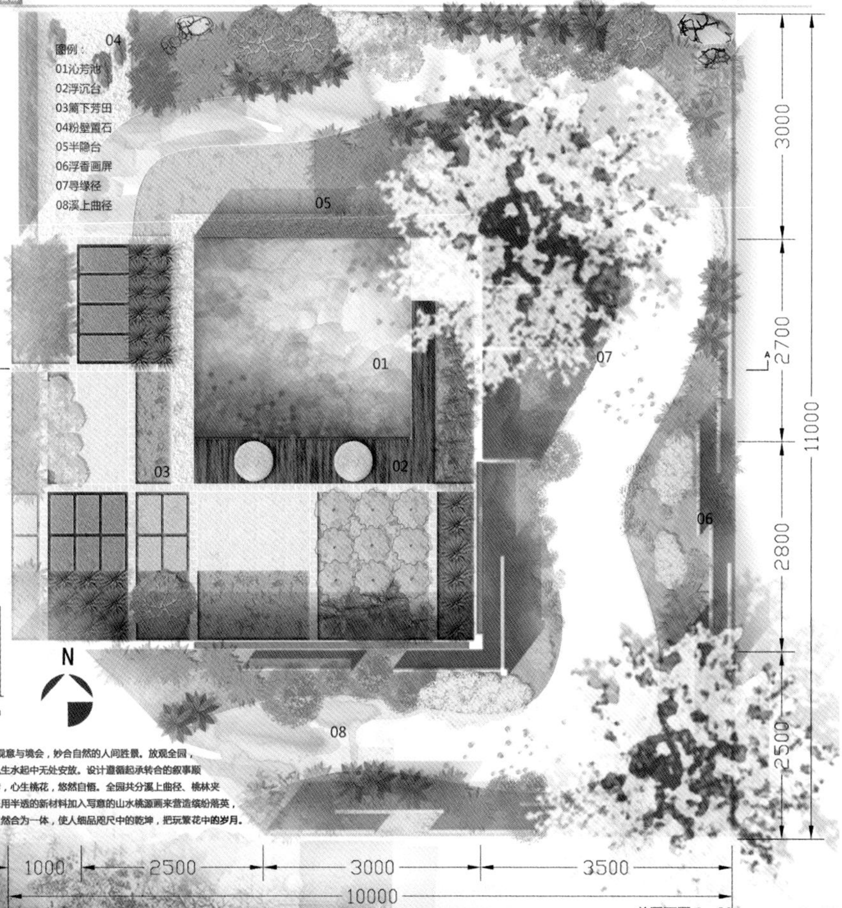

总平面图 1：30

设计说明

本次展园设计通过虚实相间，隐现交融，回转不绝的布局来寻觅精神的淡泊宁静，自然从容，呈现意与境会，妙合自然的人间胜景。放观全园，由一条曲之路渐入，地敞为坪，芳草如茵，飘然如梦。其实每个人心中都有一粒桃花源的种子，奈何风生水起中无处安放。设计遵循起承转合的叙事顺序，基于蒙太奇手法将一篇朴实无华却又神韵无穷的故事娓娓道来，使品读它的人，无论如何星移斗转，心生桃花，悠然自悟。全园共分溪上曲径、桃林夹岸，林旷石古，良田美池四个篇章，带给游人从欣喜激扬到豁然开朗直至静穆淡远的心理体验。设计采用半透的新材料加入写意的山水桃源画来营造缤纷落英，清明常贮的涵韵，植物材料选用常见的乡土植物，以资造景，以色增趣，以香添韵，以韵传神，与大自然合为一体，使人细品咫尺中的乾坤，把玩繁花中的岁月。

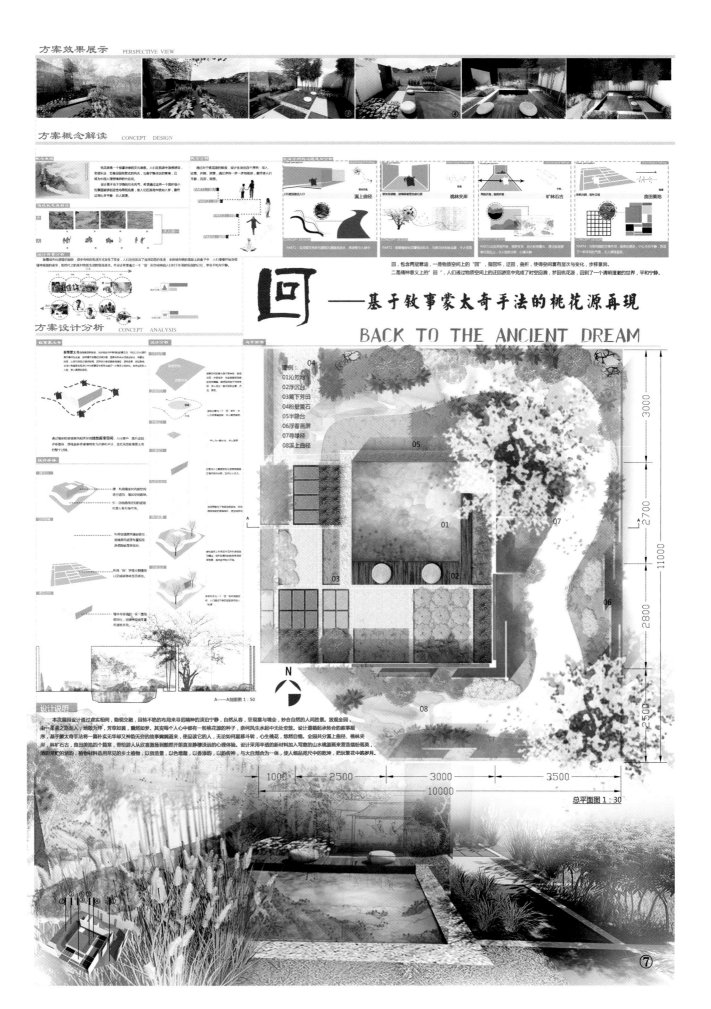

获奖作品

国内园林、风景园林
及相关专业在校学生组

三等奖（排序不分先后）

奇遇

立体花园

城市脉动

绘乡

橡皮泥花园——儿童植物互动体验区景观设计

品园

峯圃

厨艺花园

山居咏怀

珠落玉盘泉韵莺语：儿童游憩花园

园·艺·诗

城市药谱——为亚健康一族设计的治愈式花园

水抱山环天地间

花园墙外

奇遇

北京林业大学

设计者：蔡元思

指导教师：李倞　王鑫

奇遇

Adventure in wonderworld

现代工作的极速和石室森林中的生活，使亲近自然无疑成为每个都市人的愿望。这个设计的初衷便是如此的简单——希望游者能感受到在大自然中的快乐。然而空间的意义并非是确定，但空间的情节结构中却暗含着让使用者可能实现的种种体验与理解的契机，隐藏着意义的可能性。所以，设计采用蒙太奇的方法，把蹦蹦床和滑梯放入被植物包围的美丽环境；并且用花园营造中最传统的花境——使美四时常在，富于变化；辅以水声来渲染活跃的气氛，希望使用者在活动参与中、看与被看中，获得属于自己的自然之乐。

总平面图

4-5月·早春 季相平面
6-8月·盛夏 季相平面
9-10初秋 季相平面

剖面1-1

剖面2-2

概念生成

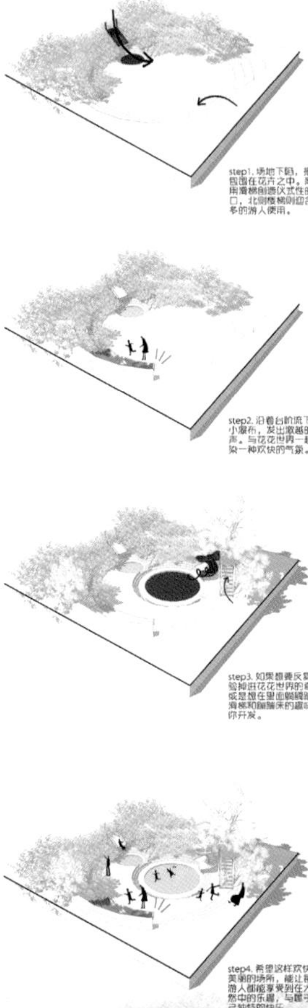

step1. 场地下陷，把人包围在花卉之中。南侧用滑梯创造仪式性的入口，北侧楼梯则迎合更多的游人使用。

step2. 沿着台阶流下的小瀑布，发出激越的响声。与花花世界一起渲染一种欢快的气氛。

step3. 如果想要反复体验掉进花花世界的奇遇，或是想在里面蹦蹦跳跳，滑梯和蹦蹦床的趣味等你开发。

step4. 希望这样欢快而美丽的场所，能让每个游人都能享受到在大自然中的乐趣，与属于自己独特的快乐。

立体花园

北京林业大学

设计者：陈家齐

指导教师：郑曦 王应临

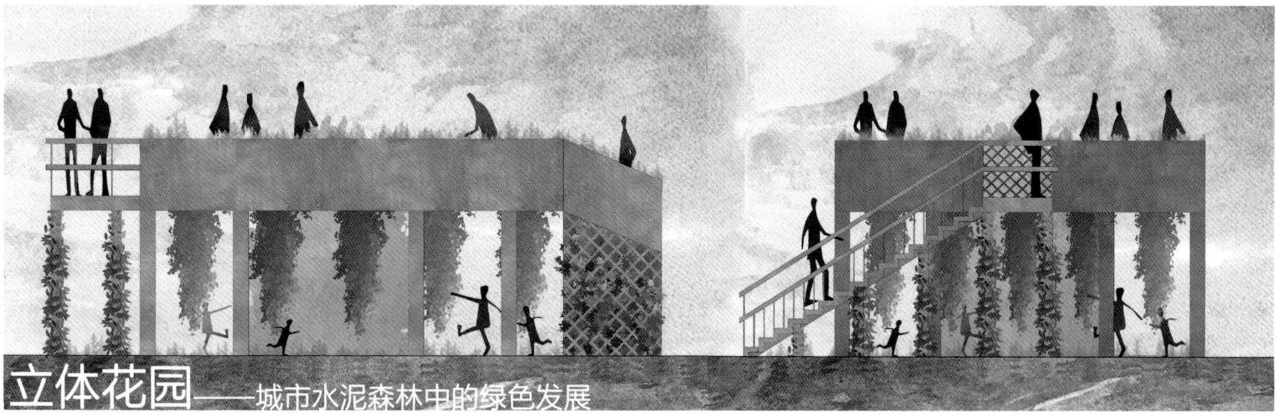
立体花园——城市水泥森林中的绿色发展

■花园的发展趋势

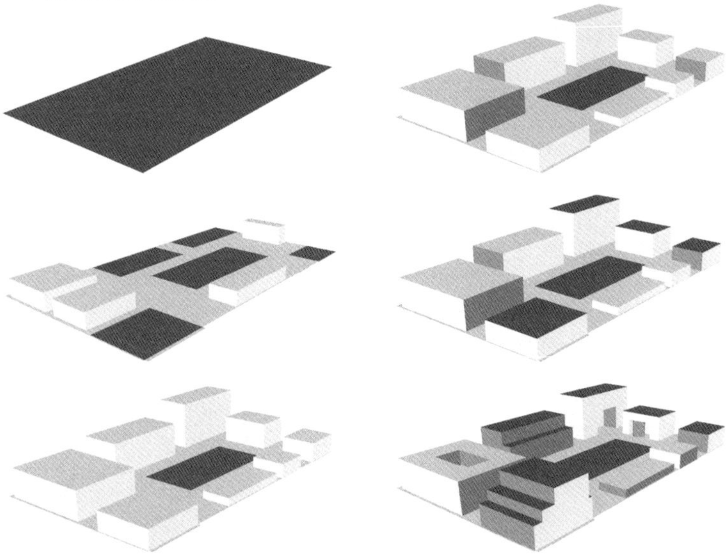

■采用绿化方式

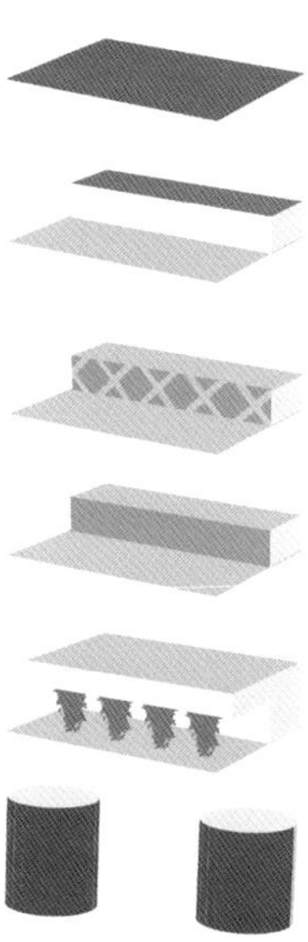

□该花园模仿城市未来绿色发展的模式，运用立体绿化的方式营造别样的花园景观。

□未来花园一定会向空间中发展，目前来看，随着城市化的不断加深，城市建筑越来越密集，城市绿地被侵占，地面上的绿化不断减少。而人们对于绿化是有需求的，这时人们便将绿化引入了空间当中，保证了城市绿化面积。

□该花园模仿了城市中立体绿化的各种方式，如墙面绿化、屋顶绿化等。运用其立体绿化的元素打造别有趣味的立体花园。

□该花园在空间上分为上、下两层，上层主要提供短暂的休息功能以及观赏功能；下层主要提供游赏功能，还可以为小孩子提供科普教育的功能，可以教他们认识不同生长方式的植物。

□该花园的建筑部分全部由钢结构构成。

■花园所种植物

金叶苔草|小兔子狼尾草|墨西哥羽毛草|花叶蒲苇|蓝羊毛

蓍草|金叶莸|黄晶菊|黑心菊|白丁香

欧洲月季|风车茉莉|藤本蔷薇|常春藤|垂钓马蹄金

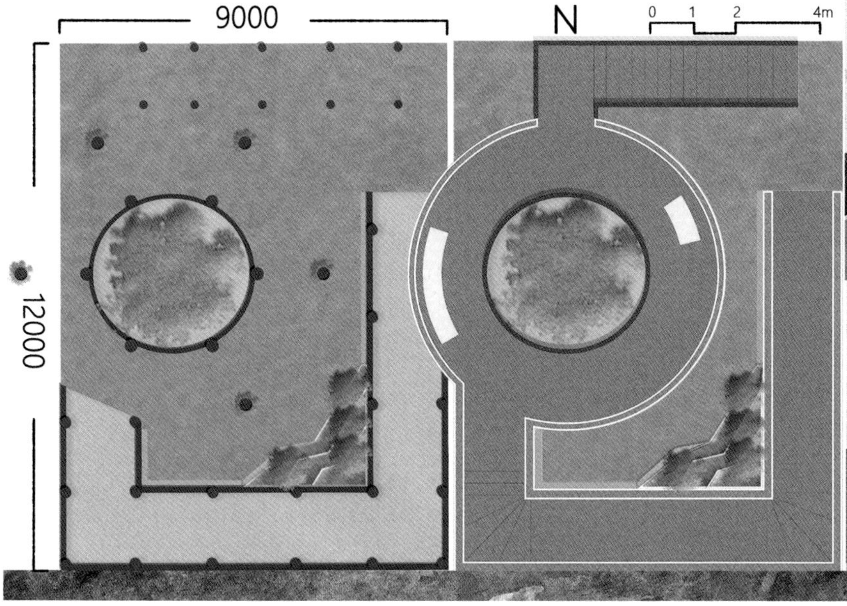
9000
N
0 1 2 4m
12000

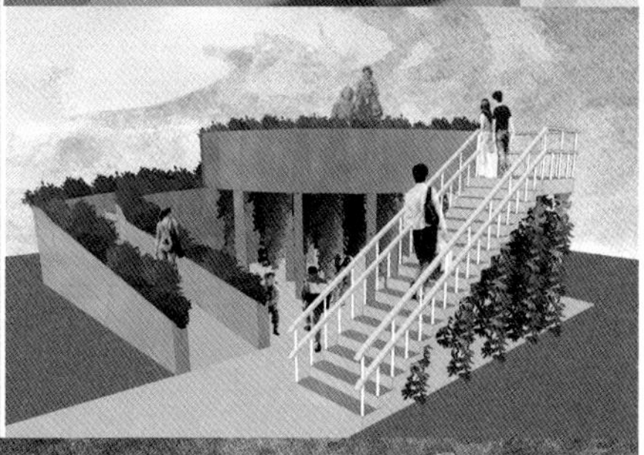

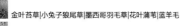

城市脉动
北京林业大学
设计者：董杜韵
指导教师：郭巍 许晓明

城市脉动

——融合科技的绿色城市新生活体验

平面图

1 入口塑胶场 2 坡道 3 过滤格栅上种花草 4 泵房 5 沉砂池 6 污泥池 7 反应池 8 观察台 9 互动廊 10 体验台 11 清水收集皿 12 污泥脱水池 13 滴灌系统 14 垂直绿化 15 滑梯 16 植被 17 观察口

区位

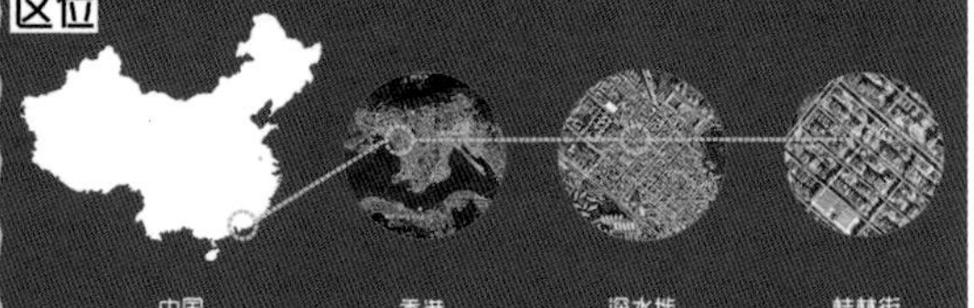

导言

香港地区一直是城市高密度的代名词，绿地面积少、建筑密度高、人流拥挤等问题在其深水埗区则更为凸显。这里早在20世纪五六十年代已十分人烟稠密，1986年人口曾达44万，且在每年55000名由国内新来港的人士中，一成多会在本区定居，为各区之冠。

设计从高密度的城市问题出发，试图搭建一个垂直结构的绿色花园进行，以探索香港地区垂直绿化的可能性，同时引入一套水处理系统和虚拟现实技术，三者体现绿色、科技的主题。

选址

设计构想

将一个水处理的流程置入场地，绕行一周的**坡道**形成参观此工艺的路径
沿参观路径布置虚拟现实体验空间
利用水处理流程生成的再生水、结合**垂直**绿化方式构建植物系统

构架结构

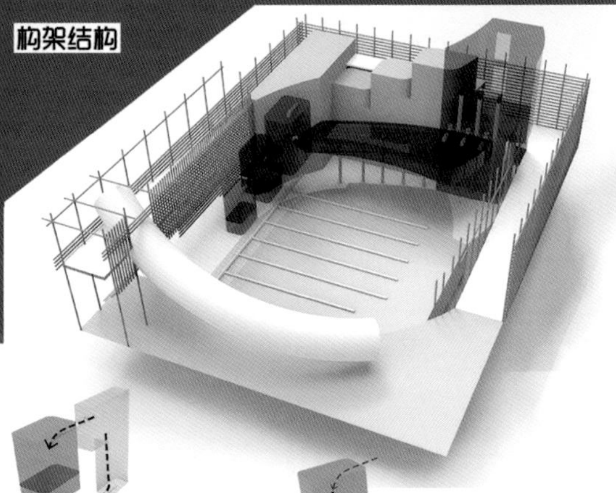

流程

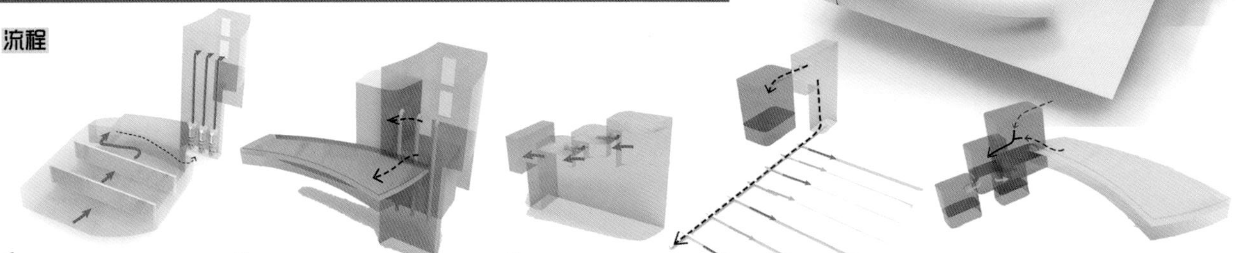

1
2 沉淀池初步区分溶液和污泥
3 厌氧池-缺氧池-好氧池
4 再沉淀进一步固液分离，处理后的水用于滴灌系统
5 初步和二次沉淀的污泥同时进入浓缩、消化和脱水的过程

效果图

入口 虚拟植物认养 VR三维体验

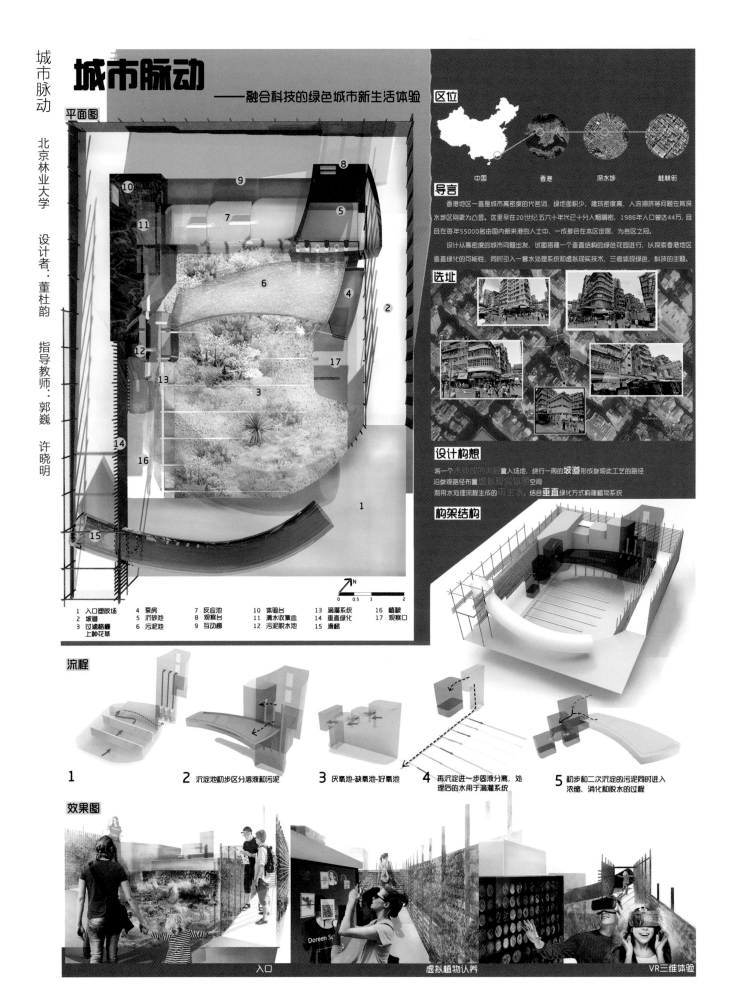

绘乡 西北农林科技大学 设计者：冯扬 指导教师：刘建军

绘乡——陕西关中山水花园概念设计

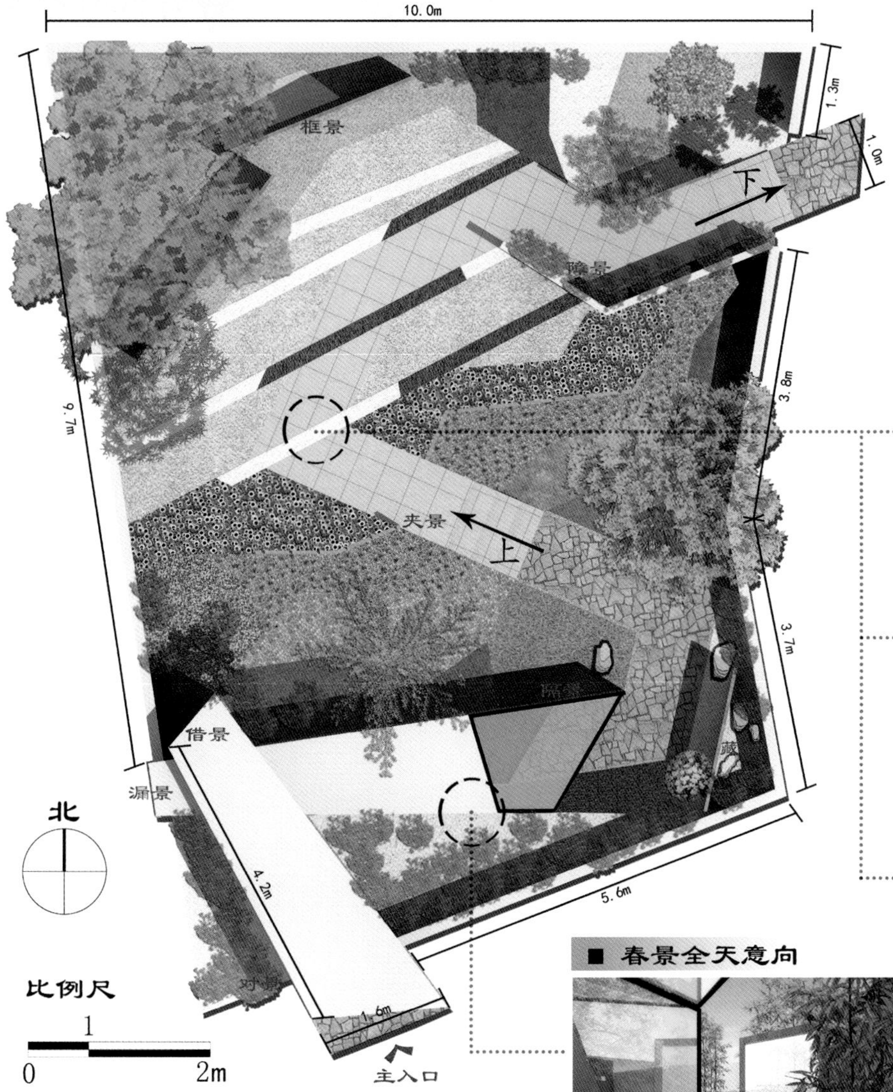

■ 概念解读

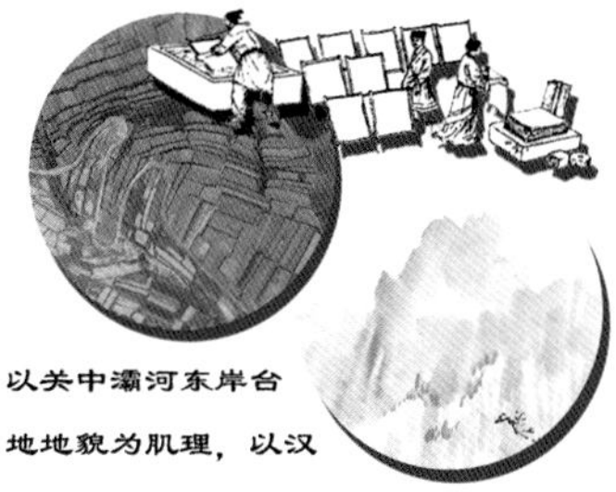

以关中灞河东岸台地地貌为肌理，以汉朝造纸术工艺的发明为历史文脉，营造出一幅幅以文学、绘画为基础的具有诗意美、虚幻美和乡土美山水花园。

■ 夏、秋景全天意向

■ 春景全天意向

■ 西立面

■ 北立面

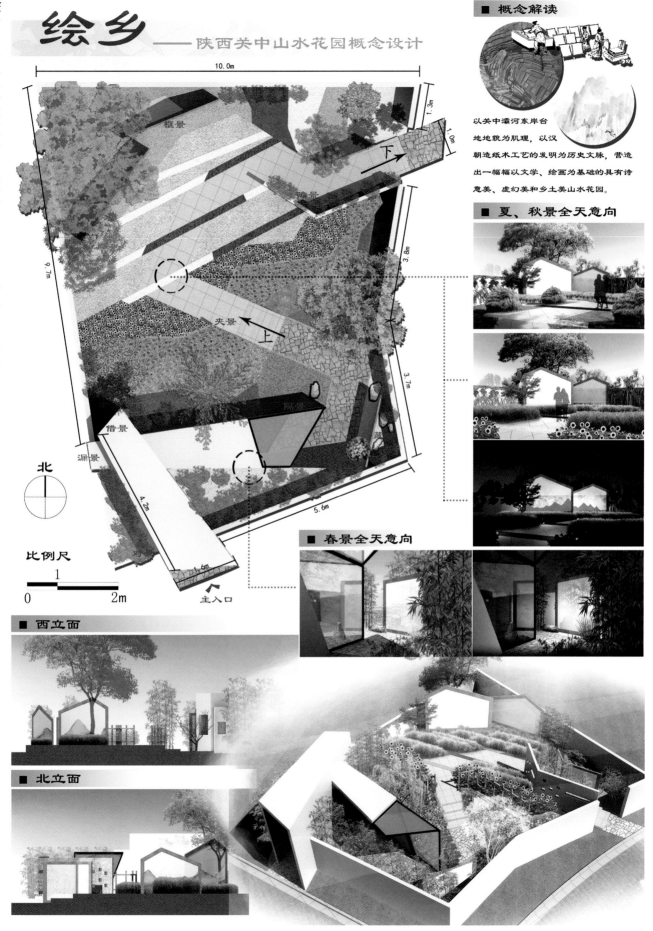

橡皮泥花园——儿童植物互动体验区景观设计

四川农业大学

设计者：蒋媛媛 万雅欣

指导教师：叶顶英

橡皮泥花园

——儿童植物互动体验区景观设计

地理区位分析

世园会园区位于北京市域西北部，距离市区约74km，距离昌平新城以及河北怀来、赤城县约35km。

世园会园区位于延庆县西南部，东部紧邻延庆新城，西部紧邻官厅水库，横跨妫水河两岸，距离八达岭长城和海坨山约10km。西距康张路750-1000m，北至妫河森林公园北边界-延农路，东至延庆新城规划集中建设用地边界，南至百康路。

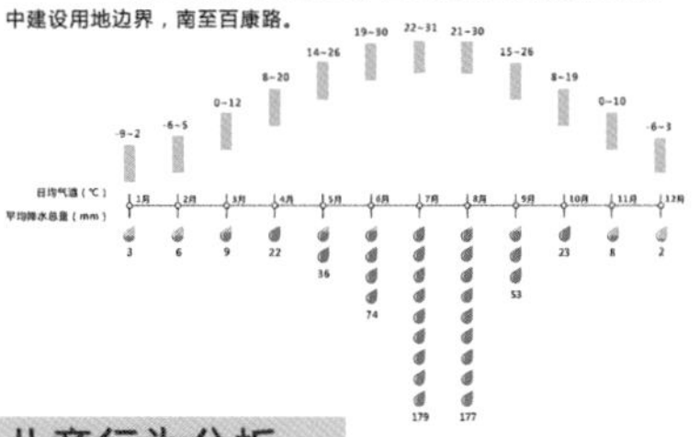

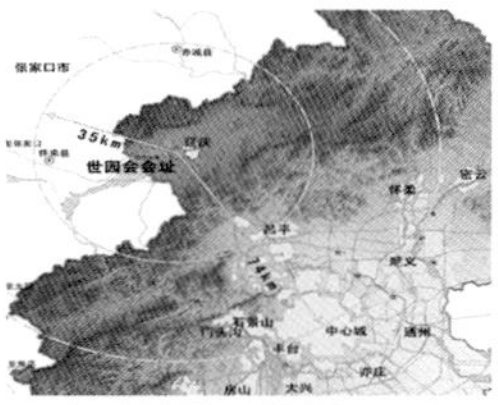

北京的气候为典型的暖温带半湿润大陆性季风气候，春季干旱多风，夏季炎热多雨，秋季凉爽湿润，冬季寒冷干燥。年均气温10~12℃，年均降雨量600mm，降水在年际和年内分配极不均衡，全年降水的75%集中在夏季，7、8月常有暴雨。北京属于严重缺水的特大城市。

儿童行为分析

儿童喜欢的色彩分析

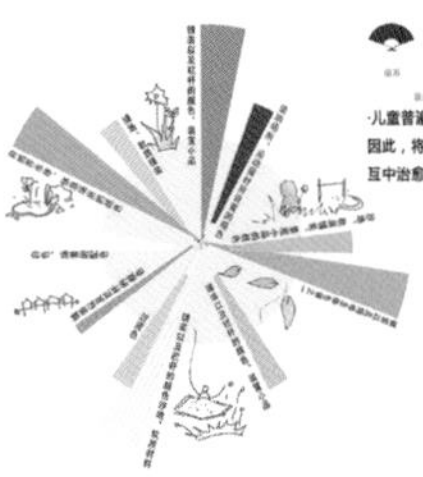

儿童形状选择偏向

·儿童普遍喜欢具有主题性质、游乐性质的场地，并且绝大多数不喜欢学校因此，将科教与游乐相结合是我们设计需考虑的重点，在儿童与自然的交互中治愈"自然缺失症"并且学习到自然的知识。

儿童出行愿望

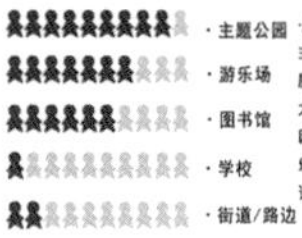

·儿童普遍喜欢具有主题性质、游乐性质的场地，并且绝大多数不喜欢学校因此，将科教与游乐相结合是我们设计需考虑的重点，

儿童与植物的互动

概念解析

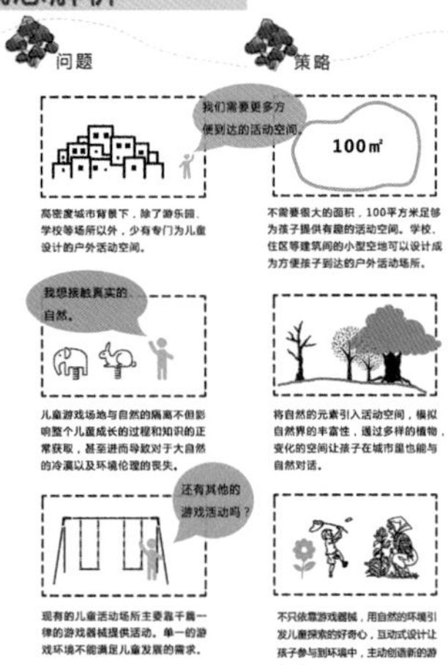

高密度城市背景下，除了游乐园、学校等场所以外，少有专门为儿童设计的户外活动空间。

不需要很大的面积，100平方米足够为孩子提供有趣的活动空间。学校、住区等建筑间的小型空地可以设计成为方便孩子到达的户外活动场所。

儿童游戏场地与自然的隔离不但影响整个儿童成长的过程和知识的正常获取，甚至进而导致对于大自然的冷漠以及环境伦理的丧失。

将自然的元素引入活动空间，模拟自然界的丰富性，通过多样的植物，变化的空间让孩子在城市里也能与自然对话。

现有的儿童活动场所主要靠千篇一律的游戏器械提供活动。单一的游戏环境不能满足儿童发展的需求。

不只依靠游戏器械，用自然的环境引发儿童探索的好奇心，互动式设计让孩子参与到环境中，主动创造新的游乐方式。

自然 通过模拟自然景观，在城市里儿童提供亲近自然的机会，通过自然环境来激发儿童的感知和学习能力。

参与 花园像橡皮泥一样引发创造和探索，让孩子们主动参与，发现自然的奥秘。小小的空间却能创造万千的乐趣。

为儿童设计 根据儿童的行为和心理设计活动场地，保证游戏的安全性和趣味性，满足不同年龄段儿童的不同需求，增加亲子互动。

植物设计

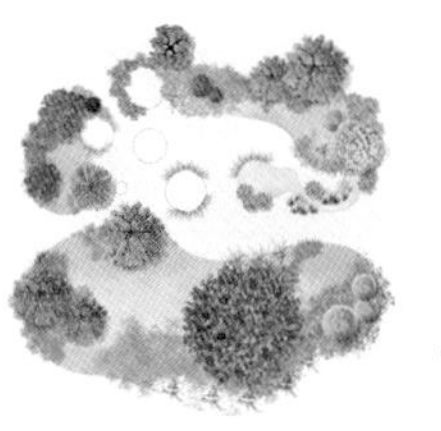

植物配置平面图

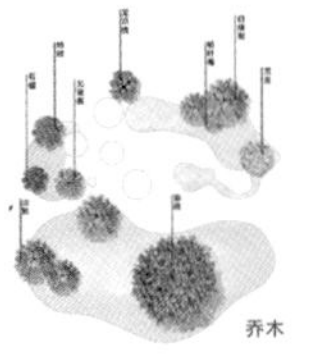

乔木

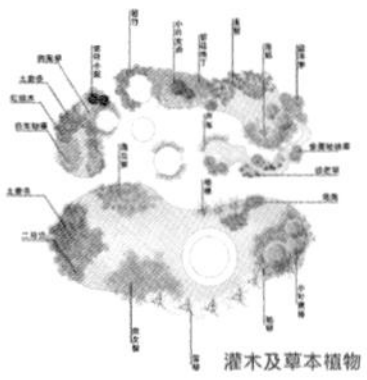

灌木及草本植物

植物配置表

分类	序号	中文种名	拉丁学名	观赏特性
乔木	1	栾树	*Koelreuteria paniculata*	观花 夏秋
	2	白蜡树	*Fraxinus chinensis*	观叶 秋
	3	玉兰	*Magnolia denudata*	观花 春
	4	龙爪槐	*Sophora japonica*	观树形
	5	榆叶梅	*Amygdalus triloba*	观花 春
	6	柿树	*Diospyros kaki*	观果 秋
	7	石榴	*Punica granatum*	观花 春夏 观果 夏秋
	8	山桃	*Amygdalus davidiana*	观花 春
	9	元宝枫	*Acer truncatum Bunge*	观叶 秋
灌木	1	小叶黄杨	*Buxus sinica*	
	2	小叶女贞	*Ligustrum quihoui*	
	3	荆条	*Vitex negundo*	观花 春
	4	连翘	*Forsythia suspensa*	观花 春
	5	紫叶小檗	*Berberis thunbergii*	观叶
	6	红瑞木	*Swida alba*	观枝、叶
	7	迎春	*Jasminum nudiflorum*	观花、枝
	8	雪柳	*Fontanesia fortunei*	
草本植物	1	桔梗	*Platycodon grandiflorus*	观花 夏
	2	玉簪	*Hosta plantaginea*	观花 夏秋
	3	白车轴草	*Trifolium repens*	
	4	紫花地丁	*Viola yedoensis*	
	5	美女樱	*Verbena hybrida*	观花 夏秋
	6	狗尾草	*Setaria viridis*	
	7	土麦冬	*Liriope spicata*	
	8	蒲公英	*Taraxacum mongolicum*	
	9	诸葛菜	*Orychophragmus violaceus*	
	10	鸢尾	*Iris tectorum*	观花 春
	11	须芒草	*Andropogon yunnanensis*	
	12	蓝羊茅	*Festuca glauca*	
	13	金娃娃萱草	*Hemerocallis fulva*	观花 夏秋
	14	芦苇	*Phragmites communis*	
	15	结缕草	*Zoysia japonica*	
水生植物	1	睡莲	*Nymphaea tetragona*	
竹类植物	1	箬竹	*Indocalamus tesselatus*	

专项设计

游乐"圆"

蛋糕蔬菜"圆"

儿童可以体验蔬菜的种植和收获，了解食物从何而来。

探索"圆"

直径一米五的圆圈范围内能包含多少不同种类的植物呢？引发好奇心的探索空间。

秘密花"圆"

植物围合的私密空间给孩子们聊天、玩耍的小小植物"帐篷"。

总评及图例

1 儿童游乐"圆"
2 野趣攀爬区
3 互动种植架
4 草坡休息区
5 浅影水池
6 种植球区域正入口
7 场地正入口
8 种植球区域侧入口1
9 种植球区域
10 隐藏洞口
11 场地正入口2
12 种植球区域侧入口2

比例尺1:30

场地分析

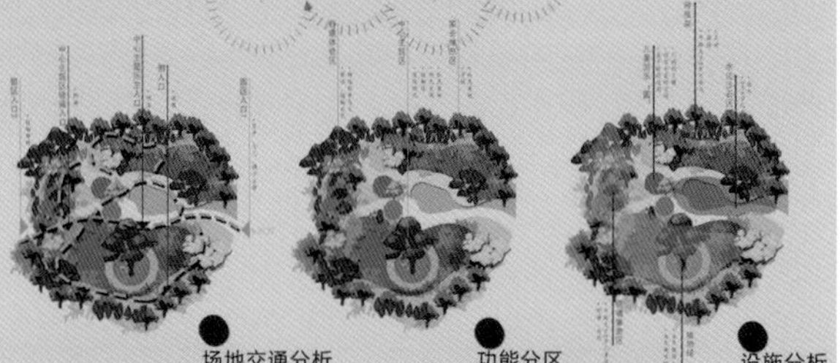

场地交通分析 功能分区 设施分析

立面图
比例1:30

场地效果图

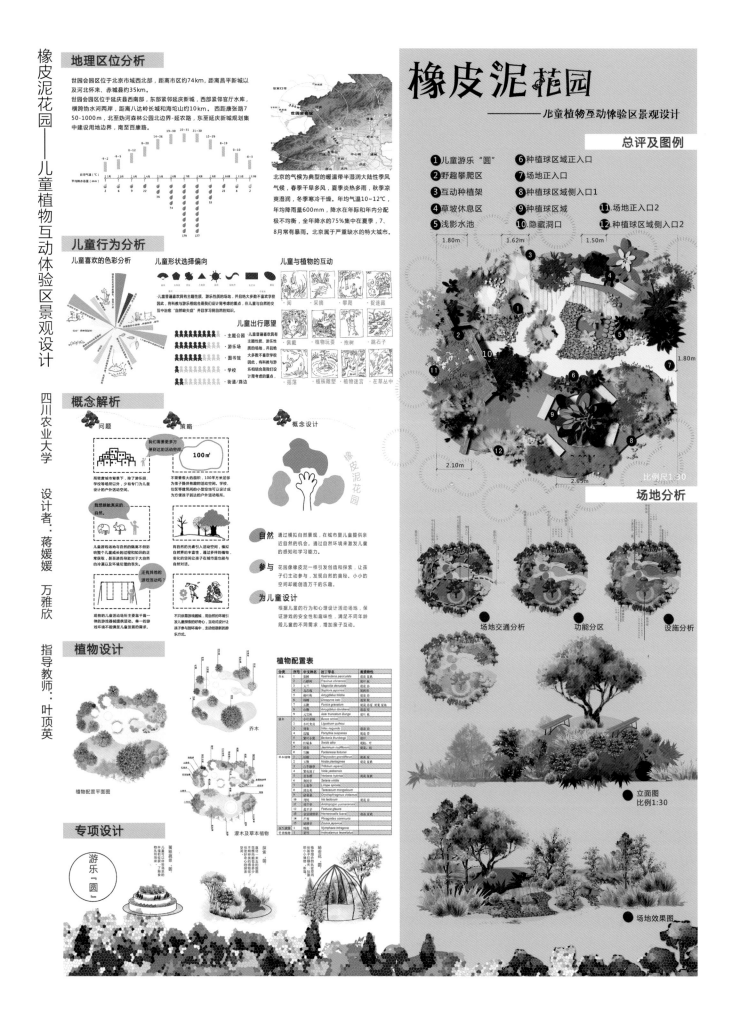

品园 西南林业大学 设计者：康钰 杨宇 王奕昕 指导教师：刘扬

品园——品花、品草、品天地

平面图

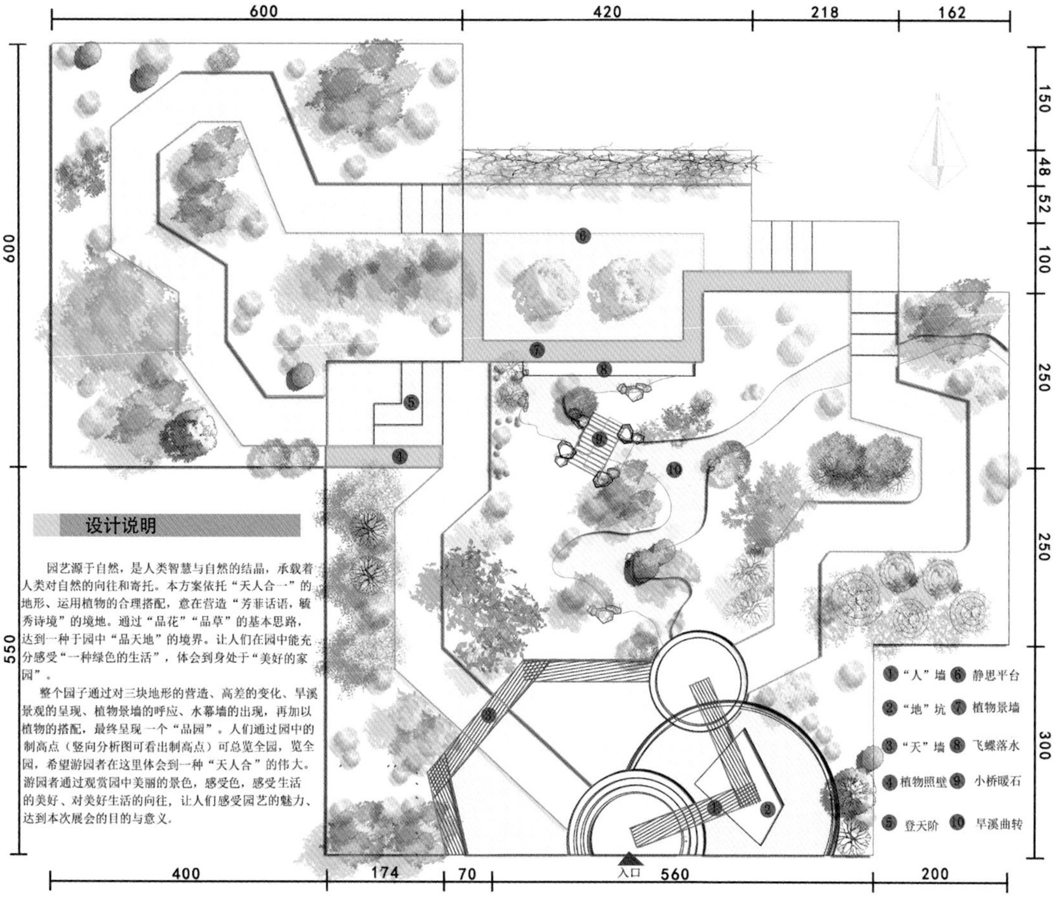
600
420
218
162
150
48
52
100
250
250
300
600
550
400
174
70
560
200
入口
1 "人"墙
2 "地"坑
3 "天"墙
4 植物照壁
5 登天阶
6 静思平台
7 植物景墙
8 飞蝶落水
9 小桥暖石
10 旱溪曲转

区位分析图

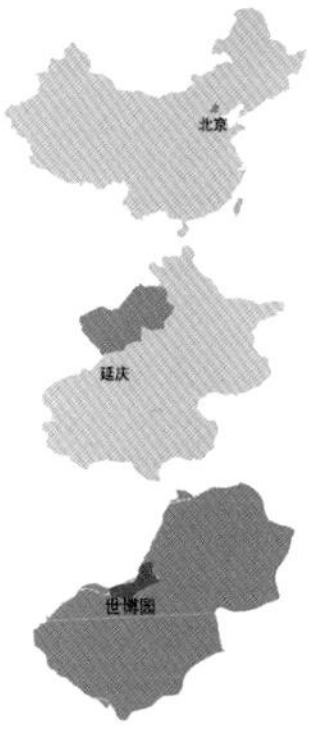
北京
延庆
世博园

地形分析图

天、地、人

三者交融

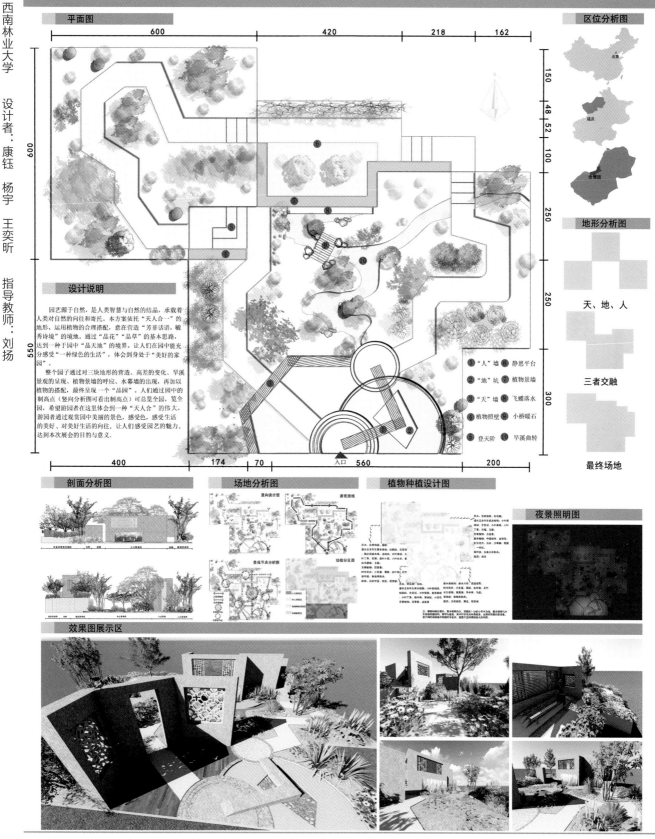

最终场地

设计说明

园艺源于自然，是人类智慧与自然的结晶，承载着人类对自然的向往和寄托。本方案依托“天人合一”的地形、运用植物的合理搭配，意在营造“芳菲话语，毓秀诗境”的境地。通过“品花”“品草”的基本思路，达到一种于园中“品天地”的境界。让人们在园中能充分感受“一种绿色的生活”，体会到身处于“美好的家园”。

整个园子通过对三块地形的营造、高差的变化、旱溪景观的呈现、植物景墙的呼应、水幕墙的出现，再加以植物的搭配，最终呈现一个“品园”。人们通过园中的制高点（竖向分析图可看出制高点）可总览全园，览全园，希望游园者在这里体会到一种“天人合”的伟大。游园者通过观赏园中美丽的景色，感受色，感受生活的美好、对美好生活的向往，让人们感受园艺的魅力、达到本次展会的目的与意义.

剖面分析图

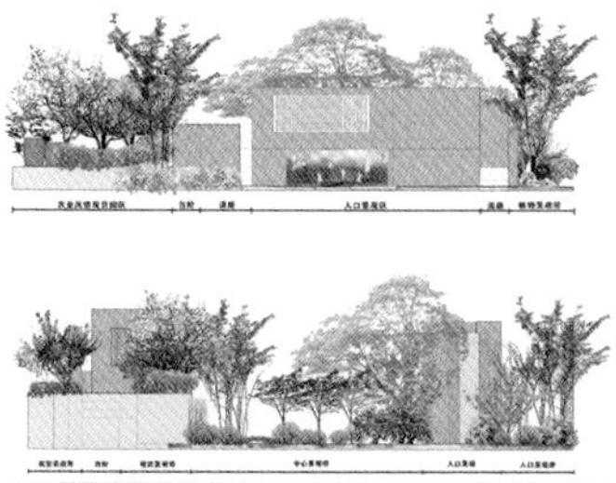

场地分析图

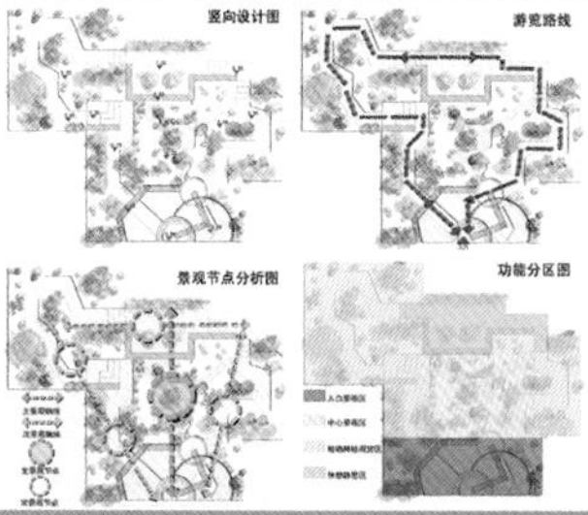
竖向设计图
游览路线
景观节点分析图
功能分区图

植物种植设计图

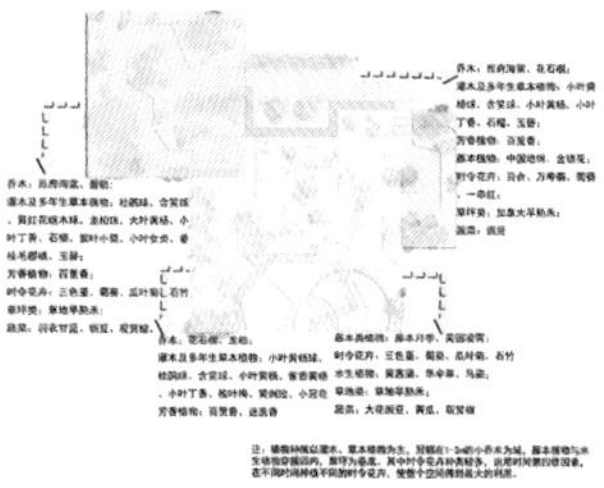

夜景照明图

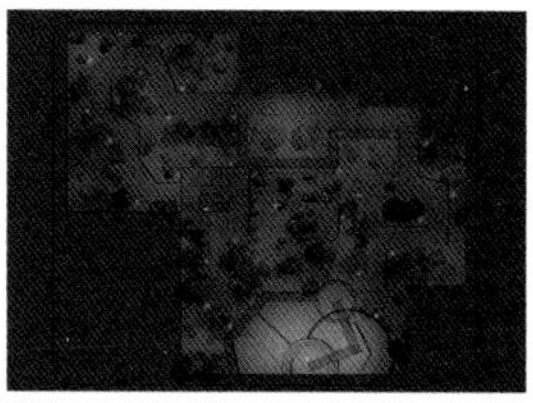

效果图展示区

峯圃　华南理工大学　设计者：李泉江　陈鹏任　指导教师：林广思

山花烂漫
雪后初晴
雨润如酥
植栽空间
步行空间
休憩空间
防晒空间
遮阴空间
微气候及空间分析
冬景
紫薇、鸡蛋花的枯枝
秋景
多种落叶植物变色组成绚丽的秋景
春景
风铃木的盛开
多种开花植物绽放
冬景
宫粉羊蹄甲、石斑木
种植季相层次分析
6鸡爪槭
2宫粉羊蹄甲
7灯芯草
1小叶榄仁
18小琴丝竹
19花叶艳山姜
10细叶芒
11草豆蔻
混合草地
16石斑木
17天门冬
12风车草
14桂花
11草豆蔻
8南天竹
3鸡蛋花
9花叶扶桑
20假鹰爪
21春羽
23蜘蛛兰
20假鹰爪
4紫薇
5风铃木
注：混合草地是由大叶油草、马尼拉草与麦冬草进行混合种植的新型草坪。
2.400
1.600
1.300
0.400
±0.000
南立面图 1:30
平面图 1:30
峯圃 HILLING GARDEN
效果图

厨艺花园

北京林业大学

设计者：刘晓烨

指导教师：赵晶

厨艺花园

可食地景(edible landscaping),顾名思义,不是简单的种地,而是用设计生态园林的方式设计农园,让农园也变得非常富有美感和生态价值。将可食地景和人类最重要的活动之一——烹饪结合，让人们了解食物从生长到变成佳肴的过程，制造厨房一样的花园是设计者最真切的愿景。

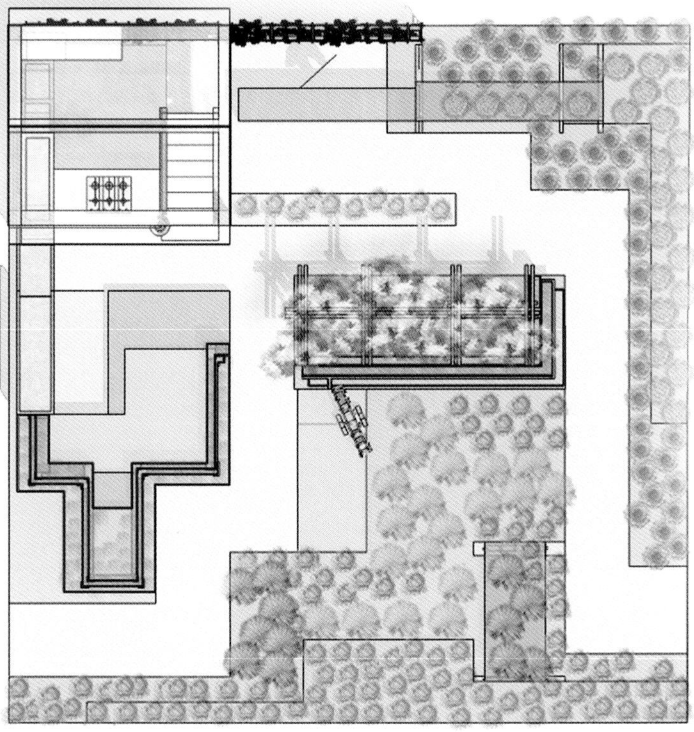

平面图 1:30

春景平面示意图及效果

秋景平面示意图及效果

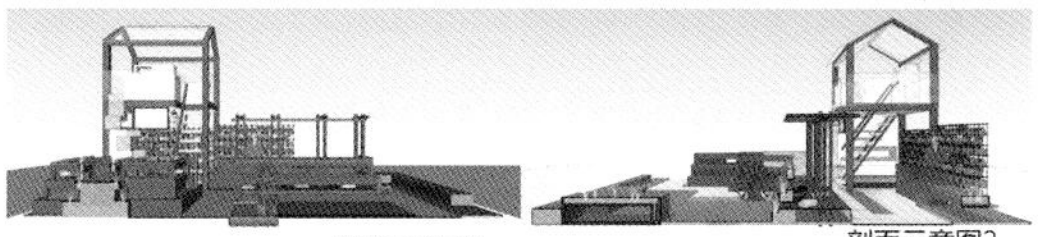

剖面示意图1　剖面示意图2

功能分析：

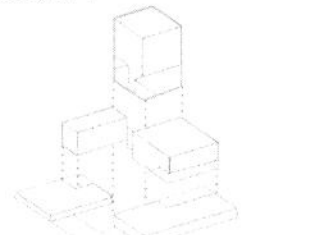

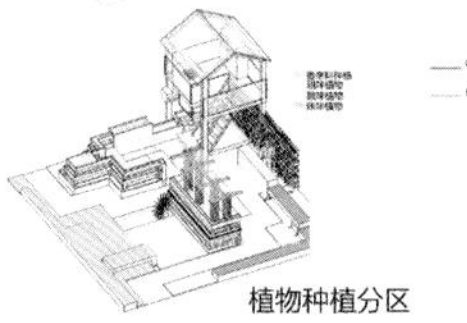

植物种植分区

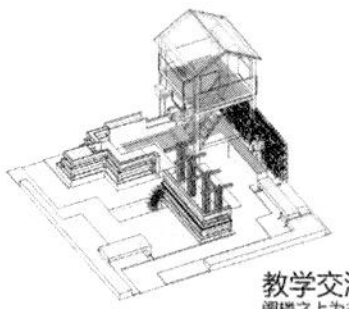

教学交流区

阁楼之上为主要教学区域，一层液晶屏实时播放教学烹饪过程

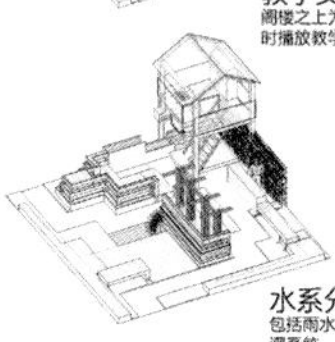

水系分析

包括雨水收集，厨房用水再利用和滴灌喷灌系统

休憩娱乐区

包括藤下休憩区，水池实践区和草坪交流区

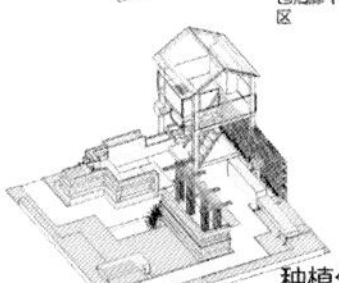

种植分层

主要分为滴灌一层种植和二层种植

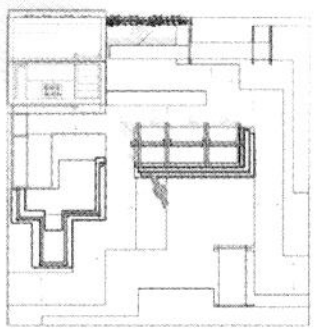

雨水收集及展示平台示意图

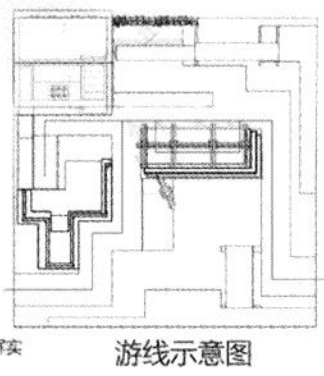

游线示意图

夜景效果示意：在主要活动区合理设置灯光，同时配合水景和植物，营造静谧温馨的灯光效果。

效果图集：1.厨艺教学交流区 2.可食用植物教学种植区 3. 休闲BBQ体验区

山居咏怀

四川农业大学

设计者：舒茜　雷巍　罗丹琪

指导教师：郭丽　孙大江

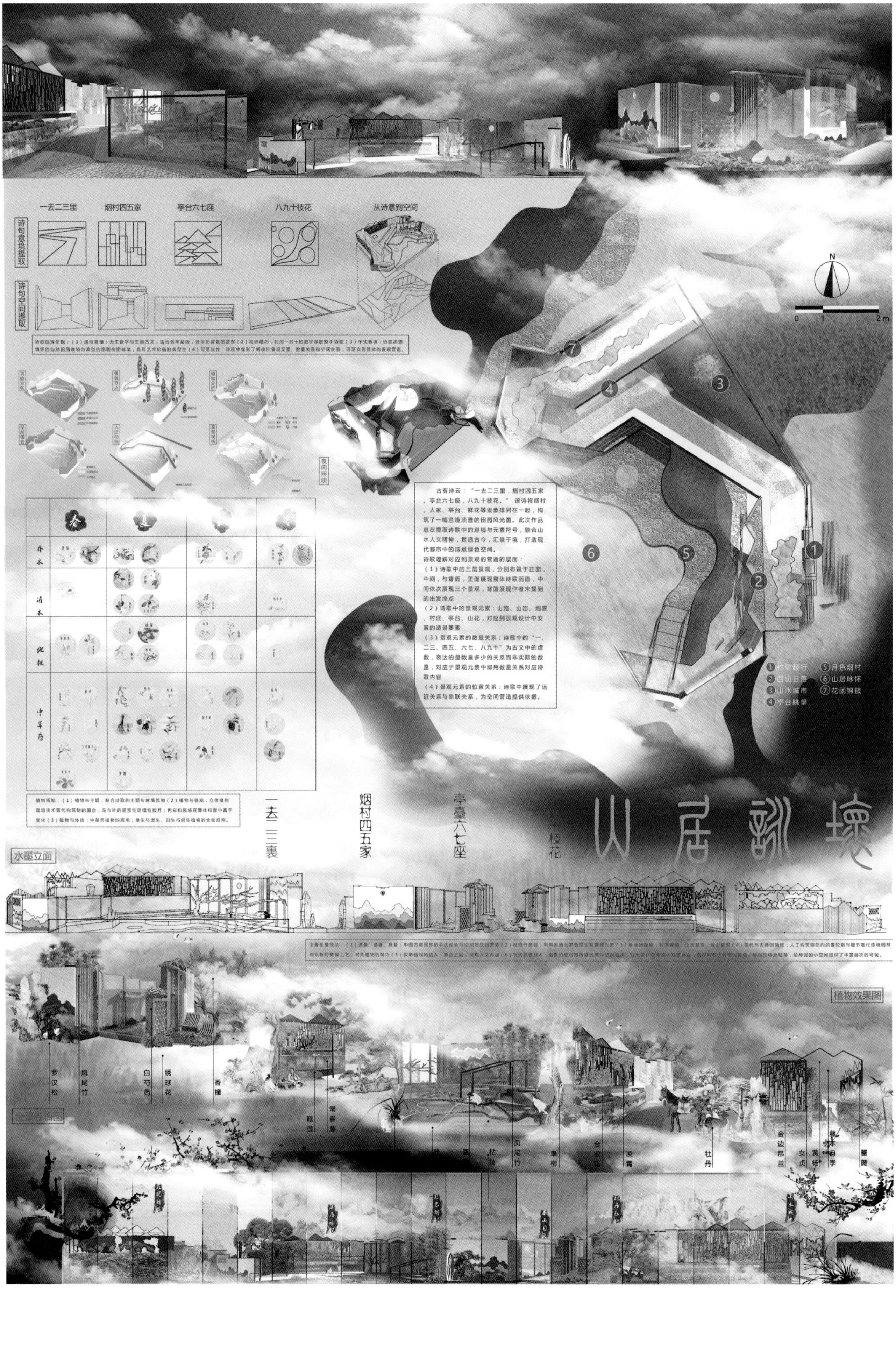
一去二三里
烟村四五家
亭台六七座
八九十枝花
从诗意到空间
诗句意境提取
诗句空间提取
古有诗云："一去二三里，烟村四五家，亭台六七座，八九十枝花。" 该诗将烟村、人家、亭台、鲜花等景象排列在一起，构筑了一幅意境淡雅的田园风光图。此次作品意在提取诗歌中的意境与元素符号，融合山水人文精神，贯通古今，汇景于境，打造现代都市中的诗意绿色空间。
诗歌理解对应到景观的营造的层面：
（1）诗歌中的三层景观，分别布置于正面，中间，与背面，正面展现整体诗歌画面，中间依次展现三个景观，背面展现作者未提到的出发地点
（2）诗歌中的景观元素：山路、山峦、烟雾、村庄、亭台、山花，对应到景观设计中安置的造景要素
（3）景观元素的数量关系：诗歌中的"一、二三、四五、六七、八九十"为古文中的虚数，表达的是数量多少的关系而非实际的数量，对应于景观元素中即用数量关系对应诗歌内容
（4）景观元素的位置关系：诗歌中展现了远近关系与串联关系，为空间营造提供依据。
② 西山日落
③ 山水城市
④ 亭台眺望
⑤ 月色烟村
⑥ 山居咏怀
⑦ 花团锦簇
山居咏怀
水墨立面
植物效果图

国内园林、风景园林及相关专业在校学生组

珠落玉盘泉韵莺语：儿童游憩花园

福建农林大学园林学院

设计者：夏家喜 董翟 李先科

指导教师：林开泰

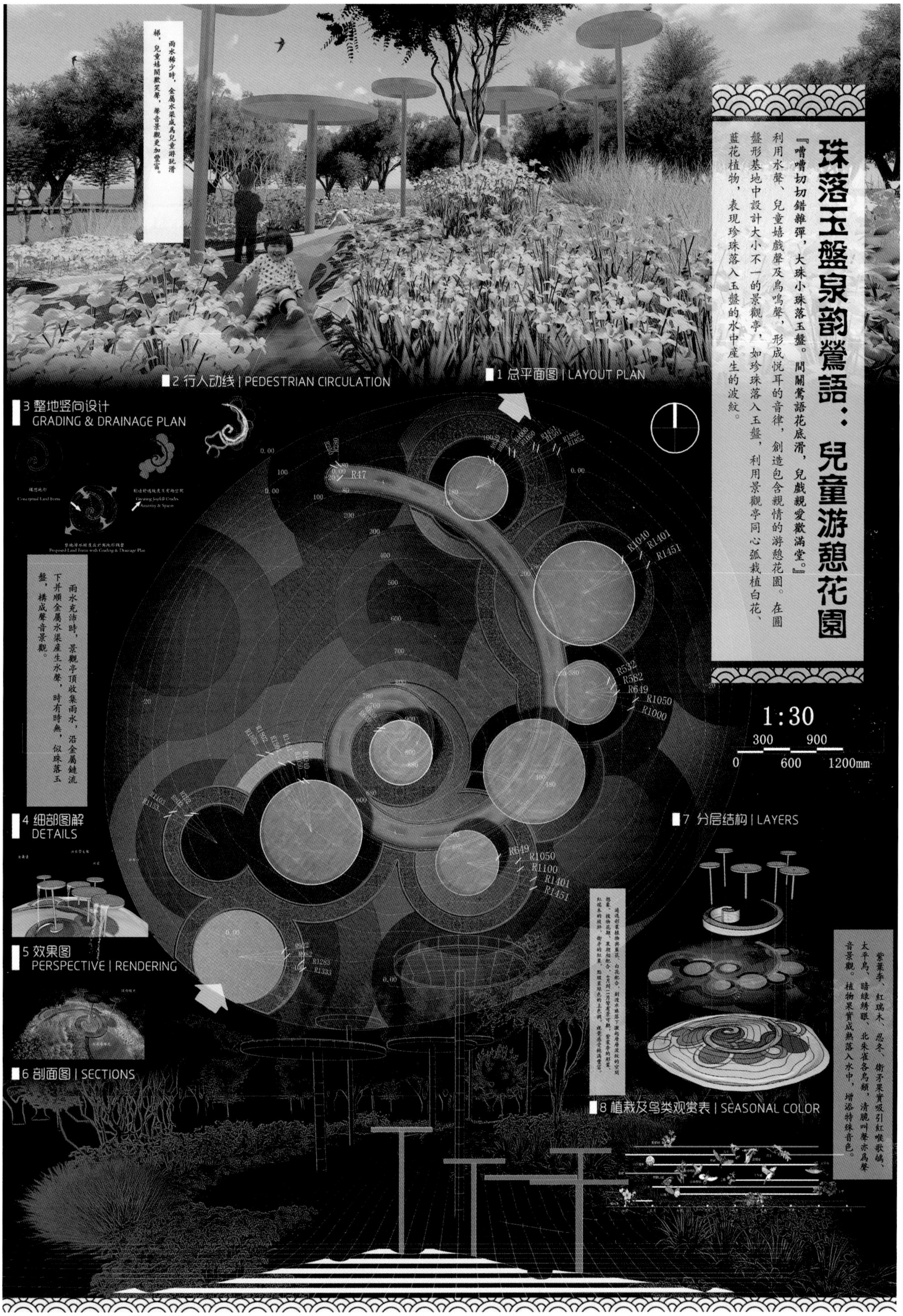
珠落玉盤泉韵鶯語：兒童游憩花園
『嘈嘈切切錯雜彈，大珠小珠落玉盤。間關鶯語花底滑，兒戲親愛歡滿堂。』
利用水聲、兒童嬉戲聲及鳥鳴聲，形成悦耳的音律，創造包含親情的游憩花園。在圓盤形基地中設計大小不一的景觀亭，如珍珠落入玉盤，利用景觀亭同心弧栽植白花、藍花植物，表現珍珠落入玉盤的水中産生的波紋。
雨水稀少時，金屬水渠成爲兒童游玩滑梯，兒童嬉鬧歡笑聲，聲音景觀更加豐富。
2 行人动线 | PEDESTRIAN CIRCULATION
1 总平面图 | LAYOUT PLAN
3 整地竖向设计
GRADING & DRAINAGE PLAN
雨水充沛時，景觀亭頂收集雨水，沿金屬鏈流下并順金屬水渠産生水聲，時有時無，似珠落玉盤，構成聲音景觀。
4 细部图解
DETAILS
5 效果图
PERSPECTIVE | RENDERING
6 剖面图 | SECTIONS
7 分层结构 | LAYERS
8 植栽及鸟类观赏表 | SEASONAL COLOR
紫葉李、紅瑞木、忍冬、衛矛果實吸引紅喉歌鴝、太平鳥、暗綠綉眼、北朱雀各鳥類，清脆叫聲亦爲聲音景觀。植物果實成熟落入水中，增添特殊音色。
1:30
300 900
0 600 1200mm

园·艺·诗

哈尔滨工业大学

设计者：张驰 刘隽达

指导教师：韩振坤

设计概述：

"园"指园林；"艺"指艺术，这里体现为雕塑；"诗"指中国诗词。设计用园艺结合绿雕来表现中国诗意。长城、龙、卷轴画组成一朵盛开的花，寓意世园会像一朵美丽的花绽放在长城之旁，为中国增添光彩，将历代描写长城和花卉的诗句，书写在绿雕卷轴之上，让观者领略中华诗词的博大精深。绿雕人物是古代诗人的形象代表，挥毫之间尽显中华文人之典范。整个园区地面是由中国舞狮用绣球压成平面后加以时令花卉布置而成，园区利用中国元素打造出园艺的中国诗境给国内外宾朋美的享受。

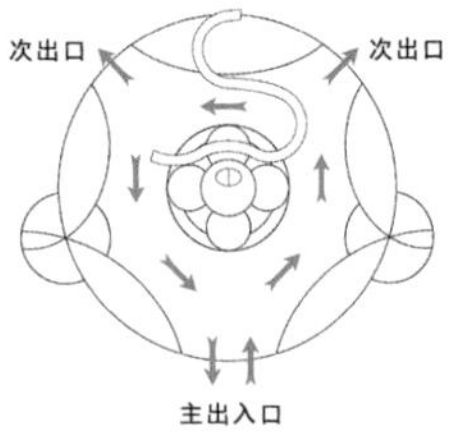

园区人流分析图

绿雕说明

绿雕采用钢结构作为主体，分别在中央花坛和后花坛设立两个结构支撑点，绿雕主体用直径6.5钢筋焊接200mmx200mm网格，填充种植土后铺麻片及铁丝网片，外部种植绿雕专用植物。长城造型种植使用的是绿雕专用绿草，龙头及卷轴画面使用金叶佛甲草，装饰带及文字使用绿雕专用红草，文字也可以使用亚克力字。

绿雕龙长城正面展开图

绿雕龙长城背面展开图

绿雕人物块面表现图

绿雕人物亮面种植的是金叶佛甲草暗面种植的是绿草，明暗两种草的对比增强了人物的立体感，衣服的装饰带使用的是红草。诗人雕像的头部和手部采用玻璃钢彩绘制作。

园区道路铺装图

园区地面是由舞狮用绣球压成平面后构成的，中间花坛为绣球图案部分，左右两个圆形花坛为铃铛造型，绣球其他表面为地铺部分，地铺材料使用桃花红火烧板为主，再用桃花红光面板圈边，呈放射状铺装，与绣球表面针线缝合状态一致。园区地面构成与主雕塑一样，都体现了中国元素。

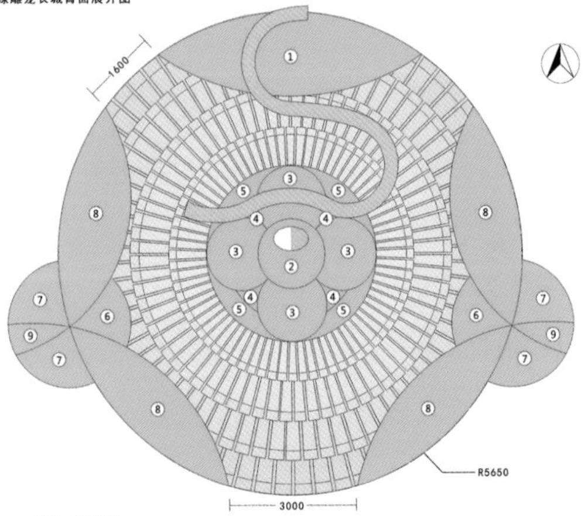

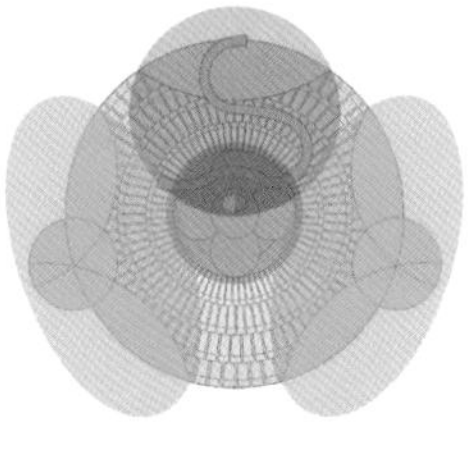

园区景观分析图

- 中央花坛景观区
- 绿雕造型景观
- 叶状花卉植物景观区

园区花卉苗木列表

序号	春季植物（4-7月）	夏季植物（7-9月）	秋季植物（9-10月）
1	孔雀草（明黄）	兰花鼠尾草（蓝色）	小菊球（混色）
2	矮牵牛（粉色）	孔雀草（橙色）	勋章菊（橙色）
3	一串红（红色）	夏堇（粉色）	地被菊（明黄）
4	三色堇（紫色）	四季秋海棠（绿叶红花）	四季秋海棠（绿叶红花）
5	金叶佛甲草（黄绿）	无需更换	无需更换
6	金叶佛甲草（黄绿）	无需更换	地被菊（明黄）
7	三色堇（明黄）	夏堇（蓝紫色）	非洲凤仙（粉色）
8	垂盆草（绿色）	无需更换	无需更换
9	三色堇（混色）	四季秋海棠（绿叶粉花）	兰花鼠尾草（蓝色）

园区总平面图

花坛布置4月到10月，考虑到植物生长情况，花卉布置分为春、夏、秋三个季节，不同季节的花卉各具特色，丰富了园区。

城市药谱——为亚健康一族设计的治愈式花园

四川农业大学

设计者：周甜甜 胡乾凤 马娇

指导教师：刘扬

背景分析

{壹}项目概况

本项目位于北京市延庆县东小区中。延庆县属大陆性季风气候，气候冬冷夏凉。本项目秉扣"芳草花语，酿香诗境"主题，以花园设计为载体，用中国传统理念的和手法，充分体现"天人合一"的哲学观和中华文化的诗情画意。

服务人群定位为城市中繁忙的亚健康上班一族，为他们提供提供一个治愈休憩的花园绿地。现代生活中的环境污染、饮食结构不合理、嗜烟酗酒以及来自社会竞争的各方面压力等原因都会导致人体产生亚健康状态。

{贰}治愈式花园策略分析

策略1：互动式景观
通过互动，使得人们参与到景观当中，调动人的积极性。增加景观的趣味性与参与性，使人们在参与中获得满足感与愉悦感。

策略2：色彩形态设计
以蓝色、白色、绿色等冷色系色彩为主构成的花园，更能够使人感觉到身心放松，忘却烦恼。同时选择自然姿态的植物，不进行修剪，保留部分枝挂荒叶，使人有回归大自然怀抱的归属感。竹杆、木材的运用也有返璞归真的暗示引导作用。

策略3：感官触动
将中国传统中草药和芳香植物引入花园，从嗅觉、味觉、触觉等感官进行治愈。铺设按摩鹅卵石的，对人体脚底穴位进行按摩，从而达到保健功效。运用特殊涂料在鹅卵石上涂绘上鞋子和动物脚印，雨天的时候涂料可以变颜色，激发人们活动欲望。

方案推演

- 中国园林
- 格网棋子
- 一格一景
- 配合折线
- 构成体统

- 世界为画
- 比例尺度
- 花池表现
- 配合植物
- 和谐统一

- 大地肌理
- 生态文化
- 山水林盒
- 相互交织
- 天人合一

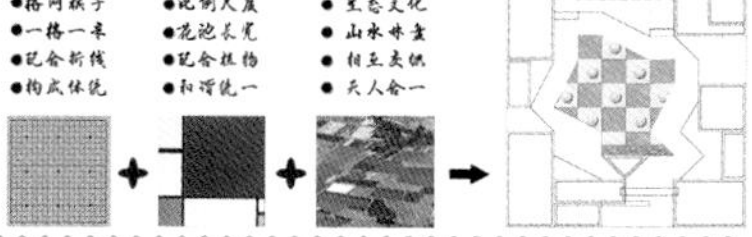

活动分析

种植池边缘刻有育文，配合铭牌。池内种观赏花卉和药用植物。

"药柜"植物墙拥有药用植物的科普功能，同时提供手植活动。每个抽屉外侧贴上植物名称，下边抽屉放上园艺工具。

棋盘式中心空间，植物与园林小品"不倒翁"相互穿插植物部分是雨水花园重要组成部分。

秋千是儿时的玩伴，是当今的舒缓神器，大量运用于花园。

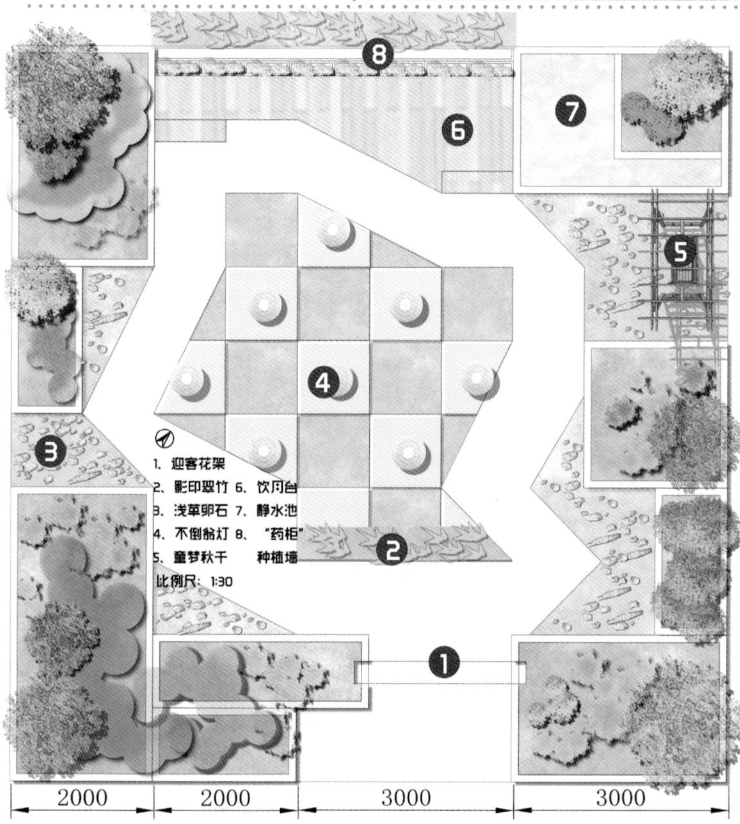

主题立意

以城市药谱立意而命题，旨在为亚健康一族设计治愈式花园，缓解繁忙都市中快节奏生活给人们带来的身心创伤。

主题深化

设计深化"城市药谱"主题，以园林中体现的中国传统智慧、药用植物的治愈功能为主要思路，以"五色棋子"构成设计策略，从而使花园切实起到治愈功能，同时给人以美的享受。

绿棋子：以植物为棋子，且主要以药用植物和芳香植物为主要的植物材料，运用"园艺疗法"的理论，使得亚健康一族在此得到身心的舒缓和释放。

红棋子：以城市家具为棋子，解决花园的功能性问题。如立体绿化的"药柜"装置和"不倒翁"装置。

蓝棋子：以雨水花园为棋子，解决雨水收集与再利用的问题。

黄棋子：以人文关怀为棋子，满足特殊人群的特殊。如在花园中设置有文触扶墙、斜坡等。

白棋子：以五感触动为棋子，以充分调动人的各种机能，达到缓解压力、强身健体的作用。各色植物触发人们的视觉；风声雨声水声鸟声触发人们的听觉；鹅卵石、育文铭牌触发人们的触觉；药用植物触发人们的味觉；花香触发人们的嗅觉。

设计手法

运用中国古典园林的设计手法，体现传统园林的诗情画意，如障景、漏景、季相造景等手法。入口运用障景的设计手法增加花园的层次感，激发人们深入探索的欲望；"生态药柜"运用漏景的设计手法，对废弃中药柜进行再次的艺术化创作，从而变废为宝；整个花园的花池被分为四个部分，分别以春夏秋冬四季为主题，结合不同季节的季相进行景观的营造。

正立面图

侧立面图

方案分析

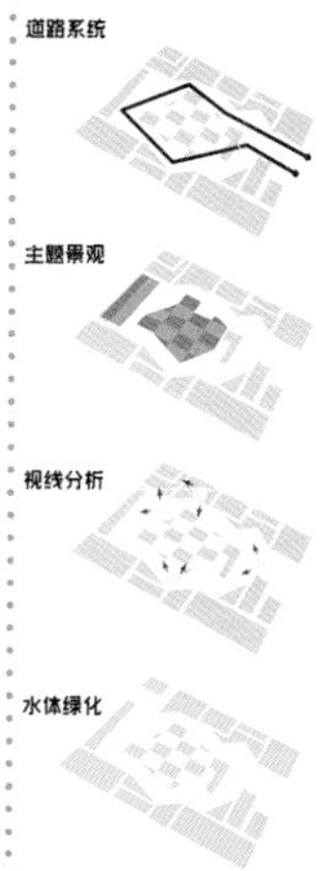

专项分析

{壹}种植设计分析

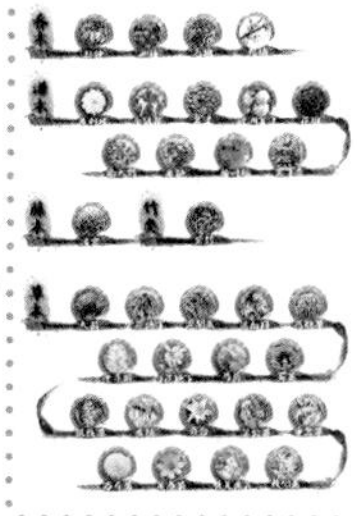

{贰}主要小品分析——"药柜墙"

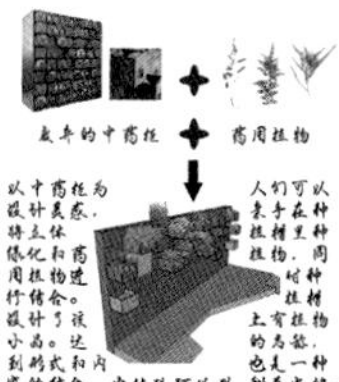

以中药柜为设计灵感，将立体绿化和药用植物进行结合。设计了该小品。达到形式和内容的结合，也体现环保型

人们可以亲手在种植屉里种植物，同时种植屉上有植物的名称，也是一种科普宣传。

{叁}主要小品分析——"不倒翁"

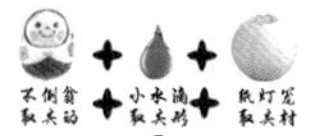

以上述三种元素构成"不倒翁"小品的形式，同时结合景观照明的需求，采取白天吸收太阳能，晚上释放荧光的策略。

在白天，它可以是单纯的装饰小品，也可以是供小孩子玩耍的不倒翁；在夜晚，它就是纸灯笼照亮前行路

水抱山环天地间

北京林业大学　设计者：方濒曦　指导教师：张晋石　赵晶

水抱山環天地間

2019世界园艺博览会展园设计

——唤起山河田野记忆

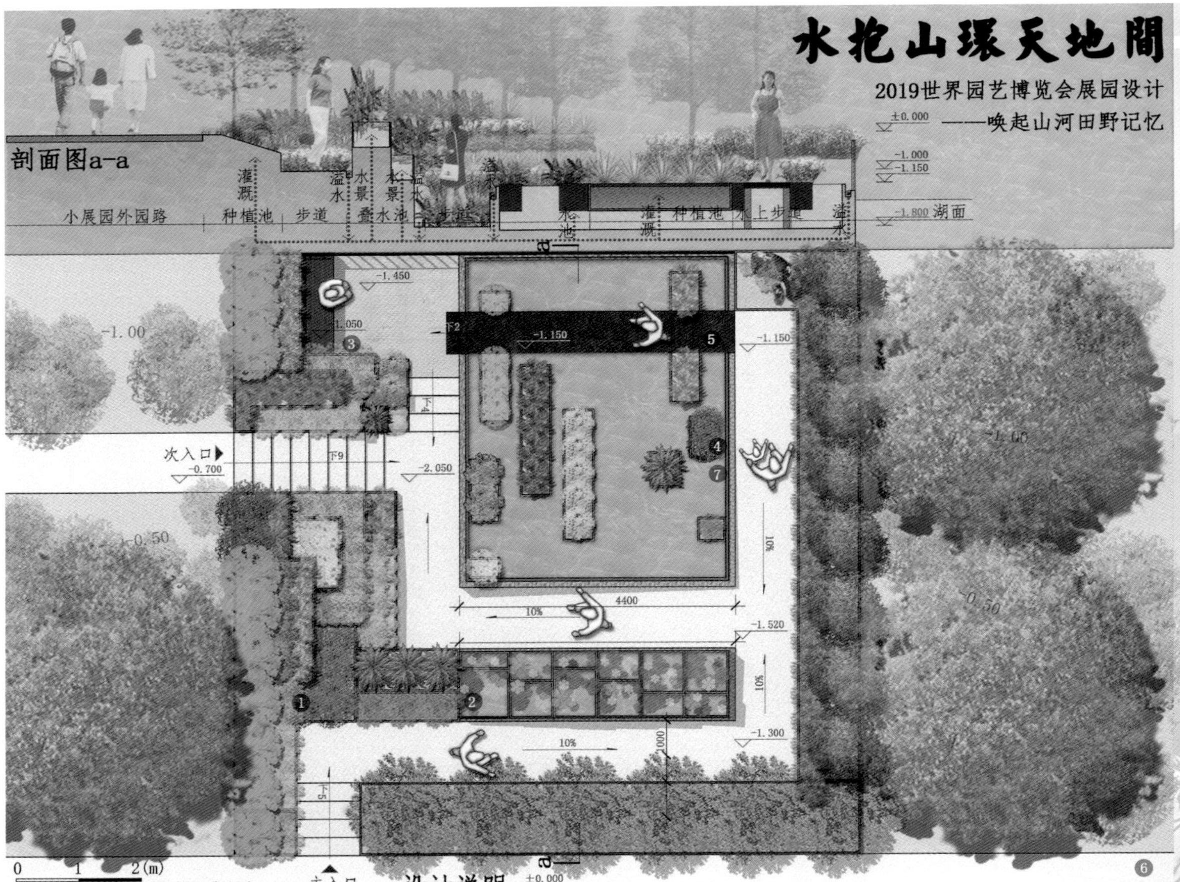
剖面图a-a
小展园外园路
灌溉
种植池
步道
溢水
水景
叠水池
松景
步道
灌溉
种植池
水上步道
溢水
±0.000
-1.000
-1.150
-1.800 湖面
-1.00
-0.50
次入口
-0.700
-1.450
-1.050
-1.150
-2.050
-1.520
-1.300
4400
10%
主入口
0 1 2(m)

平面图索引

①小台地种植池　⑤水上步道
②叠水花台　⑥展园园路
③休息平台　⑦静水池
④水上种植浮台

设计说明

该展园设计围绕“重归自然”的主旨，提取梯田元素，这一天与人共作而生的奇景，于方寸之间雕琢一番，借以假定大环境的自然条件——远山景及湖景，望唤起人们心中归园田居的美好愿想，在此驻留片刻，暂且抛去城市生活的压抑与烦恼，放松身心，感受自然带来的愉悦享受。

游线组织

蜿蜒游线引导游人全方位游览，加之高差设计，体验更为丰富多彩。小径、水上步道的依次排布展现花园的层次，靠湖一侧设有平台供停留。

重回自然怀抱

园南临湖设一静水池，由此延伸至园外无限山湖风光。园内台地、叠水花台等元素排布充实有序，给人以环抱之感，园内园外这一收一放，激发人们无限遐思，仿佛重回田间，山环水抱。

植物选择

园内植物种类丰富。为使小台地更丰富饱满并在某种程度上模拟田园作物姿态，主使用狼尾草、小麦、大花葱（似棉花）等。

入口处效果

入口处结合小台地、叠水花台、植物元素设置障景，使花园内景色若隐若现同时远处的山湖景也吸引游人进入花园。

元素提取——田野河山间天人共造奇观

韵律 色彩
水 天 乡野

分析图

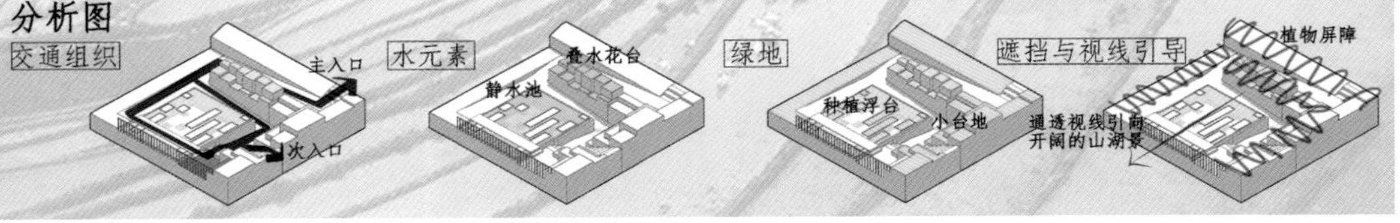
交通组织
主入口
次入口
水元素
叠水花台
静水池
绿地
种植浮台
小台地
遮挡与视线引导
植物屏障
通透视线引向开阔的山湖景

北京林业大学 设计者：于悦 刘录艺 夏榕 指导教师：刘志成

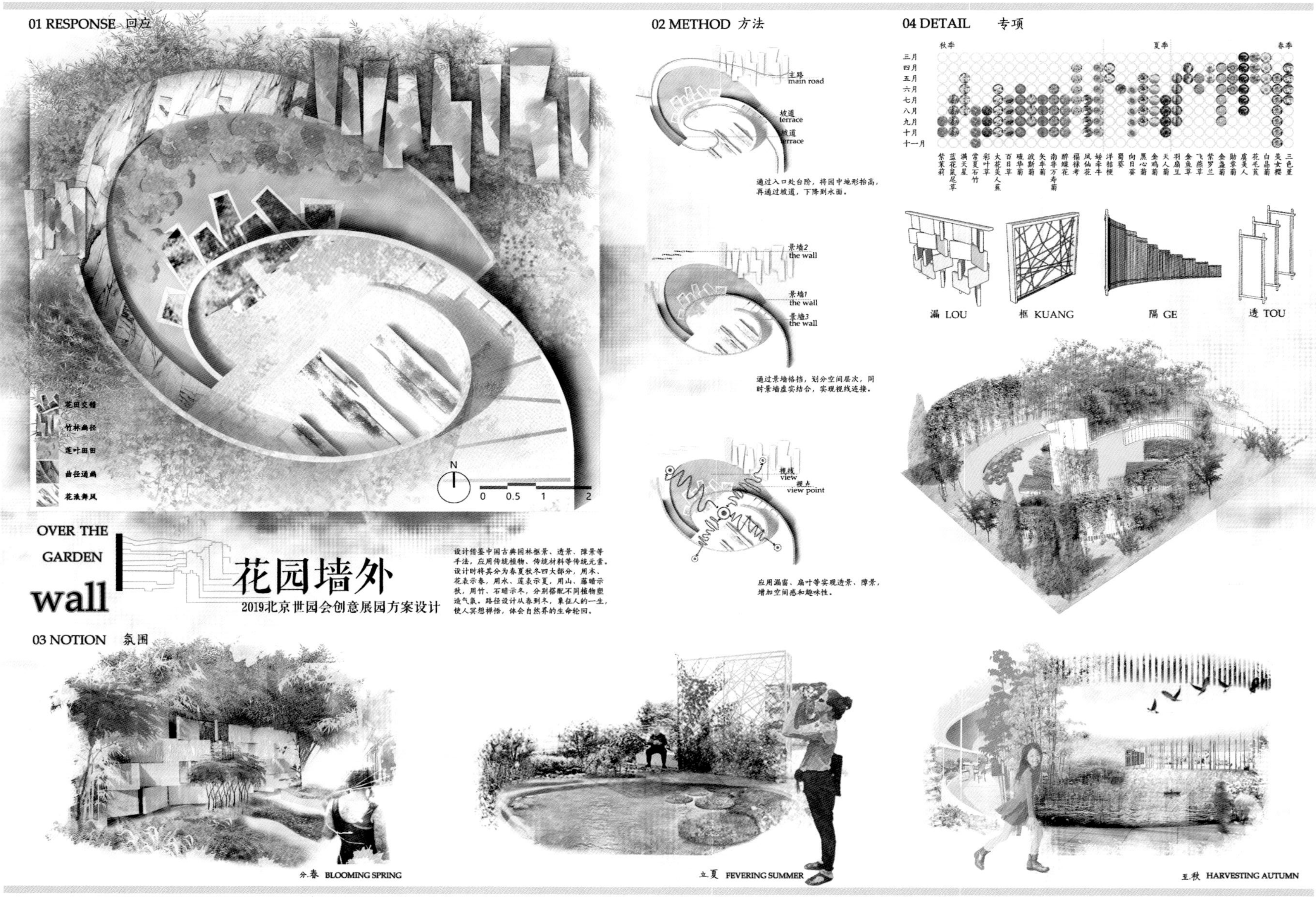
01 RESPONSE 回应
花田交错
竹林幽径
莲叶田田
曲径通幽
花漾舞风
N
0 0.5 1 2
OVER THE
GARDEN
wall
花园墙外
2019北京世园会创意展园方案设计
设计借鉴中国古典园林框景、透景、障景等手法，应用传统植物、传统材料等传统元素。设计时将其分为春夏秋冬四大部分，用木、花表示春，用水、莲表示夏，用山、藤暗示秋，用竹、石暗示冬，分别搭配不同植物塑造气氛。路径设计从春到冬，象征人的一生，使人冥想禅悟，体会自然界的生命轮回。
02 METHOD 方法
主路
main road
坡道
terrace
坡道
terrace
通过入口处台阶，将园中地形抬高，再通过坡道，下降到水面。
景墙2
the wall
景墙1
the wall
景墙3
the wall
通过景墙格挡，划分空间层次，同时景墙虚实结合，实现视线连接。
视线
view
视点
view point
应用漏窗、扇叶等实现透景、障景，增加空间感和趣味性。
04 DETAIL 专项
秋季
夏季
春季
三月
四月
五月
六月
七月
八月
九月
十月
十一月
紫茉莉
蓝花鼠尾草
满天星
常夏石竹
彩叶草
大花美人蕉
百日草
硫华菊
波斯菊
矢车菊
南非万寿菊
醉蝶花
福禄考
凤仙花
矮牵牛
洋桔梗
蜀葵
向日葵
黑心菊
金鸡菊
天人菊
羽扇豆
金鱼草
飞燕草
紫罗兰
金盏菊
勋章菊
虞美人
花毛茛
白晶菊
美女樱
三色堇
漏 LOU
框 KUANG
隔 GE
透 TOU
03 NOTION 氛围
分.春 BLOOMING SPRING
立夏 FEVERING SUMMER
至秋 HARVESTING AUTUMN

获奖作品

国内园林、风景园林
及相关专业在校学生组

优秀奖

（排序不分先后）

智圆行方

向心力

三省花房

书山有路

折叠的花园

微光森林——满溢绿色与生机的光影空间

蝴蝶栖居录——城市街心花园设计

行“人”流水

Into-the-flowers——“壶中天地，创意自然”

花草浴室

枯·荣

观

要有光

绿色围城

半花园

盒·聚·变

盒子花园

拾忆·再生：重拾农村生活记忆，还原农村庭院构成

空心居

风的花园

艺璞·漫步田园

跳跃生长

移动的绿墙

暗涌——冰火下的反思

时间旅行的花园

绿色生活——家园美丽

移动的空中花园

荒原补丁——进退的绿色生命线

石头记——以废治肺

花园里——枯与荣

智圆行方

北京林业大学

设计者：刘阳

指导教师：肖遥　冯萧

智園行方
平面图
人事三杯酒
流年一局棋
浮生若梦
剖面图
立面图1
立面图2
主题立意
据记载，唐玄宗有一次和宰相张说下围棋，正好李泌入宫觐见，唐玄宗要张说试一试李泌的才学。张说就借"下棋"一事出题，要李泌作诗《咏方圆动静》，并自己先作一首：方如棋局，圆如棋子，动如棋生，静如棋死。李泌略加思索，随即也作一首：方如行义，圆如用智，动如逞才，静如遂意。李的诗却完全从当时的下棋扩展开去，引申到行义、用智、逞才、遂意几个方面，写来蕴涵丰富，使人从中领会到深邃的哲理。
玲珑筛子安红豆
入骨相思知不知
设计分析
鸟瞰图

向心力

北京林业大学

设计者：刘玉

指导教师：薛晓飞　吴丹子

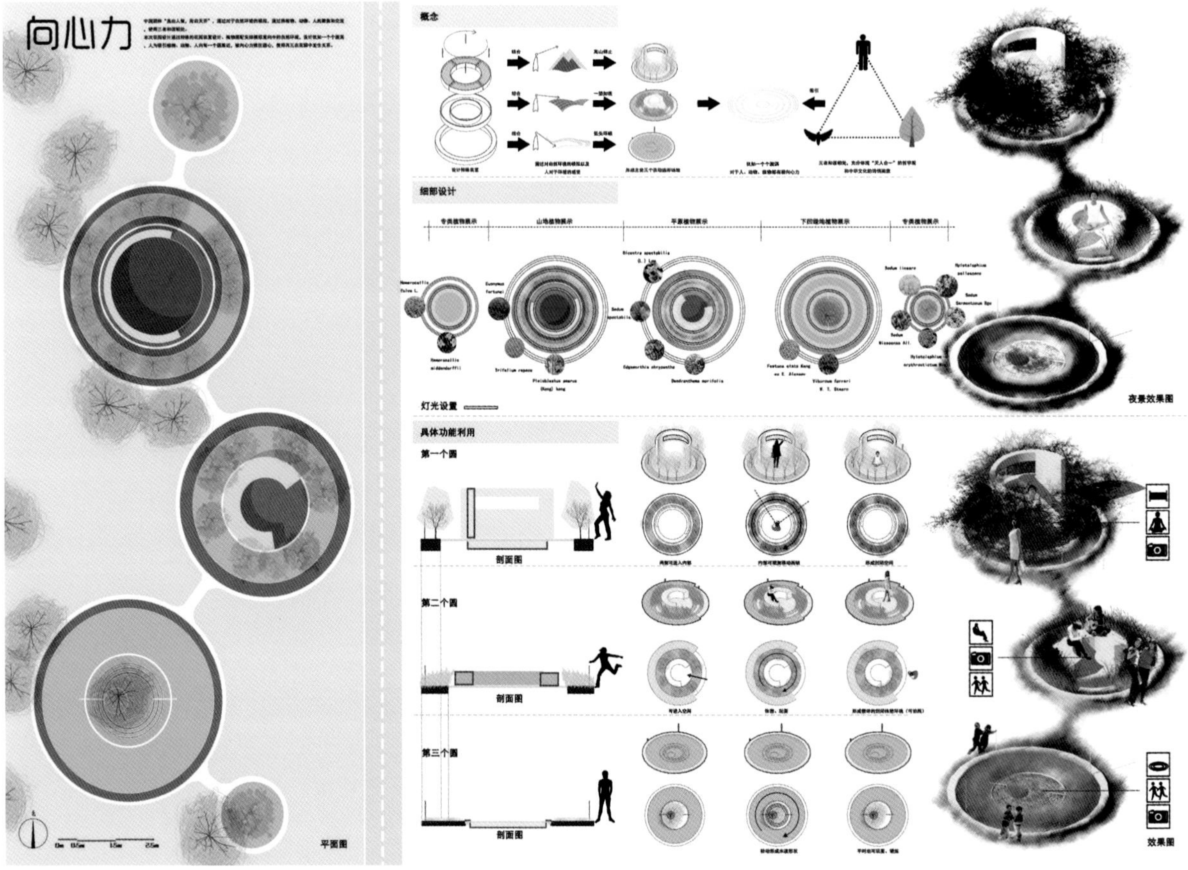
向心力
平面图
概念
细部设计
灯光设置
具体功能利用
第一个圆
第二个圆
第三个圆
剖面图
夜景效果图
效果图

三省花房

北京林业大学

设计者：蒲韵 陈雪微 黄裕霏

指导教师：郝培尧

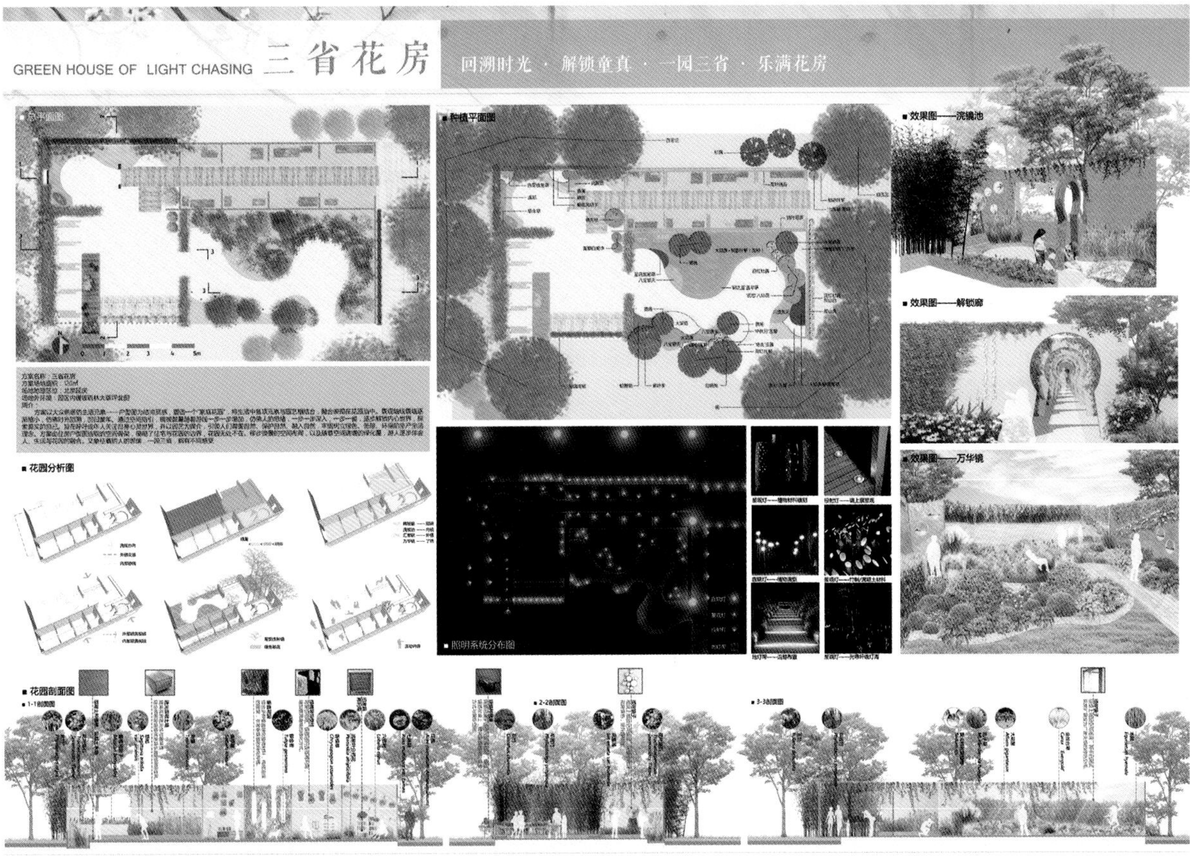
GREEN HOUSE OF LIGHT CHASING
三省花房
回溯时光 · 解锁童真 · 一园三省 · 乐满花房
种植平面图
效果图——浣镜池
效果图——解锁廊
效果图——万华镜
花园分析图
照明系统分布图
花园剖面图
1-1剖面图
2-2剖面图
3-3剖面图

书山有路

北京林业大学

设计者：詹丽文

指导教师：郭巍 许晓明

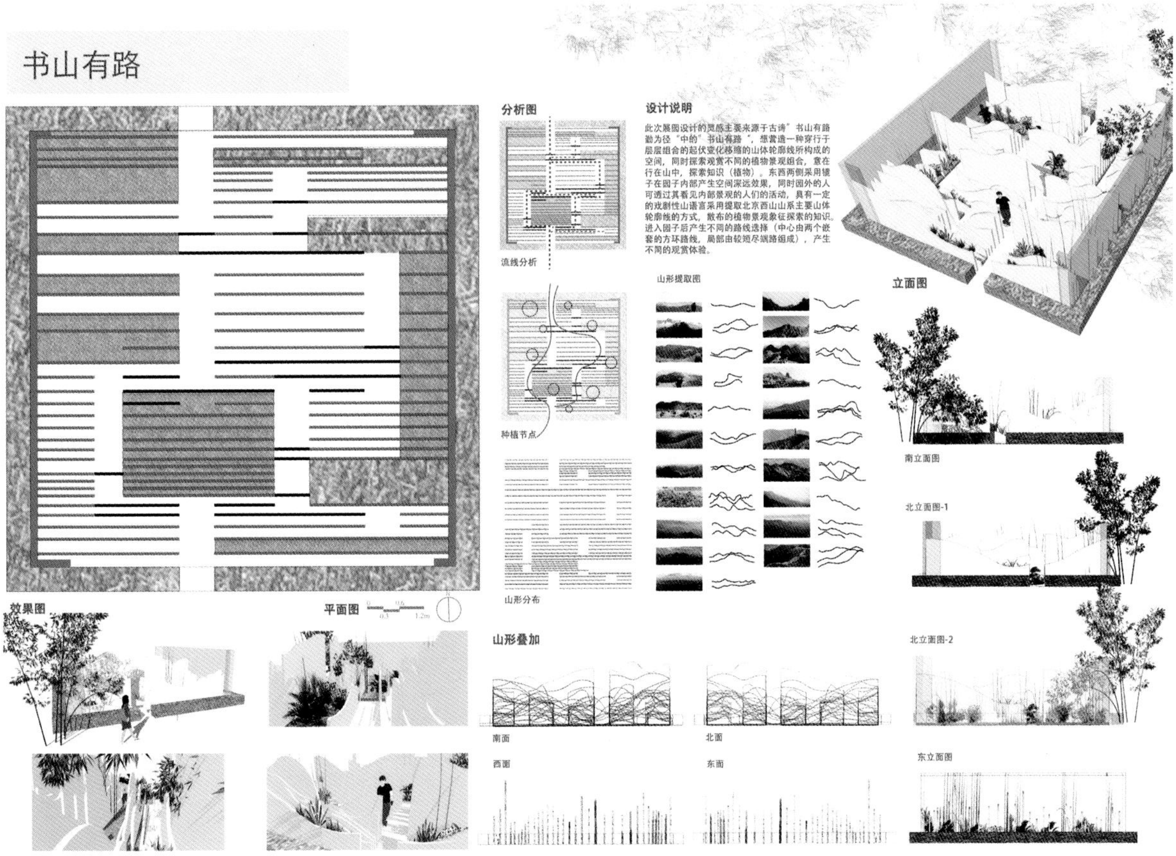
书山有路
分析图
流线分析
种植节点
山形分布
设计说明
此次展园设计的灵感主要来源于古诗”书山有路勤为径“中的”书山有路“，想营造一种穿行于层层组合的起伏变化移缩的山体轮廓线所构成的空间，同时探索观赏不同的植物景观组合，意在行在山中，探索知识（植物）。东西两侧采用镜子在园子内部产生空间深远效果，同时园外的人可透过其看见内部景观的人们的活动，具有一定的戏剧性山语言采用提取北京西山山系主要山体轮廓线的方式，散布的植物景观象征探索的知识。进入园子后产生不同的路线选择（中心由两个嵌套的方环路线，局部由较短尽端路组成），产生不同的观赏体验。
山形提取图
立面图
南立面图
北立面图-1
北立面图-2
东立面图
效果图
平面图
山形叠加
南面
北面
西面
东面

折叠的花园

北京林业大学

设计者：仲鑫

指导教师：冯潇 肖遥

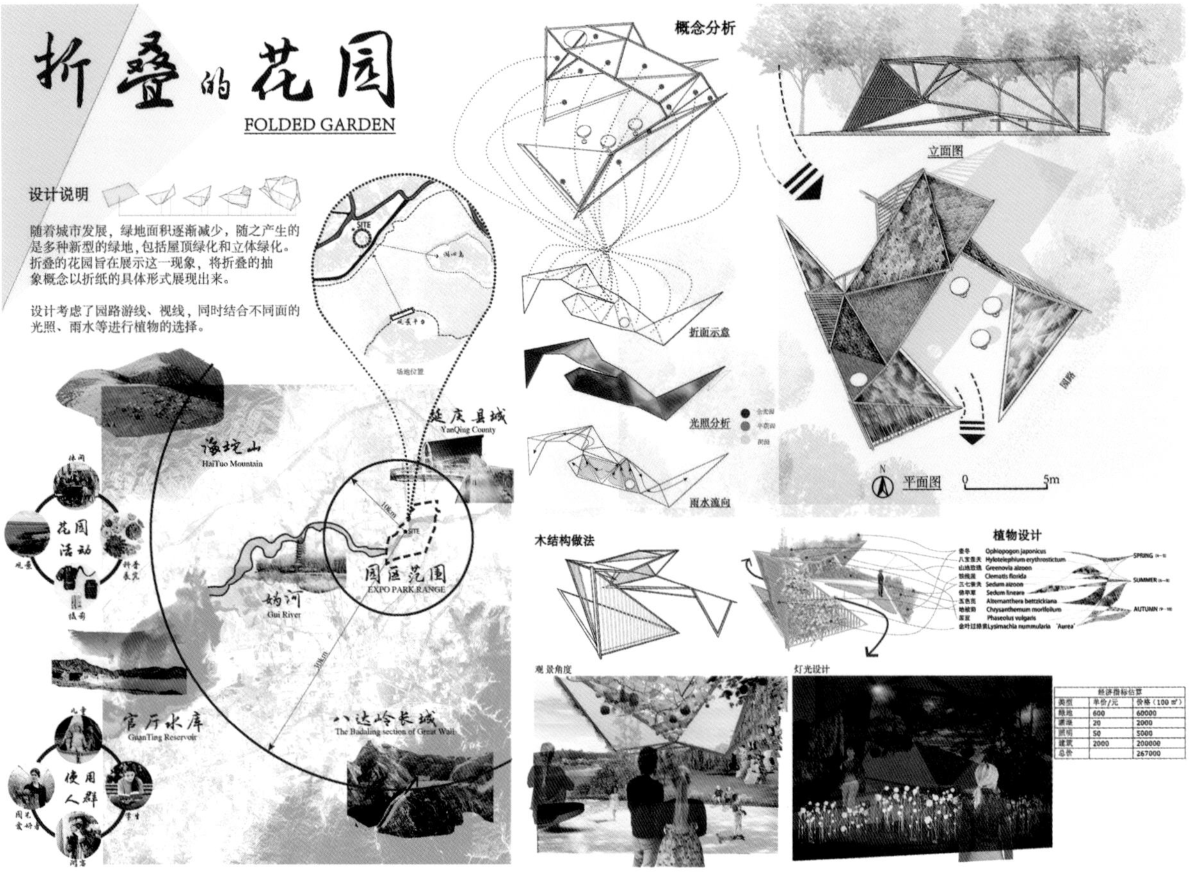

类型	单价/元	价格（100 m²）
绿地	600	60000
硬质	20	2000
照明	50	5000
建筑	2000	200000
总价		267000

微光森林——满溢绿色与生机的光影空间

北京林业大学

设计者：孙海燕 许佳琪 刘婧琦

指导教师：刘志成

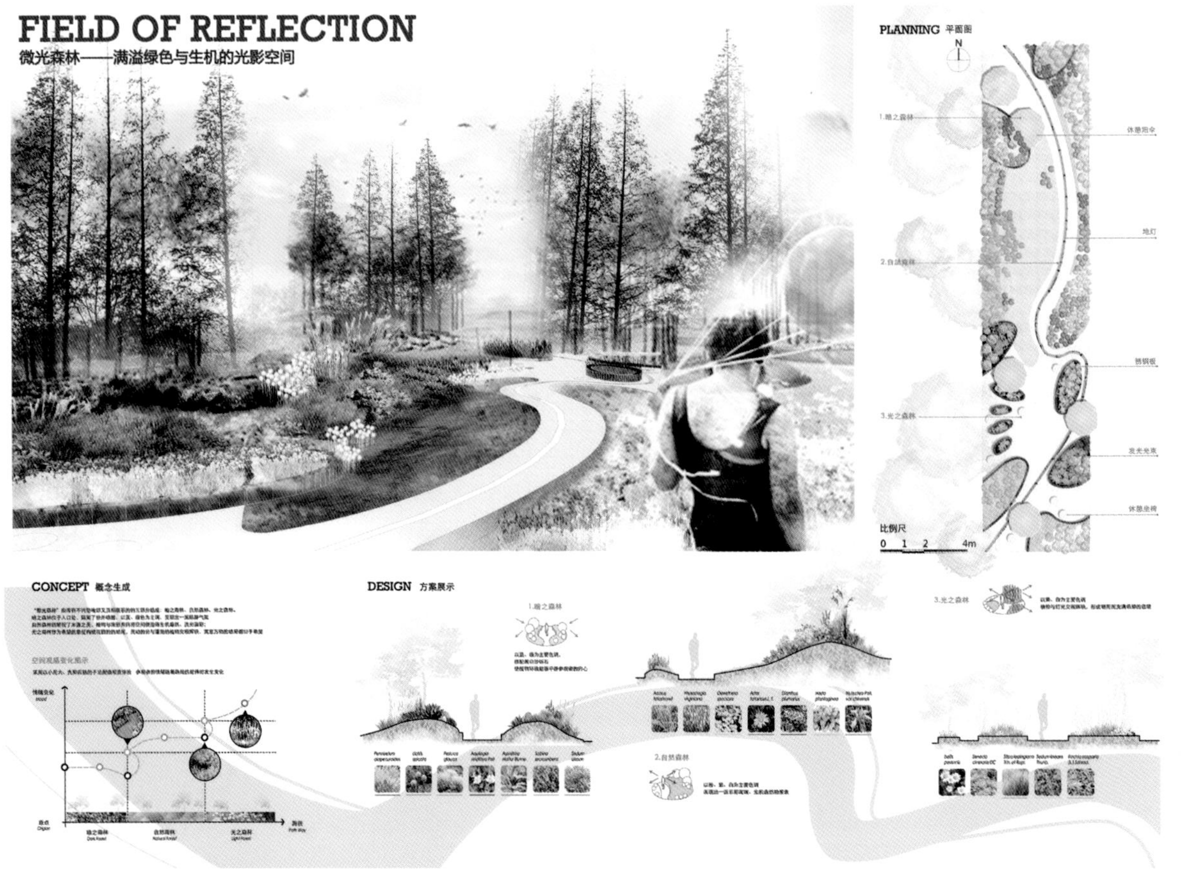

国内园林、风景园林及相关专业在校学生组

行“人”流水

沈阳工学院　设计者：董静　杨爽　王政月　指导教师：王宇

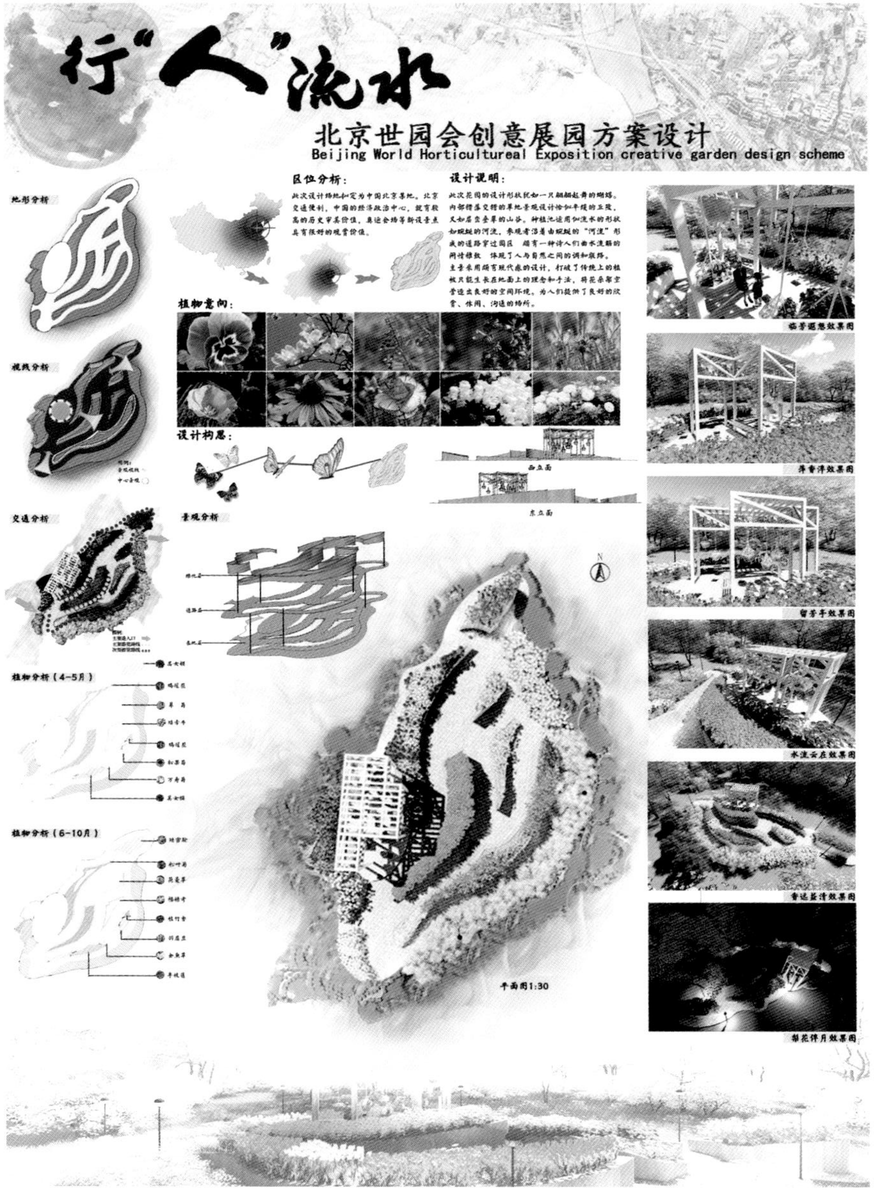

蝴蝶栖居录——城市街心花园设计

山东农业大学　设计者：程凤霞　指导教师：于东明　王洪涛

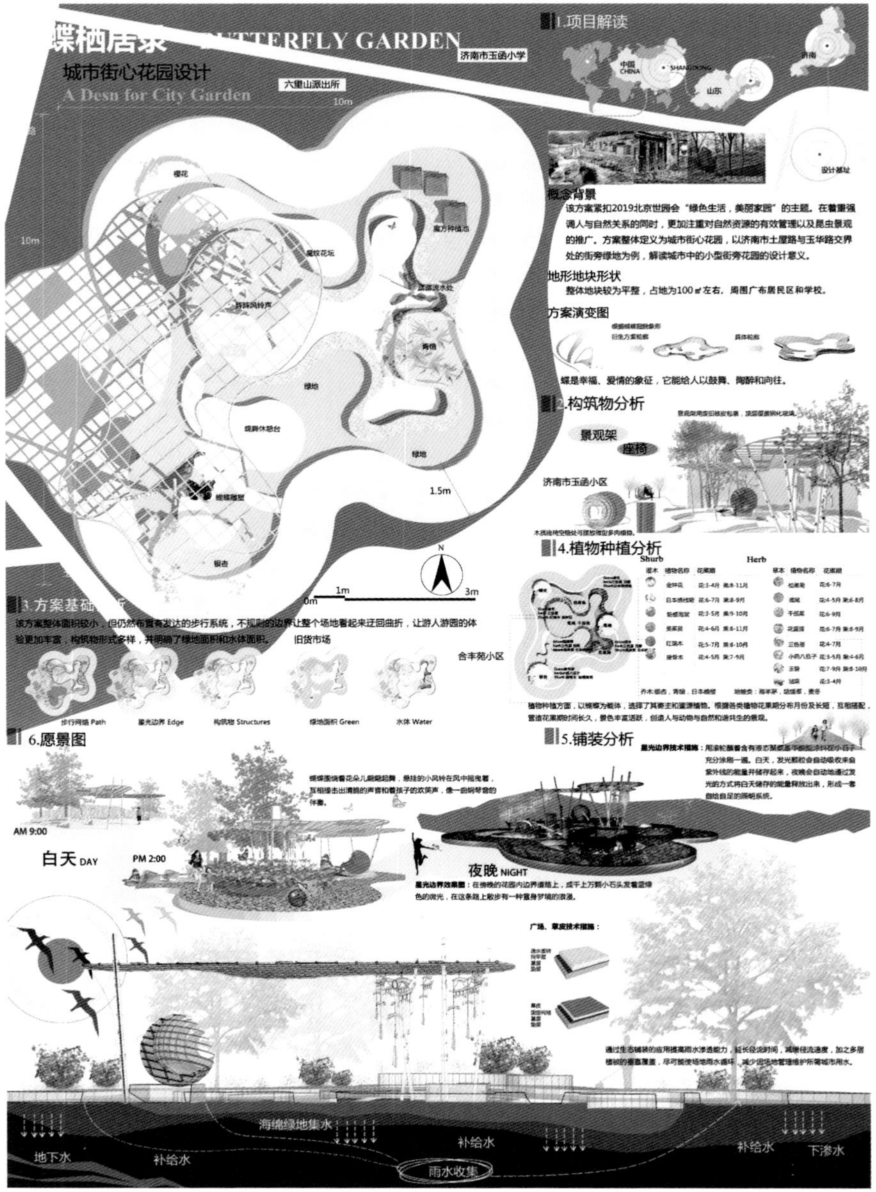

花草浴室

北京林业大学　设计者：李静怡　指导教师：郑曦　张云路

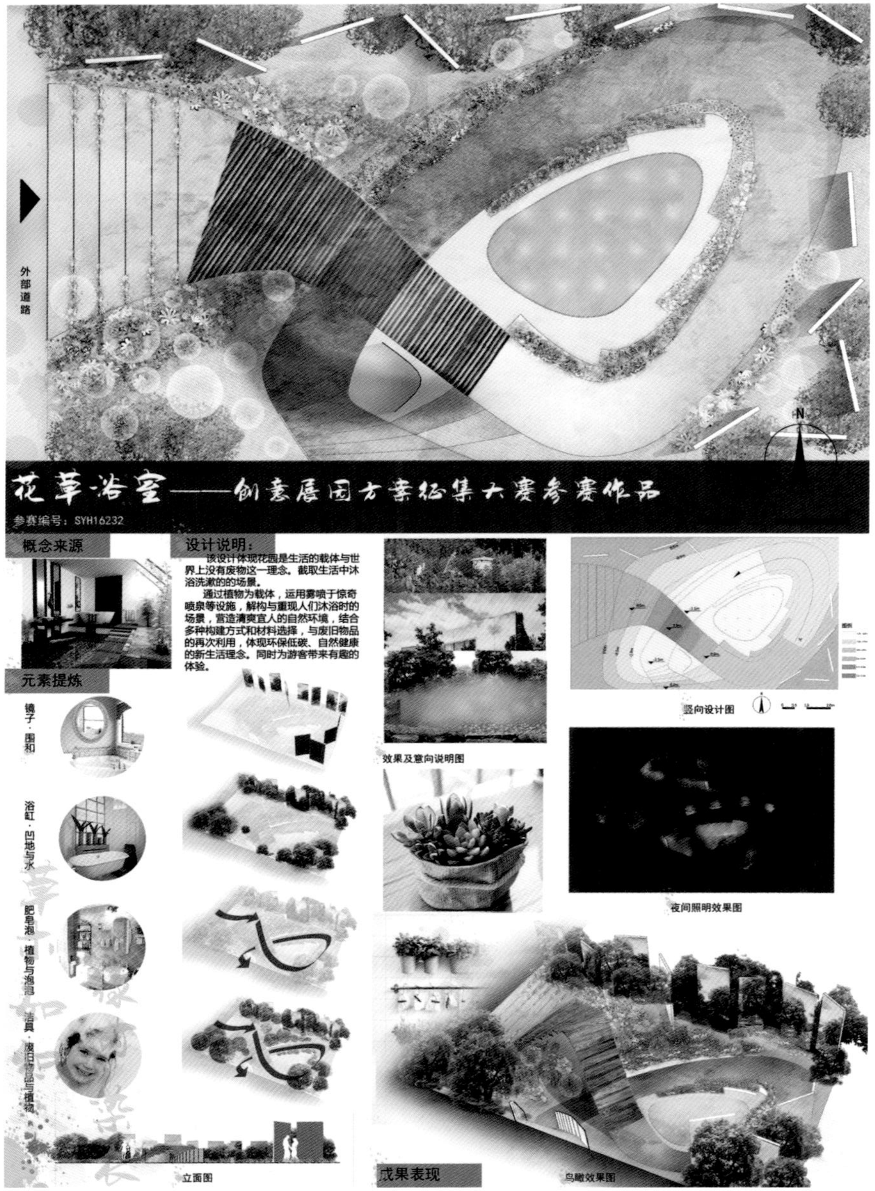

Into-the-flowers——“壶中天地，创意自然”

北京林业大学　设计者：李海祯　指导教师：刘志成

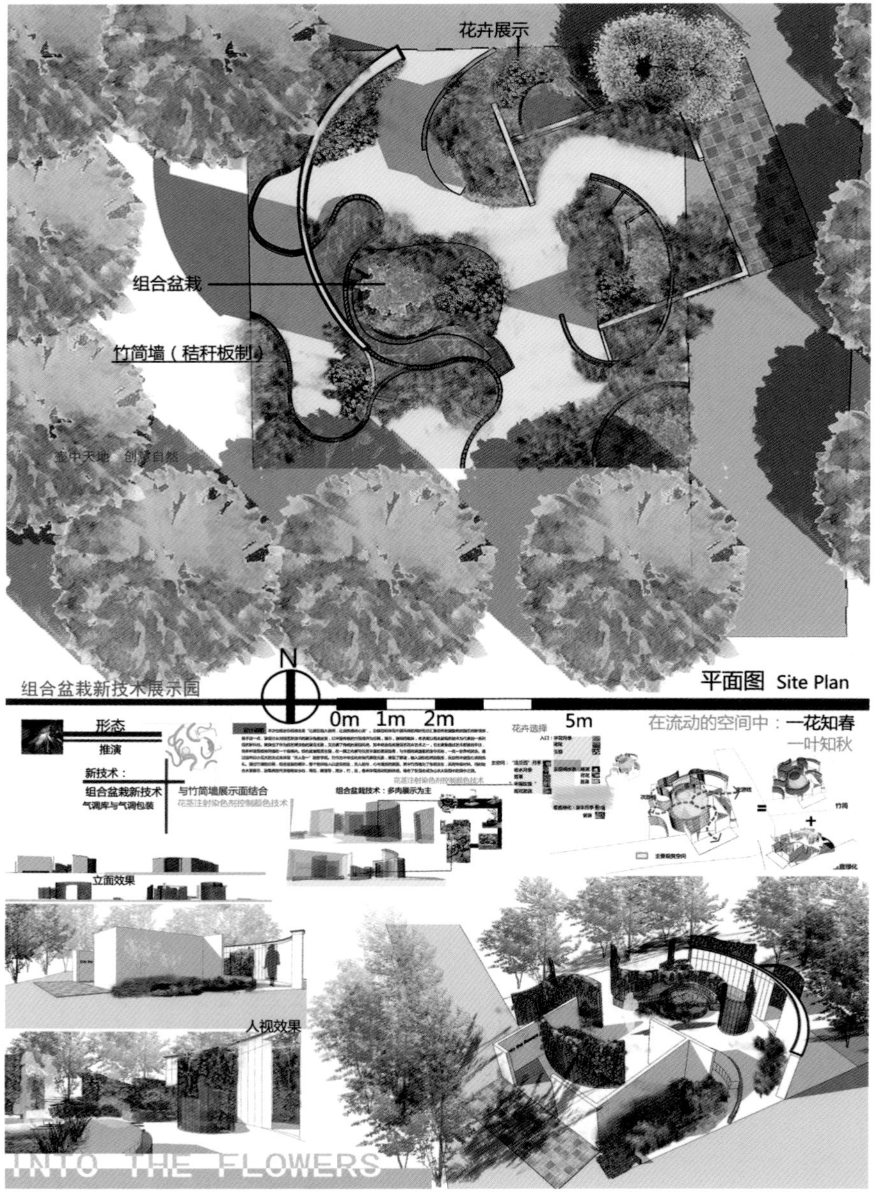

观

北京林业大学　设计者：林晗芷　指导教师：张晋石　吴丹子

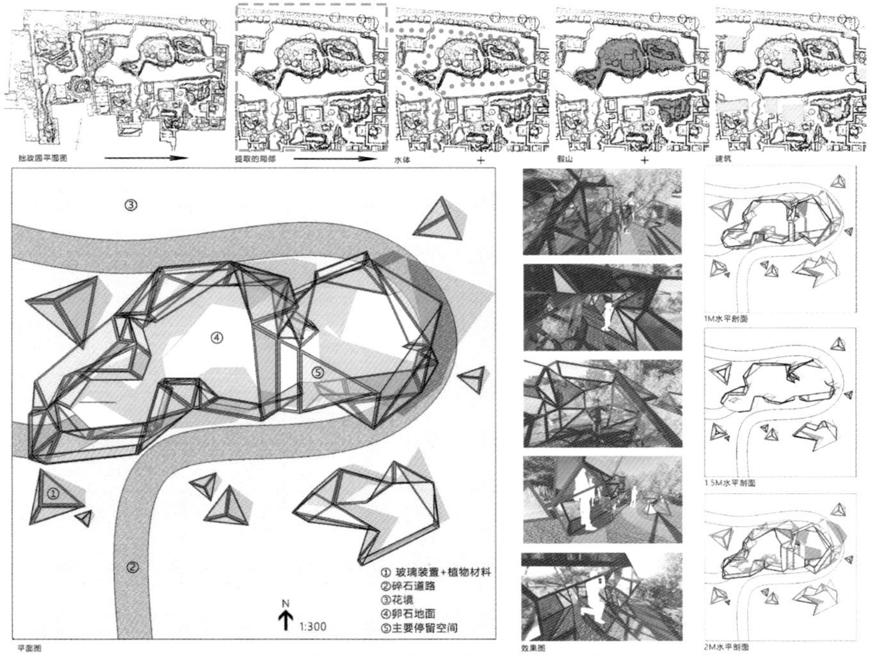

"观"可算作是中国传统文化的典型。从庙堂到江湖，从城市到山林，从诗词歌赋到风花雪月——尽在眼中也皆在胸怀。

本次设计由苏州拙政园入手，以现代语言重构空间格局。以路线代替水保持视线关系，以构筑物代替假山、建筑组织看与被看的关系。以竹林为背景，花境为图底，架构玻璃构筑物。选用全透和全反射两种类型的玻璃，留出观赏面并引导视线，增加山水间漫游的回环起伏。

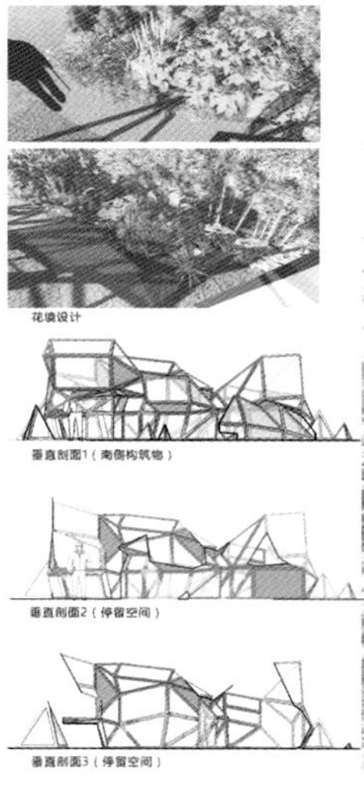

枯·荣

北京林业大学　设计者：李宗睿　指导教师：王应临　郑曦

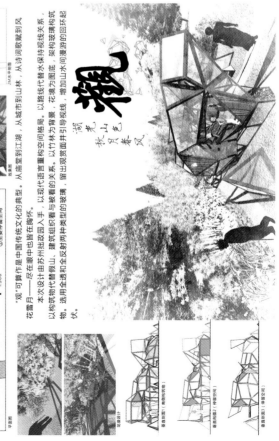

要有光

北京林业大学　设计者：林晓　指导教师：郭巍　许晓明

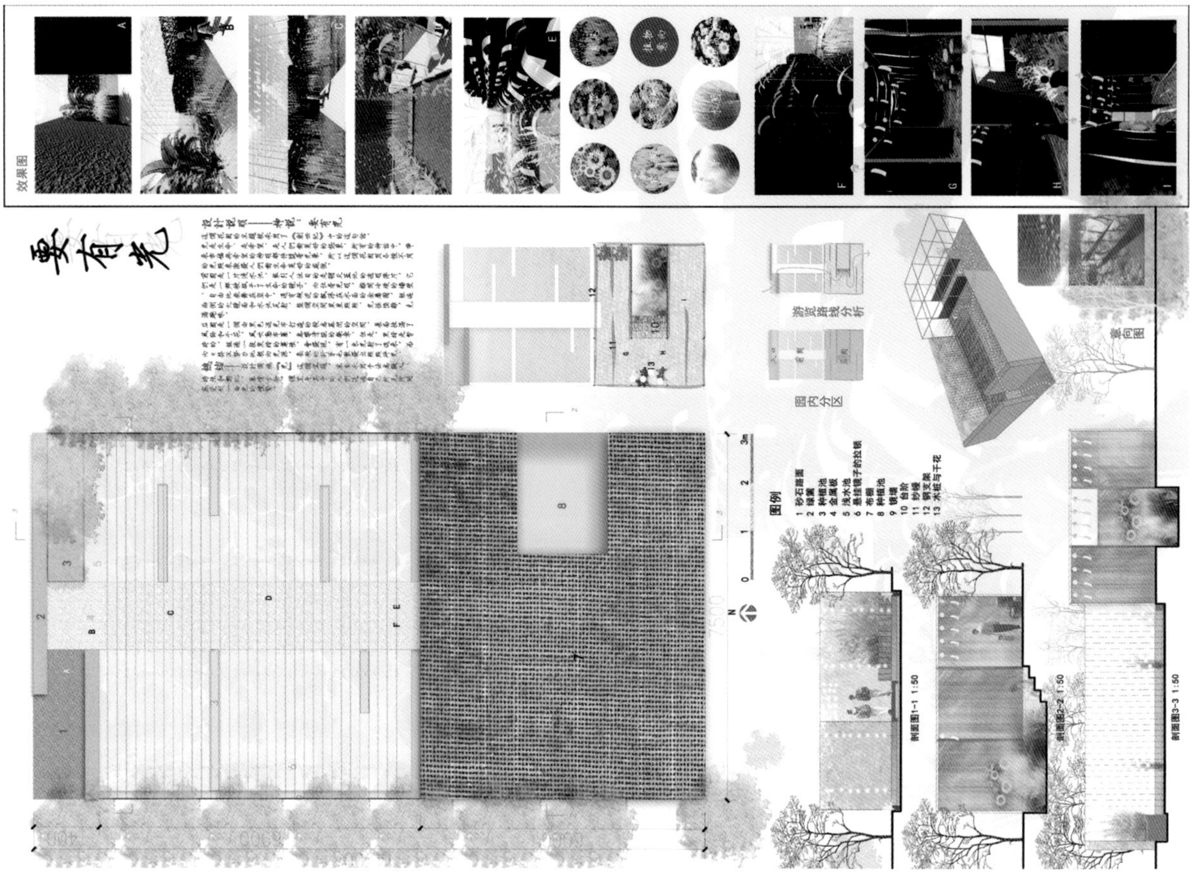

绿色围城

北京大学　设计者：钱宇阳　李婉仪　指导教师：俞孔坚

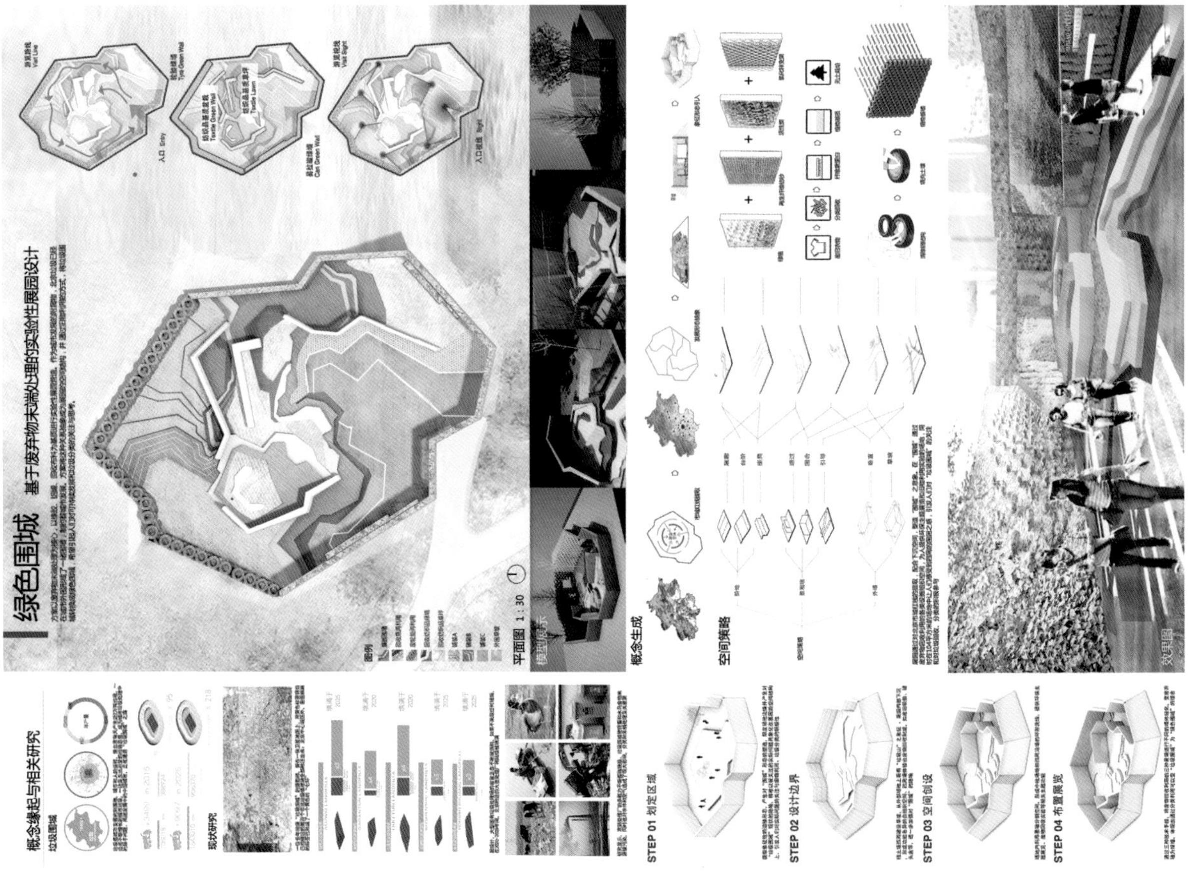

盒·聚·变

浙江农林大学　设计者：任文俊　肖云飞　指导教师：包志毅

半花园

浙江农林大学　设计者：任伟涛　陈婷　童彧　指导教师：包志毅

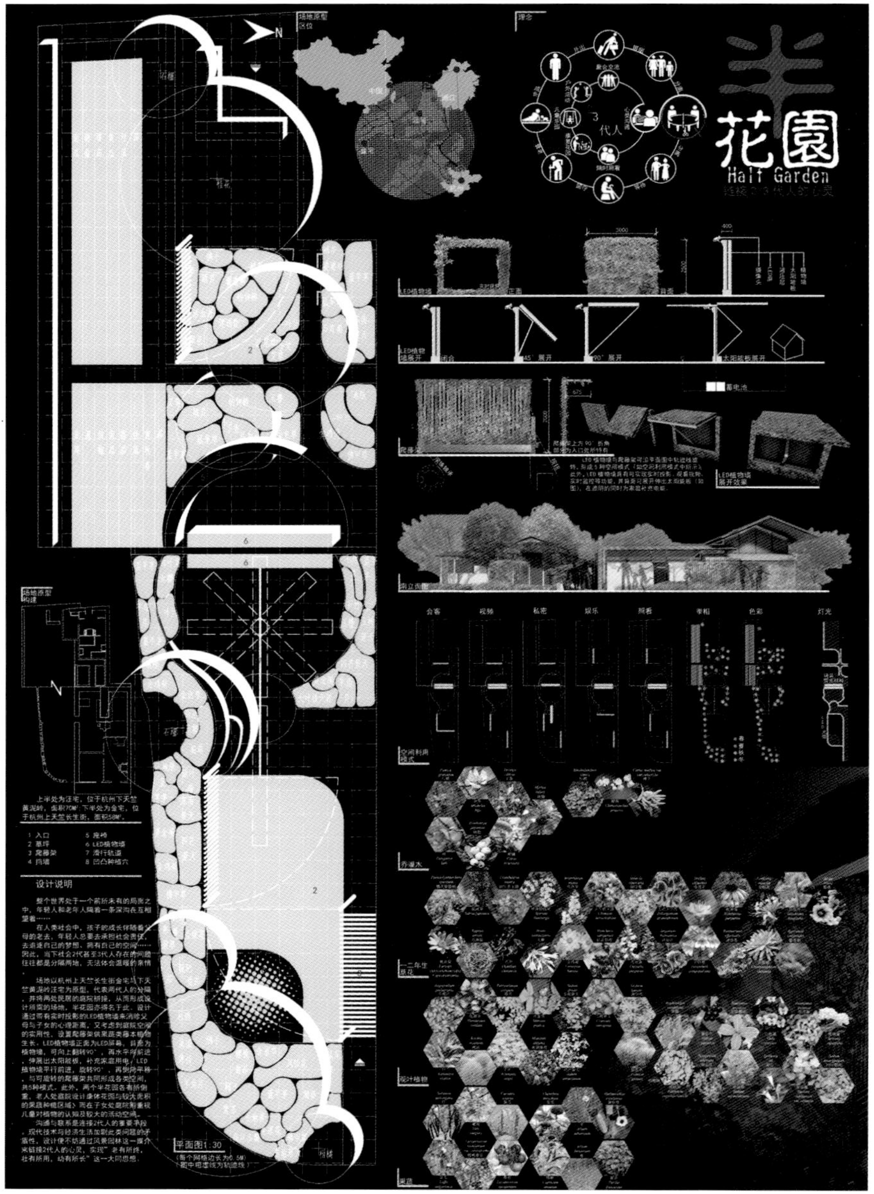

拾忆·再生：重拾农村生活记忆，还原农村庭院构成

山东农业大学　设计者：唐珊珊　指导教师：于东明

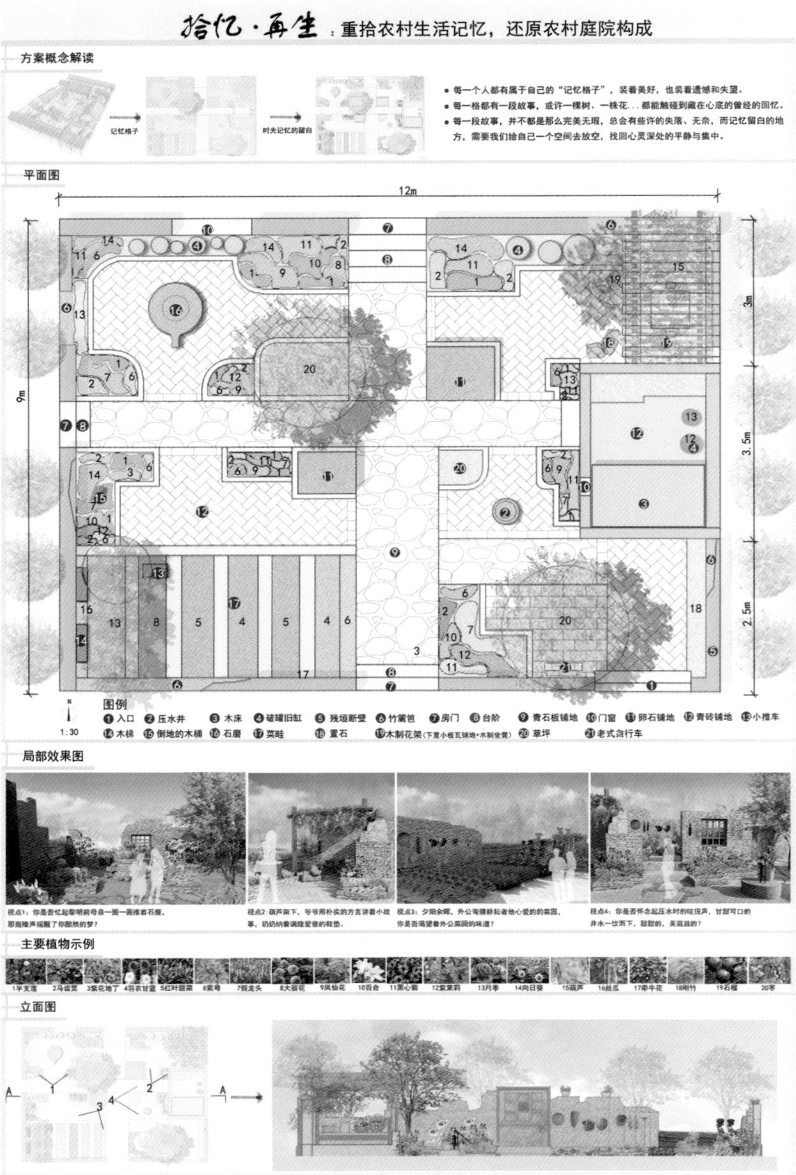

盒子花园

西南林业大学　设计者：唐清根　刘一琳　指导教师：刘扬

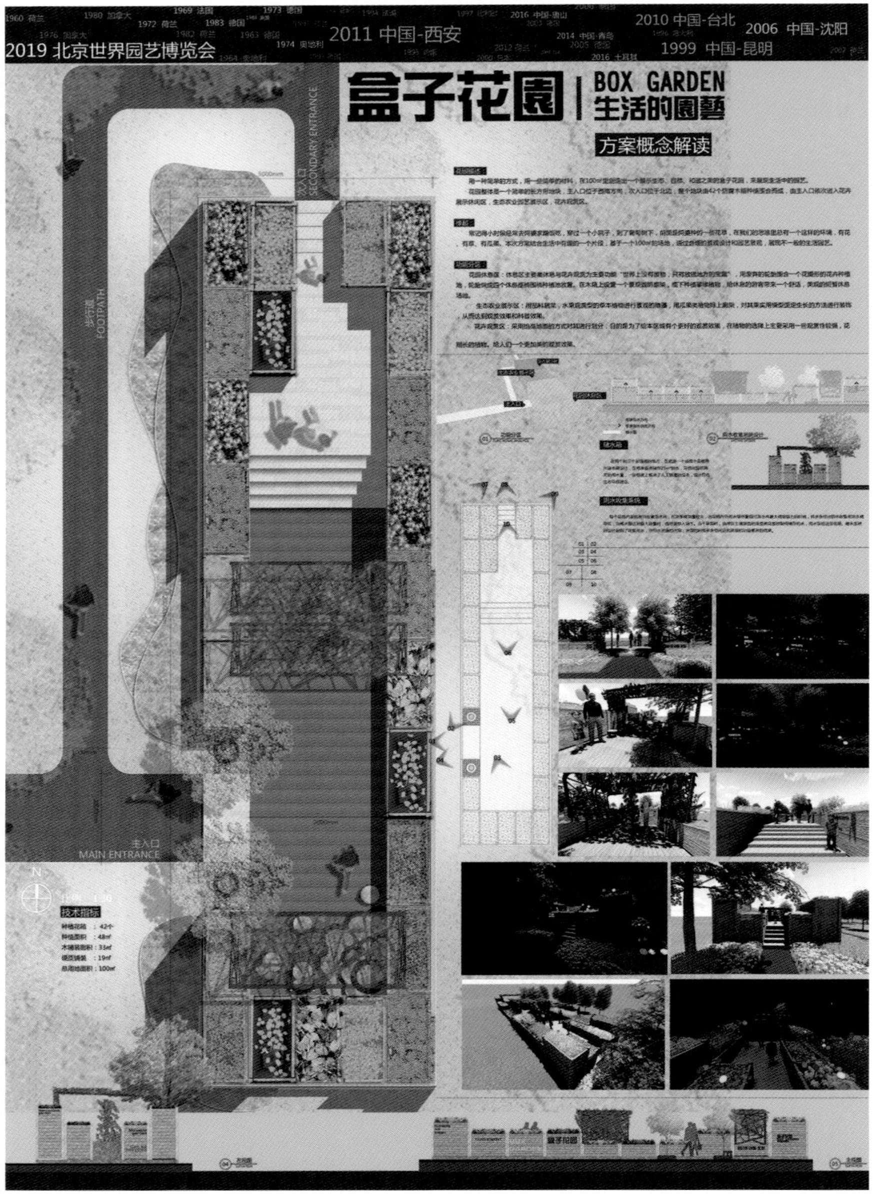

风的花园

北京林业大学　设计者：王诗濛　指导教师：郑曦　王应临

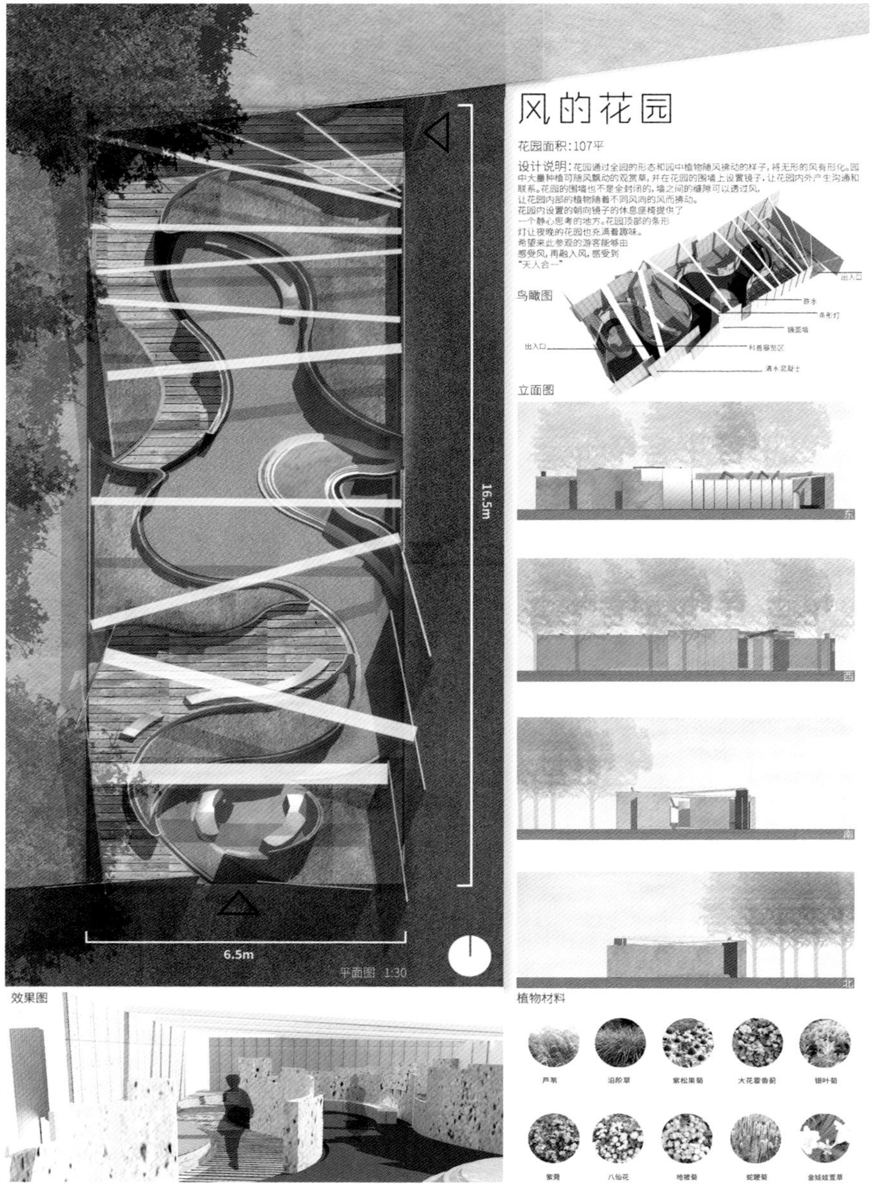

风的花园
花园面积：107平
设计说明：花园通过全园的形态和园中植物随风拂动的样子，将无形的风有形化。园中大量种植可随风飘动的观赏草，并在花园的围墙上设置镜子，让花园内外产生沟通和联系。花园的围墙也不是全封闭的，墙之间的缝隙可以透过风，让花园内部的植物随着不同风向的风而拂动。花园内设置的朝向镜子的休息座椅提供了一个静心思考的地方。花园顶部的条形灯让夜晚的花园也充满着趣味。希望来此参观的游客能够由感受风，再融入风，感受到“天人合一”
鸟瞰图
出入口
条形灯
镜面墙
清水混凝土
立面图
16.5m
6.5m
平面图 1:30
效果图
植物材料
芦苇
紫松果菊
大花蓍香菊
银叶菊
紫菀
八仙花
地被菊
金娃娃萱草

空心居

上海应用技术大学　设计者：王彬郦　金艺州　指导教师：赵杨

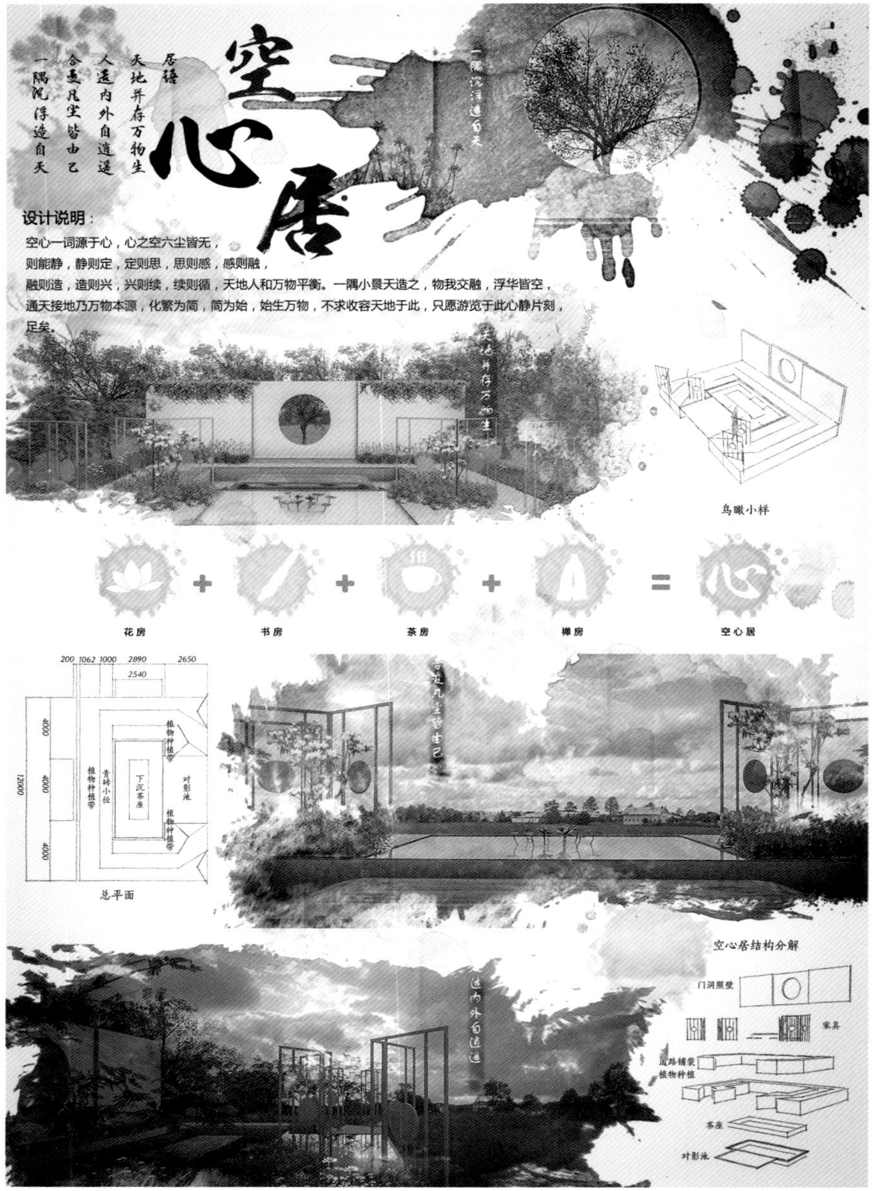

空心居
居语
天地并存万物生
人透内外自逍遥
合爱凡尘皆由己
一隅沉浮造自天
设计说明：
空心一词源于心，心之空六尘皆无，
则能静，静则定，定则思，思则感，感则融，
融则造，造则兴，兴则续，续则循，天地人和万物平衡。一隅小景天造之，物我交融，浮华皆空，
通天接地乃万物本源，化繁为简，简为始，始生万物，不求收容天地于此，只愿游览于此心静片刻，
足矣。
鸟瞰小样
花房
书房
茶房
禅房
空心居
200
1062
1000
2890
2650
2540
4000
4000
4000
12000
植物种植带
青砖小径
下沉茶座
对影池
总平面
空心居结构分解
门洞照壁
家具
茶座
对影池

北京林业大学 设计者：徐晨熠 指导教师：郭巍 许晓明

跳跃生长

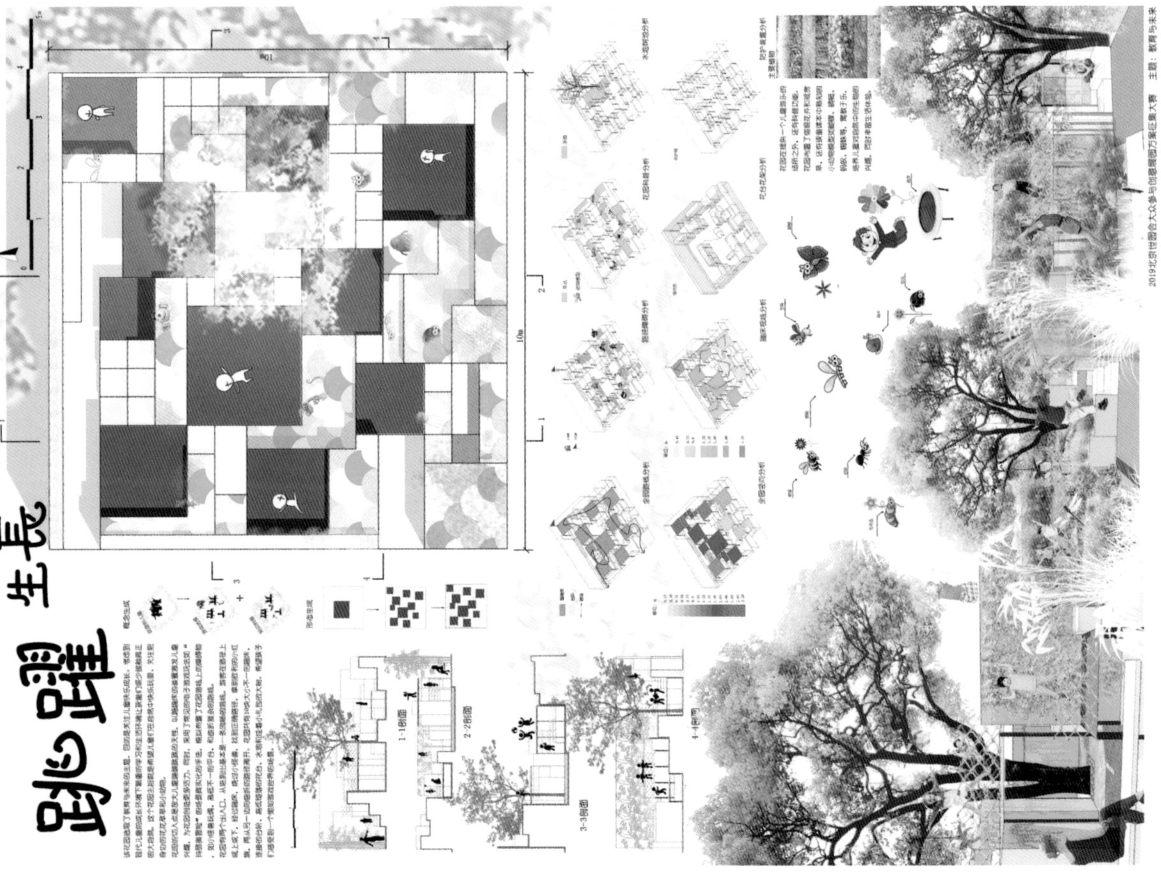

中南林业科技大学 设计者：肖杰 指导教师：彭重华

艺璞·漫步田园

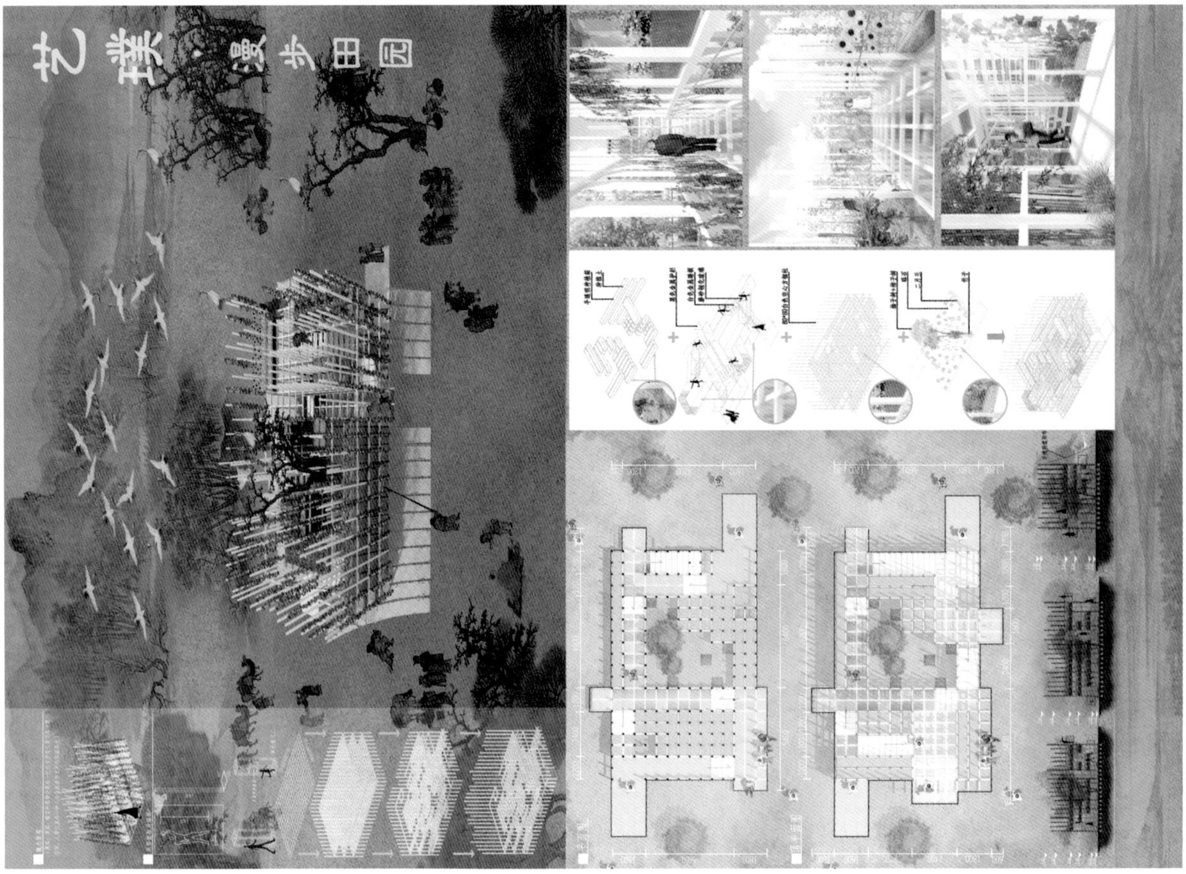

国内园林、风景园林及相关专业在校学生组

暗涌——冰火下的反思

北京林业大学　设计者：叶一又　指导教师：冯潇　肖遥

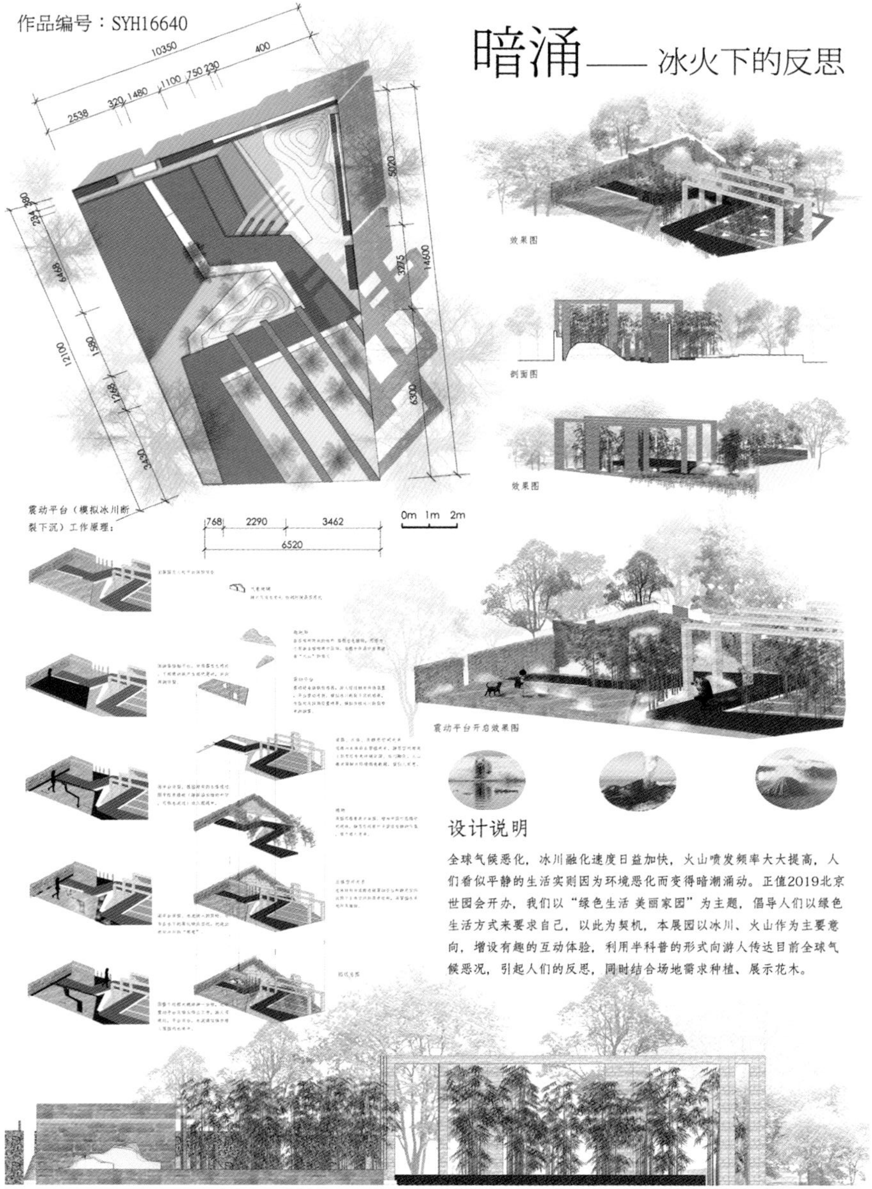
作品编号：SYH16640
暗涌——冰火下的反思
效果图
剖面图
效果图
震动平台（模拟冰川断裂下沉）工作原理：
0m 1m 2m
震动平台开启效果图
设计说明
全球气候恶化，冰川融化速度日益加快，火山喷发频率大大提高，人们看似平静的生活实则因为环境恶化而变得暗潮涌动。正值2019北京世园会开办，我们以“绿色生活 美丽家园”为主题，倡导人们以绿色生活方式来要求自己，以此为契机，本展园以冰川、火山作为主要意向，增设有趣的互动体验，利用半科普的形式向游人传达目前全球气候恶况，引起人们的反思，同时结合场地需求种植、展示花木。

移动的绿墙

北京林业大学　设计者：杨晴　指导教师：郭巍　许晓明

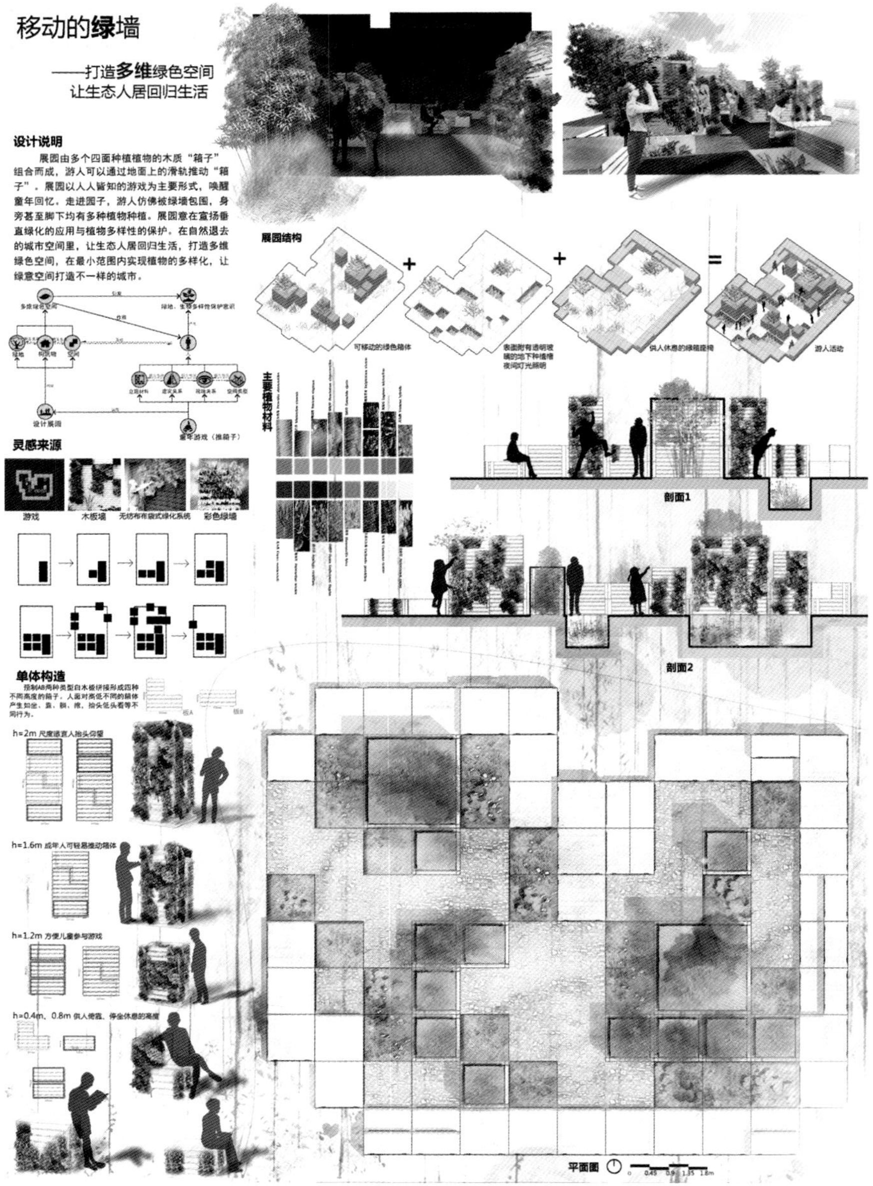
移动的绿墙
——打造多维绿色空间
让生态人居回归生活
设计说明
展园由多个四面种植植物的木质“箱子”组合而成，游人可以通过地面上的滑轨推动“箱子”。展园以人人皆知的游戏为主要形式，唤醒童年回忆。走进园子，游人仿佛被绿墙包围，身旁甚至脚下均有多种植物种植。展园意在富扬垂直绿化的应用与植物多样性的保护。在自然退去的城市空间里，让生态人居回归生活，打造多维绿色空间，在最小范围内实现植物的多样化，让绿意空间打造不一样的城市。
展园结构
可移动的绿色箱体
表面附有透明玻璃的地下种植槽
供人休息的绿箱座椅
游人活动
主要植物材料
灵感来源
游戏
木板墙
无纺布布袋式绿化系统
彩色绿墙
剖面1
剖面2
单体构造
h=2m 尺度适宜人抬头仰望
h=1.6m 成年人可轻易推动箱体
h=1.2m 方便儿童参与游戏
h=0.4m、0.8m 供人倚靠、停坐休息的高度
平面图

时间旅行的花园

四川农业大学　设计者：尹志勤　王若然　兰晓悦　指导教师：贾茵

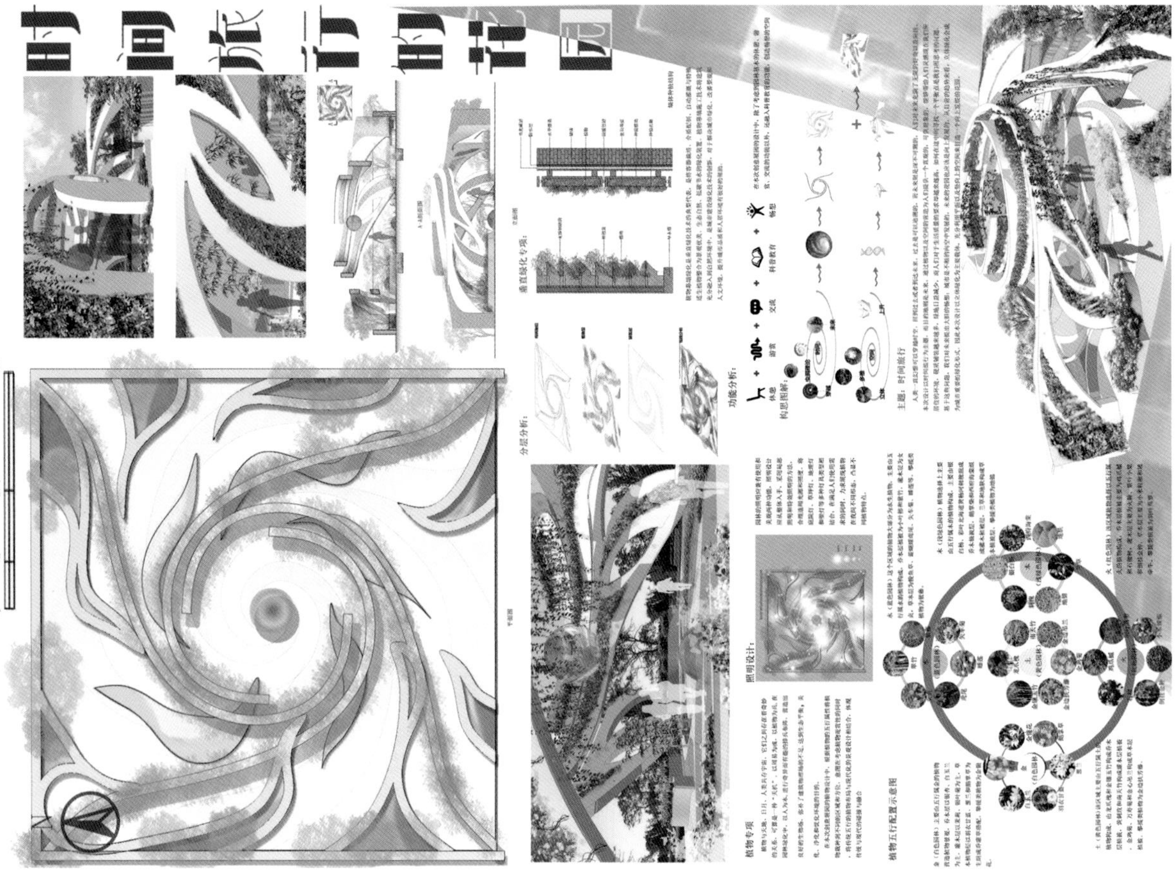

绿色生活——家园美丽

天津城建大学　设计者：许波　张西瑞　尚磊　指导教师：吴军

Green Living·Beautiful homescape under the theme of plant landscape shaping

绿色生活·美丽家园主题下的植物景观空间塑造

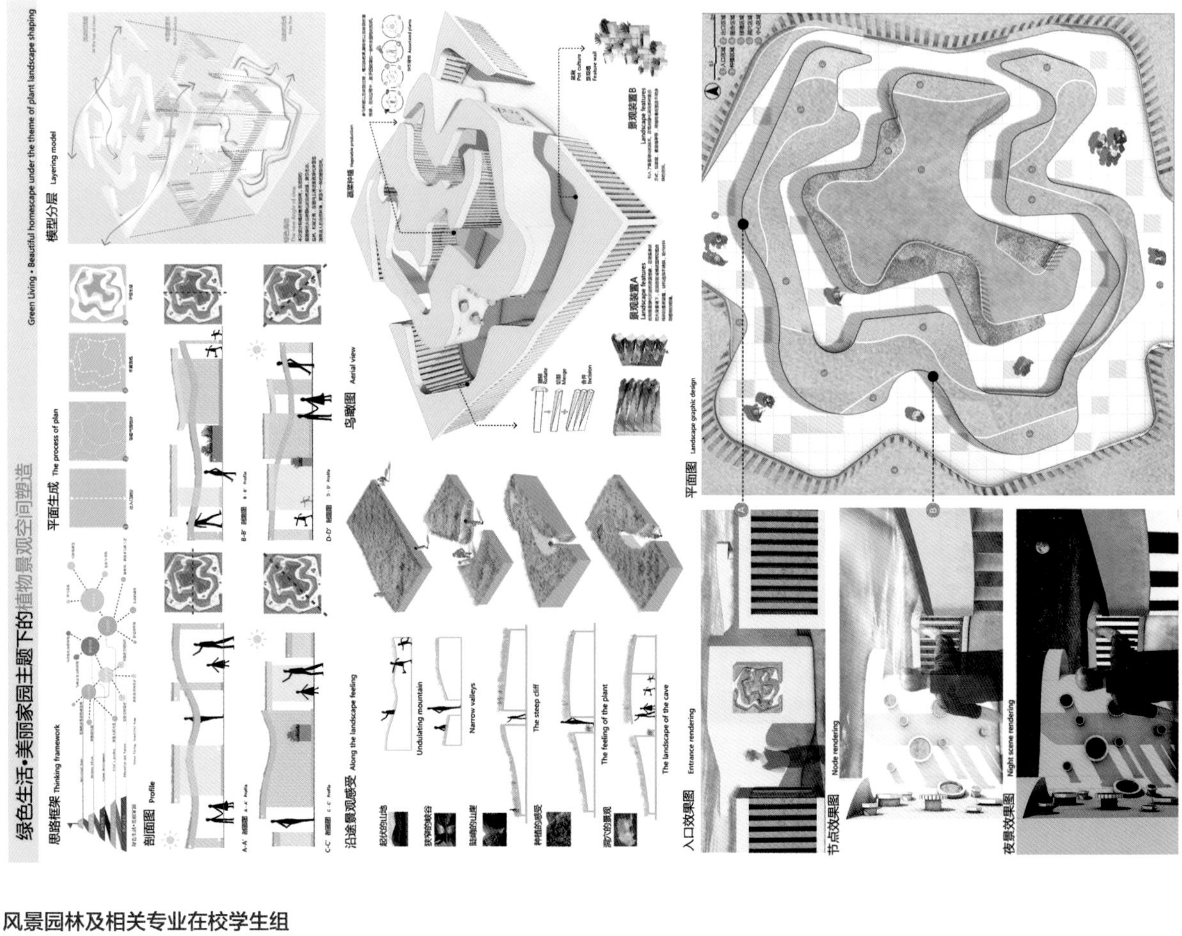

国内园林、风景园林及相关专业在校学生组

荒原补丁——进退的绿色生命线

北京林业大学　设计者：庄杭　指导教师：薛晓飞　吴丹子

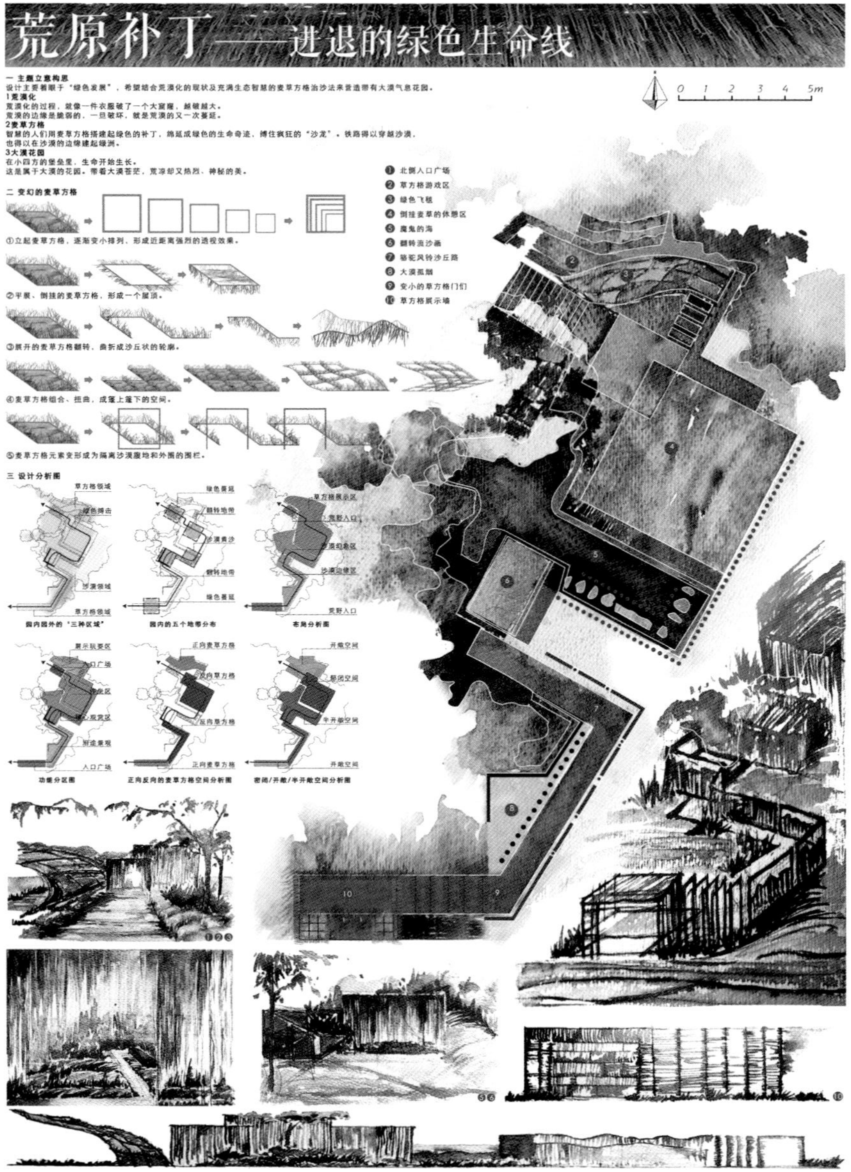

移动的空中花园

北京林业大学　设计者：张希　蒋鑫　宋怡　指导教师：王向荣

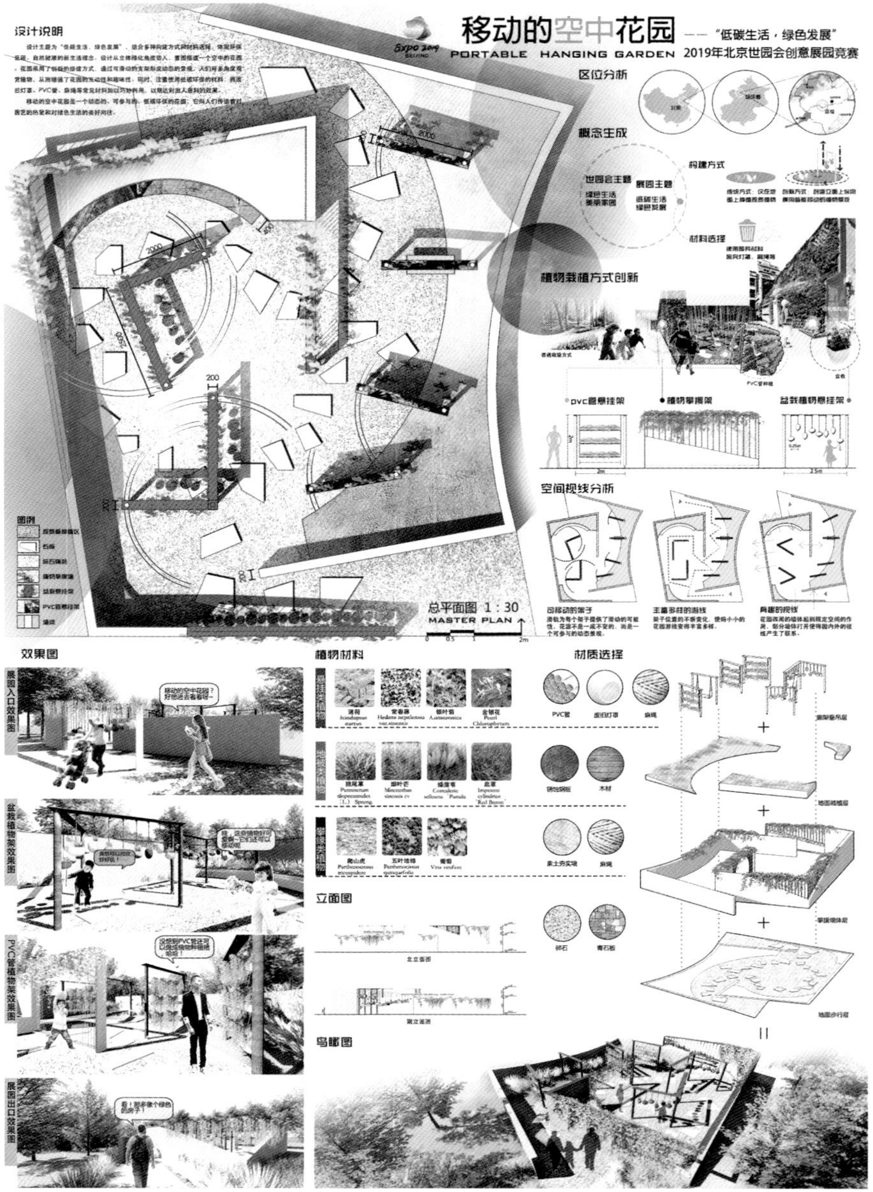

花园里——枯与荣

北京林业大学　设计者：王犇　吴明豪　黄祺鹏　指导教师：刘志成

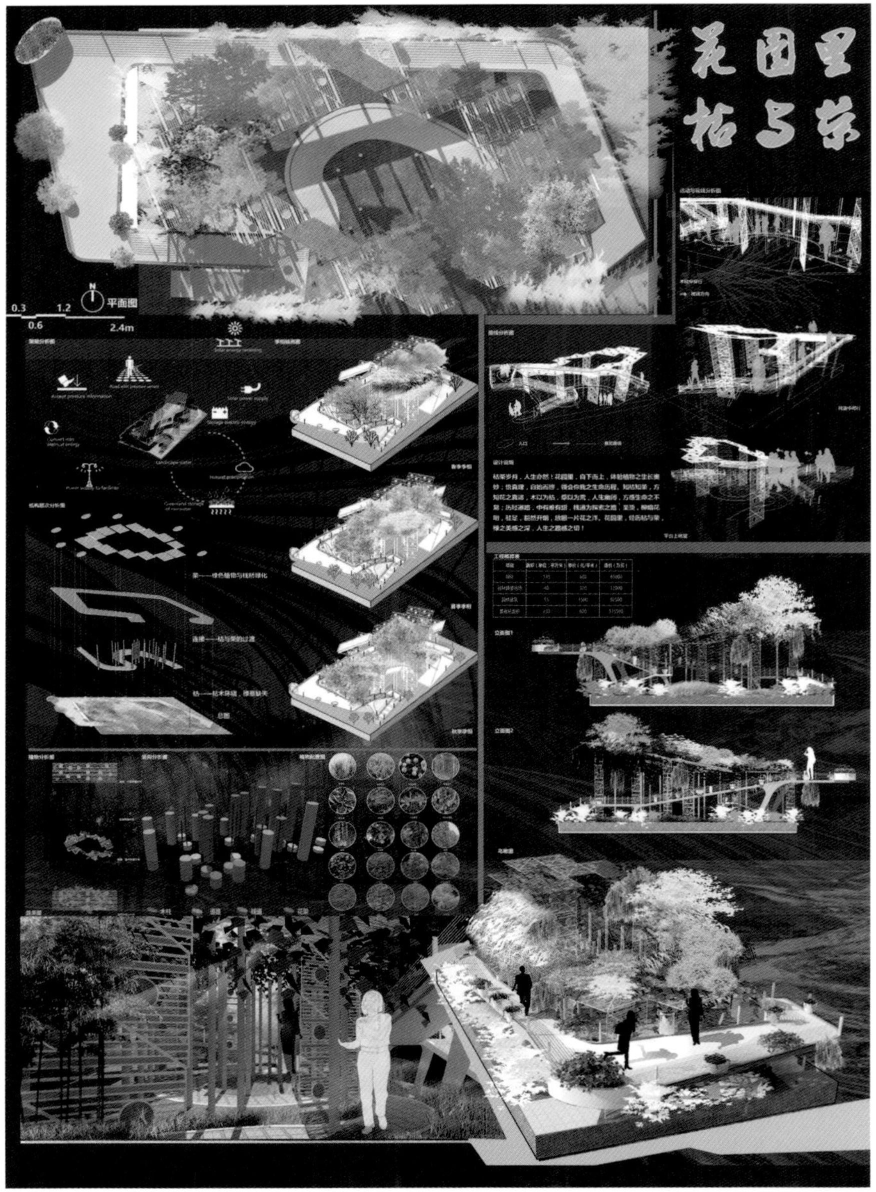

石头记——以废治肺

湖南农业大学　设计者：李亚　陈彦琳　指导教师：文斌

附表

附表一　国内专业设计团队和个人设计师、园艺爱好者及达人组获奖作品名单（共71项）

序号	获奖等级	作品名称	作者	单位/达人
1	一等奖（共2项）	Tree House——长在森林里的儿童乐园	冯然	中国建筑设计院有限公司
2		Touch & Seek 触碰 · 探寻	张婧　王心怡　王鑫	中国城市规划设计研究院
3	二等奖（共6项）	猫的世界	曾子然　周宣辰	北京市海淀园林工程设计所
4		栖居与花园	魏剑峰	北京市海淀园林工程设计所
5		土蕴园	梁毅	北京创新景观园林设计有限责任公司
6		荷而不同	成宇　李意如	济南园林集团景观设计有限公司
7		马里奥的春天	王阔	北京创新景观园林设计有限责任公司
8		萌园	仇莉	北京市植物园
9	三等奖（共14项，排名不分先后）	仰望芳草 Stand by me	周琨　赵爽	北京北林地景园林规划设计院有限责任公司
10		爱丽丝花园	黄明金	中国城市规划设计研究院
11		织卉	李沛　章婷婷　李蔷强	中国城市规划设计研究院
12		圆趣 · 趣园——儿童的后花园	孙特丽　牛凯　韩楠楠	北京天下原色聚落景观艺术设计有限公司
13		陌上花开 · 诗意花园	杜伟宁　张楚　马路遥	北京市园林科学研究院
14		到我碗里来——Bowl Garden	阙晨曦	福建农林大学园林学院
15		军垦家园	赫春红　宋晓云　赵虎	新疆城乡规划设计研究院有限公司
16		消隐	赵松　雷赛姣　姜玥	北京中外建建筑设计有限公司园林设计所
17		轮子上的花园——针对老人的康复性花园	周奕扬　朱宇	中国城市建设研究院有限公司
18		河 · 蒹葭	宋如意	北京清华同衡规划设计研究院风景园林中心
19		绿色的屋檐	于跃　盛金龙　冯凌志	中国建筑设计院有限公司
20		来，点亮树荫下的城市	耿欣　钟向波　凌盼	知非即舍（北京）艺术设计有限公司
21		“妙雨生花”雨水生态科普园	李萌豪　郭海艇　周圆	上海市政工程设计研究总院（集团）有限公司
22		自然微社区	李桢　周梦迪	易兰（北京）规划设计股份有限公司

续表

序号	获奖等级	作品名称	作者	单位/达人
23	优秀奖（共49项排名不分先后）	植物绣·黄河情	赵欢　李今朝　高帆	北京景观园林设计有限公司
24		无界之园	辛泊雨	中国城市规划设计研究院
25		组装花园	张璐　鲁莉萍	中国城市规划设计研究院
26		藤本花园	马浩然　牛铜钢	中国城市规划设计研究院
27		稻与田	张东	北京创新景观园林设计有限责任公司
28		绿趣园	马玥　徐烁	北京创新景观园林设计有限责任公司
29		水秀园	郝勇翔	北京创新景观园林设计有限责任公司
30		布艺花园——布艺改造家，园艺温暖情	白雪　公超　毕婧	中国城市建设研究院有限公司
31		生·长	杨海见　董兮	北京市海淀园林工程设计所
32		田·园·家	刘红滨　马解	北京清华同衡规划设计研究院风景园林中心
33		对话·门——开启“理想人居·绿色家园”之门	牛玉竹　牛凯　孙特丽	北京天下原色聚落景观艺术设计有限公司
34		星河	马路遥　张楚　李泽卿	北京市园林科学研究院
35		动力生态景园	张楚　杜伟宁　马路遥	北京市园林科学研究院
36		爷爷的礼物	刘婷婷　张楚　王月宾	北京市园林科学研究院
37		女儿的梦——鱼飞化蝶	丁燕枫	北京清润国际建筑设计研究有限公司
38		Living Children's Garden	赵娜　杜晓晴	北京清润国际建筑设计研究有限公司
39		境界——无限绿色世界	王超　何俞宣　拓燊	笛东规划设计（北京）股份有限公司
40		森林农场	马一鸣　宋婉竹　陆静	笛东规划设计（北京）股份有限公司
41		成长创意园	牛垚	北京市园林古建设计研究院有限公司
42		楚汉棋园	马伟　贾天宇	北京天下原色聚落景观艺术设计有限公司
43		邂逅三叶草花园，回归简单漫生活	桂琳丽　聂新龙　汤荣豪	北京中外建建筑设计有限公司园林设计所
44		穹顶之下的呼吸	杜丹妮　俞童　宋伟松	北京景观园林设计有限公司
45		幻想国	于梦璇　高帆	北京景观园林设计有限公司
46		Sokoban花园	刘辰晓	北京市园林古建设计研究院有限公司
47		花野蝶踪——流淌的色彩花园	董天翔	北京创新景观园林设计有限责任公司

序号	获奖等级	作品名称	作者	单位/达人
48	优秀奖（共49项排名不分先后）	印象四季	张成敏	北京市海淀园林工程设计所
49		纸趣	谢颖芳　梁文敏	北京京林联合景观规划设计院有限公司
50		爱的萌芽——植物与健康亲子体验园	王朝举　王舒欣　宋欢	北京源树景观规划设计事务所
51		奶奶院子里的味道	龚春伟　刘二保　杨妍	北京源树景观规划设计事务所
52		“辐荫”时代	刘美洋　赵冉　罗会亮	北京源树景观规划设计事务所
53		听雨倚翠	李泽卿　张楚　马路遥	北京市园林科学研究院
54		树花园	徐思婧　佘惠雯	易兰（北京）规划设计股份有限公司
55		天空之城	李青靓　钱峰　廖凌冰	北京市园林古建设计研究院有限公司
56		归源·恬居	宋岩　马俊会　冯锐	北京腾远建筑设计有限公司
57		生命沙漏	邹余浩　陈曦	笛东规划设计（北京）股份有限公司
58		儿童堡——甘蓝类植物展园	刘洋洋	北京都会规划设计院
59		孩子们的积木花园	吴浩源　宗士良	上海市政工程设计研究总院（集团）有限公司
60		“葫”中天地	袁洪福　丁怡瑾　张醇琦	上海市园林设计院有限公司
61		渲·绚	李斌　题兆健　赵萌	济南园林集团景观设计有限公司
62		缤纷乐园	肖瑶	北京山水心源景观设计院有限公司
63		大漠魅影	刘骁凡　米正廷　闫绿南	新疆城乡规划设计研究院有限公司
64		拾园	潘雪	园艺达人
65		让儿童与植物一起成长主题乐园	葛超　张吉虎	园艺达人
66		儿童乐园更新	唐长军	新疆农业大学
67		后乐园	裴杰　李金婷	苏州园林设计院有限公司
68		海之歌	曾荟馨　谢静瑶	广州园林建筑规划设计院
69		Rose & Prince	张赫男	易兰（北京）规划设计股份有限公司
70		感官花园	盖若玫　王剑　徐丹丹	中国城市规划设计研究院
71		归源田聚	刘磊　赖嘉娱　张玉坤	华南农业大学林学与风景园林学院

附表二　国内园林、风景园林及相关专业在校学生组获奖作品名单

序号	获奖等级	作品名称	作者姓名	作者学校	指导教师
1	一等奖（共3项）	水光绿影，半亩方塘	王博娅　郑慧	北京林业大学	刘志成
2		方·壶——壶中天地与报废公交车再利用探索	何亮	北京林业大学	刘晓明
3		呼吸社区——园艺展园设计	董乐　李得瑞　李东宸	北京林业大学	姚朋
4	二等奖（共5项）	归一之园	黄尹姝　王燮茹　魏薇	四川农业大学	江明艳、刘光立
5		蛰	宋宜凡　杨浪	北京林业大学	郑曦
6		素若流光	冯亚琦　安文雅　孙蓉佳	东北林业大学	胡尚春
7		半晴半雨，一水一山	李方正　李艺琳　严妮	北京林业大学	李雄
8		回——基于叙事蒙太奇手法的桃花源再现	王怡云　葛修海　宋世华	四川大学	毛颖
9	三等奖（共14项）	奇遇	蔡元思	北京林业大学	李倞、王鑫
10		立体花园	陈家齐	北京林业大学	郑曦、王应临
11		城市脉动	董杜韵	北京林业大学	郭巍、许晓明
12		绘乡	冯扬	西北农林科技大学	刘建军
13		橡皮泥花园——儿童植物互动体验区景观设计	蒋媛媛　万雅欣	四川农业大学	叶顶英
14		品园	康钰　杨宇　王奕昕	西南林业大学	刘扬
15		峯圃	李泉江　陈鹏任	华南理工大学	林广思
16		厨艺花园	刘晓烨	北京林业大学	赵晶
17		山居咏怀	舒茜　雷巍　罗丹琪	四川农业大学	郭丽、孙大江
18		珠落玉盘泉韵莺语：儿童游憩花园	夏家喜　董翟　李先科	福建农林大学园林学院	林开泰
19		园·艺·诗	张驰　刘隽达	哈尔滨工业大学	韩振坤
20		城市药谱——为亚健康一族设计的治愈式花园	周甜甜　胡乾凤　马娇	四川农业大学	刘扬
21		水抱山环天地间	方濒曦	北京林业大学	张晋石、赵晶
22		花园墙外	于悦　刘录艺　夏榕	北京林业大学	刘志成
23	优秀奖（共30项）	智圆行方	刘阳	北京林业大学	肖遥、冯萧
24		向心力	刘玉	北京林业大学	薛晓飞、吴丹子
25		三省花房	蒲韵　陈雪微　黄裕霏	北京林业大学	郝培尧
26		书山有路	詹丽文	北京林业大学	郭巍、许晓明
27		折叠的花园	仲鑫	北京林业大学	冯潇、肖遥

续表

序号	获奖等级	作品名称	作者姓名	作者学校	指导教师
28	优秀奖（共30项）	微光森林—满溢绿色与生机的光影空间	孙海燕　许佳琪　刘婧琦	北京林业大学	刘志成
29		蝴蝶栖居录——城市街心花园设计	程凤霞	山东农业大学	于东明、王洪涛
30		行“人”流水	董静　杨爽　王政月	沈阳工学院	王宇
31		Into-the-flowers-“壶中天地，创意自然”	李海祯	北京林业大学	刘志成
32		花草浴室	李静怡	北京林业大学	郑曦、张云路
33		枯·荣	李宗睿	北京林业大学	王应临、郑曦
34		观	林晗芷	北京林业大学	张晋石、吴丹子
35		要有光	林晓	北京林业大学	郭巍、许晓明
36		绿色围城	钱宇阳　李婉仪	北京大学	俞孔坚
37		半花园	任伟涛　陈婷　童彧	浙江农林大学	包志毅
38		盒·聚·变	任文俊　肖云飞	浙江农林大学	包志毅
39		盒子花园	唐清根　刘一琳	西南林业大学	刘扬
40		拾忆·再生：重拾农村生活记忆，还原农村庭院构成	唐珊珊	山东农业大学	于东明
41		空心居	王彬丽　金艺州	上海应用技术大学	赵杨
42		风的花园	王诗潆	北京林业大学	郑曦、王应临
43		艺璞·漫步田园	肖杰	中南林业科技大学	彭重华
44		跳跃生长	徐晨熠	北京林业大学	郭巍、许晓明
45		移动的绿墙	杨晴	北京林业大学	郭巍、许晓明
46		暗涌——冰火下的反思	叶一叉	北京林业大学	冯潇、肖遥
47		时间旅行的花园	尹志勤　王若然　兰晓悦	四川农业大学	贾茵
48		绿色生活——家园美丽	许波　张西瑞　尚磊	天津城建大学	吴军
49		移动的空中花园	张希　蒋鑫　宋怡	北京林业大学	王向荣
50		荒原补丁——进退的绿色生命线	庄杭	北京林业大学	薛晓飞、吴丹子
51		石头记——以废治肺	李亚　陈彦琳	湖南农业大学	文斌
52		花园里——枯与荣	王犇　吴明豪　黄祺鹏	北京林业大学	刘志成

图书在版编目（CIP）数据

百虹初晖 2019北京世园会大众参与创意展园方案征集大赛获奖作品集 / 北京世界园艺博览会事务协调局等编．—北京：中国建筑工业出版社，2018.3

ISBN 978-7-112-21904-9

Ⅰ．①百… Ⅱ．①北… Ⅲ．①园林设计－作品集－中国－现代 Ⅳ．①TU986.2

中国版本图书馆CIP数据核字（2018）第043445号

为了让大众参与2019北京世园会的筹办，充分体现“开放办会”理念，提升和激发广大民众对园艺的认知和兴趣，拓展园艺展览展示思路和理念，扩大2019北京世园会的影响力，由北京世界园艺博览会事务协调局和中国风景园林学会主办，北京园林学会、北京林业大学园林学院承办，共同策划组织了“2019北京世园会大众参与创意展园方案征集大赛”。大赛紧紧围绕2019北京世园会“绿色生活·美丽家园”的主题，体现“让园艺融入自然，让自然感动心灵”的办会理念。以园艺为媒介，引领人们尊重自然、保护自然、融入自然，充分发挥创造力和想象力，探索人类和谐的生活方式。本作品集主要展示这些获奖作品，以供专业或业余爱好者学习参考。

责任编辑：郑淮兵 王晓迪
责任校对：王宇枢 李欣慰

百虹初晖
2019北京世园会大众参与创意展园方案征集大赛获奖作品集
北京世界园艺博览会事务协调局
中国风景园林学会
北京园林学会
北京林业大学园林学院
编
*
中国建筑工业出版社出版、发行（北京海淀三里河路9号）
各地新华书店、建筑书店经销
北京锋尚制版有限公司制版
北京富诚彩色印刷有限公司印刷
*
开本：880×1230毫米 1/16 印张：8½ 字数：242千字
2018年4月第一版 2018年4月第一次印刷
定价：98.00元
ISBN 978－7－112－21904－9
（31580）